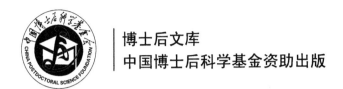

博士后文库
中国博士后科学基金资助出版

外环板式梁柱节点抗震机理
与设计方法

牟　犇　著

科学出版社
北　京

内 容 简 介

本书系统介绍了作者在钢结构和钢与混凝土组合结构中,外环板式方形柱-H 型钢梁连接技术领域取得的多项创新性研究成果,主要研究对象包括外环板式方形钢管柱-不等高 H 型钢梁连接节点、外环板式方形钢管混凝土柱-不等高 H 型钢梁组合节点、考虑楼板作用的外环板式方形柱-组合梁连接节点、外环板式方形钢管角柱-H 型钢梁节点。全书分析研究了外环板式方形柱与 H 型钢梁连接节点在钢管柱有无填充混凝土、是否考虑楼板作用影响、梁截面高度比,以及双方向加载等不同构造措施、不同荷载作用下的力学性能,同时完成了相应的有限元模拟和参数分析,最后建立起外环板式方形柱-H 型钢梁连接节点计算模型,推导出了实用的承载力计算公式。

本书可供土木工程领域的设计、施工等相关从业人员参考,也可作为高等院校结构工程专业的教学用书。

图书在版编目(CIP)数据

外环板式梁柱节点抗震机理与设计方法/牟犇著. —北京:科学出版社,
2023.5
(博士后文库)
ISBN 978-7-03-074859-1

Ⅰ.①外… Ⅱ.①牟… Ⅲ.①梁-建筑结构-防震设计 Ⅳ.①TU375-104

中国国家版本馆 CIP 数据核字(2023)第 024076 号

责任编辑:童安齐 / 责任校对:赵丽杰
责任印制:吕春珉 / 封面设计:东方人华

科 学 出 版 社 出版
北京东黄城根北街 16 号
邮政编码:100717
http://www.sciencep.com

北京中科印刷有限公司 印刷
科学出版社发行   各地新华书店经销
*
2023 年 5 月第 一 版   开本:B5(720×1000)
2023 年 5 月第一次印刷   印张:19
字数:360 000

定价:260.00 元
(如有印装质量问题,我社负责调换〈中科〉)

销售部电话 010-62136230   编辑部电话 010-62130750

"博士后文库"序言

　　1985 年，在李政道先生的倡议和邓小平同志的亲自关怀下，我国建立了博士后制度，同时设立了博士后科学基金。30 多年来，在党和国家的高度重视下，在社会各方面的关心和支持下，博士后制度为我国培养了一大批青年高层次创新人才。在这一过程中，博士后科学基金发挥了不可替代的独特作用。

　　博士后科学基金是中国特色博士后制度的重要组成部分，专门用于资助博士后研究人员开展创新探索。博士后科学基金的资助，对正处于独立科研生涯起步阶段的博士后研究人员来说，适逢其时，有利于培养他们独立的科研人格、在选题方面的竞争意识以及负责的精神，是他们独立从事科研工作的"第一桶金"。尽管博士后科学基金资助金额不大，但对博士后青年创新人才的培养和激励作用不可估量。四两拨千斤，博士后科学基金有效地推动了博士后研究人员迅速成长为高水平的研究人才，"小基金发挥了大作用"。

　　在博士后科学基金的资助下，博士后研究人员的优秀学术成果不断涌现。2013年，为提高博士后科学基金的资助效益，中国博士后科学基金会联合科学出版社开展了博士后优秀学术专著出版资助工作，通过专家评审遴选出优秀的博士后学术著作，收入"博士后文库"，由博士后科学基金资助、科学出版社出版。我们希望，借此打造专属于博士后学术创新的旗舰图书品牌，激励博士后研究人员潜心科研，扎实治学，提升博士后优秀学术成果的社会影响力。

　　2015 年，国务院办公厅印发了《关于改革完善博士后制度的意见》（国办发〔2015〕87 号），将"实施自然科学、人文社会科学优秀博士后论著出版支持计划"作为"十三五"期间博士后工作的重要内容和提升博士后研究人员培养质量的重要手段，这更加凸显了出版资助工作的意义。我相信，我们提供的这个出版资助平台将对博士后研究人员激发创新智慧、凝聚创新力量发挥独特的作用，促使博士后研究人员的创新成果更好地服务于创新驱动发展战略和创新型国家的建设。

　　祝愿广大博士后研究人员在博士后科学基金的资助下早日成长为栋梁之才，为实现中华民族伟大复兴的中国梦做出更大的贡献。

中国博士后科学基金会理事长

前　　言

钢与混凝土组合结构具有承载力高、抗震性能好、适用范围广、绿色节能低碳等优点,适用于中高层和超高层建筑、大跨度空间结构建筑以及工业建筑当中,是未来绿色建筑的主要发展方向。方形柱-H 型钢梁连接节点作为影响钢与钢管混凝土柱组合结构体系整体抗震性能的关键技术难题,一直受到众多学者的讨论和研究。

外环板式方形柱-H 型钢梁连接节点作为一种刚性连接节点形式,节点构造简单、焊接难度低、施工方便,且刚度大、承载力高、塑性好、传力路径清晰,节点核心区应力分布均匀,柱体贯通,连续性好,适用于各种钢结构和钢管混凝土组合结构中,被越来越多的土建工程采用,取得了良好的经济效益和社会效益,而工程适用范围扩大也使得人们对这种梁柱节点的认识要求不断提高。因此,外环板式方形柱-H 型钢梁连接节点也逐渐成了钢结构研究领域的一个重要分支和热点研究方向。随着我国大力推行建筑工业化和绿色钢结构建筑的发展,钢结构在土木工程领域具有广阔的市场前景和应用空间,因此开展外环板式梁柱节点连接技术的研究具有重要意义。

本书是作者及其课题组近年来开展外环板式方形柱-H 型钢梁节点连接技术研究方面的成果总结,全书共分为 6 章。第 1 章为绪论,主要讲述外环板式方形柱-H 型钢梁连接节点的特点和发展现状,简要介绍本书的目的、方法和内容。第 2 章详细介绍了外环板式方形钢管柱-不等高 H 型钢梁连接节点的试验研究、有限元分析、参数分析和计算,并提出了改进型外环板式方形钢管柱-不等高 H 型钢梁连接节点的构造形式及设计方法。第 3 章从试验研究、有限元分析和参数分析三方面开展了对外环板式方形钢管混凝土柱-不等高 H 型钢梁组合节点的研究,发现了节点的破坏模式。第 4 章通过对考虑楼板作用的外环板式方形柱-组合梁连接节点进行试验研究、有限元分析和参数分析,提出了抗弯承载力计算方法。第 5 章以外环板式方形钢管角柱-H 型钢梁连接节点为研究对象,对其开展了试验研究、数值模拟和参数分析,同时提出了相应的承载力计算公式和节点设计方法。第 6 章对上述研究工作进行了系统性总结,同时对未来外环板式方形柱-H 型钢梁连接技术研究的发展方向做出了展望。

本书作者及其课题组围绕外环板式方形柱-H 型钢梁连接节点方面已经开展了多项研究,相关研究成果在国内外多个高水平期刊上陆续发表,受到许多研究人员的关注和引用。本书所反映的研究课题先后获得日本文部科学省基盤研究（项目编号：25289186）、若手研究（项目编号：25820268）、山东省自然科学基金（项目编号：ZR2016EEB38，ZR2020QE246）、中国博士后科学基金（项目编号：2017M612226）、国家重点研发计划项目课题（项目编号：2016YFC0701200-4）、香港研究资助局重点项目（项目编号：HKU R7027-18）等的资助，在此表示感谢。本书的顺利出版得到了多方的支持与帮助，感谢河野昭彦教授（日本九州大学）、松尾真太朗副教授（日本九州大学）、王燕教授（青岛理工大学）、潘巍教授（香港大学）、白涌滔研究员（重庆大学）、乔崎云副教授（北京工业大学）的指导与建议。本书作者指导的研究生陈功梅、井后凯、武梦龙、王玲玲等在试验研究和数值分析方面协助作者做了大量工作，研究生阚建成、李映泽、赵斐、周洋、刘旭、刘艺、周万求、王子安、刘林广等均参加了与本书相关的辅助性工作，作者在此一并表示衷心的感谢。

　　钢结构和钢管混凝土组合结构作为绿色建筑中的一部分，其学科体系包含的内容丰富，作者虽然已经对外环板式方形柱-H 型钢梁连接节点这一关键分支开展了大量研究工作，为该领域后续研究的学者进行了一些尝试和探索，但本书中所得出的研究成果也仅代表作者本人当前对相关问题的认识和推断。随着科学技术的不断发展，以及对外环板式方形柱-H 型钢梁连接节点认识的不断深入，书中部分内容必将得到进一步补充、改进和完善。

　　限于作者的学术水平，本书难免存在不足之处，还望读者批评指正。作者真诚欢迎与读者通过各种方式，就书中涉及的研究内容进行更加深入的学术交流和探讨。

牟 犇

2021 年 4 月

目　　录

第1章 绪 论

1.1 外环板式方形柱-H型钢梁连接节点的特点

梁柱节点普遍被认为是框架结构体系的核心部分,对于整体结构的刚度、强度和抗震性能具有重要影响。根据节点域刚度的不同,方形钢管柱与H型钢梁连接节点可分为刚接节点、半刚接节点和铰接节点三种类型,其中刚接节点在土木工程中的应用最为广泛。

我国对方形钢管柱与H型钢梁连接节点的构造形式已经陆续出台了一些规范标准,如《矩形钢管混凝土节点技术规程》(T/CECS 506—2018)和《钢管混凝土结构技术规范》(GB 50936—2014)中主要介绍了3种刚接梁柱节点的设计形式和构造措施,分别为内隔板式、外环板式和隔板贯通式,见图1.1。内隔板式方形钢管柱与H型钢梁连接节点在钢管内壁对应梁的位置焊接内隔板,以连接节点两侧的梁;隔板贯通式方形钢管柱与H型钢梁连接节点通过贯通柱体的钢板与钢梁连接,两种形式的节点均可保证应力传递的连续性。然而隔板和柱体的焊缝容易产生应力集中,且易在连接部位发生脆性断裂。外环板式方形钢管柱与H型钢梁连接节点具有良好的抗震性能,其焊接施工难度较低,在应力传递合理的条件下,保证了柱体的连续性,且调整外环板尺寸即可增强节点的承载能力。

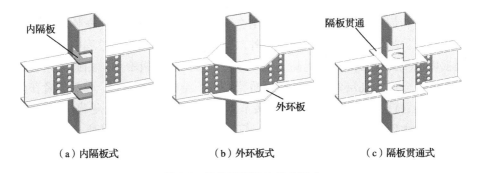

（a）内隔板式　　　　　　（b）外环板式　　　　　　（c）隔板贯通式

图1.1　常见刚接梁柱节点形式

目前,钢框架结构中方形钢管柱与H型钢梁通常采用带加强环式的构造连接,钢管柱截面尺寸较大的梁柱节点可采用内加强环隔板式连接;当柱截面尺寸较小时采用内加强环式连接会使节点加工制作困难,同时也不利于钢管内混凝土的浇筑,此时梁柱节点一般采用带外加强环板式的刚性连接。外环板式梁柱节点指在钢管柱外围焊有一圈水平外环板，以连接对应高度处相邻 H 型钢梁的翼缘。此类节点与普通梁柱节点相比具有刚度大、承载力高、塑性好、传力路径明确、节点核心区应力分布均匀等优点，且可避免对钢管柱进行分割，保证了节点的整体性，由此在钢结构工程中得到大量应用。

　　上述相关规范中提出的外环板式梁柱节点设计方法已可满足一般钢结构工程的设计需要。然而随着对该类节点研究的深入和应用范围的不断推广，外环板式梁柱节点的设计经常会受使用要求、施工安装、经济成本等不同方面因素的影响，实际工程中需要研究设计出可满足更多使用范围要求的外环板式梁柱节点。

　　本书根据组成节点的构件类型以及节点组合形式的不同，主要论述了以下几种外环板式梁柱节点。

　　（1）外环板式方形钢管柱-不等高 H 型钢梁连接节点［图 1.2（a）］。为了施工方便，传统不等跨框架结构中往往采用截面高度一致的梁贯通整层。但这种设计不但造成钢材的浪费，增加项目成本，而且因短跨梁的刚度较大，使得框架中节点域的承载力弱于相邻的钢梁，从而违背了"强节点，弱构件"的结构设计理念，导致梁柱节点的节点域核心区易在地震作用下出现剪切破坏，使整个结构发生局部倒塌。本书提出了一种外环板式方形钢管柱-不等高 H 型钢梁连接节点，该梁柱节点适当降低了跨度较小一侧的梁截面高度，在降低钢材使用量的同时减轻了结构自重，且有效地降低了梁柱节点出现剪切破坏的可能性，提高了节点的承载力。

　　（2）外环板式方形钢管混凝土柱-不等高 H 型钢梁组合节点［图 1.2（b）］。钢管混凝土柱（concrete filled steel tube，CFT）通过钢管对其核心混凝土的约束套箍能力，使得填充混凝土处于三向受力的状态，混凝土轴向抗压强度得到了极大的提升，且钢管内填充混凝土又可防止受力时外钢管局部屈曲较早出现，提升了构件的塑性和韧性性能，两种材料的结合利用使得两者的优势力学性能得以充分发挥，可表现出优越的抗震性能。此外，钢管混凝土柱在施工过程中可将钢管作为模板以浇筑混凝土，显著提高了施工效率，节约了模板费用。由此，钢管混凝土柱被广泛应用于高层建筑、大跨度桥梁和地下结构的修建中。本书作者在外环板式方形钢管柱-不等高 H 型钢梁连接节点研究的基础上，将不等高 H 型钢梁与方钢管混凝土柱相结合，可使得外环板式方形钢管混凝土柱-不等高 H 型钢梁组合节点在具有较高承载力的同时又兼顾了良好的塑性变形能力。

　　（3）考虑楼板作用的外环板式方形柱-组合梁节点［图 1.2（c）］。钢结构建筑在设计梁柱节点时还应考虑楼板组合作用的影响。组合梁柱节点在地震作用下会出现较大弯矩，而混凝土楼板因具有较高的抗压承载力，与钢梁上翼缘结合可增强楼板的组合效应，显著提高钢梁上翼缘的抗压性能，因此钢梁下翼缘就成了梁柱节点中较为薄弱的位置，节点域核心区易出现剪切破坏。因此，需对考虑楼板作用的外环板式方形柱-组合梁节点进行试验研究和理论分析。

（4）外环板式方形钢管角柱-H 型钢梁连接节点 ［图 1.2（d）］。现有对于钢框架结构梁柱节点的研究主要集中于平面节点，而对角柱节点研究较少。在地震作用下框架结构受到的惯性力方向具有随机性，角柱处于结构的边缘位置，受力较为复杂，在双方向荷载作用下角柱节点易出现压弯剪扭复杂受力状态，是框架结构中较为薄弱的关键环节，角柱节点的破坏对整体结构的承载力和延性耗能能力具有一定的影响。基于此，设计外环板式方形钢管角柱-H 型钢梁连接节点并分析研究其在双向力作用下的抗震性能具有十分重要的意义。

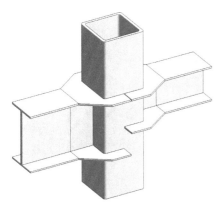
（a）外环板式方形钢管柱-不等高 H 型钢梁连接节点

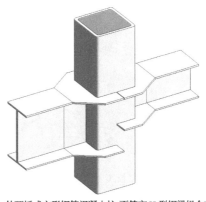
（b）外环板式方形钢管混凝土柱-不等高 H 型钢梁组合节点

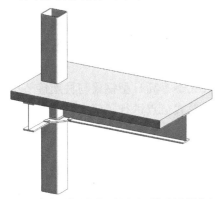
（c）考虑楼板作用的外环板式方形柱-组合梁节点

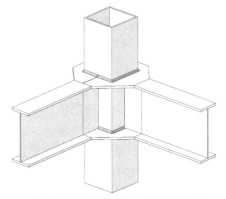
（d）外环板式方形钢管角柱-H 型钢梁连接节点

图 1.2 外环板式方形柱-H 型钢梁连接节点

1.2 外环板式方形柱-H 型钢梁连接节点的发展和研究

1.2.1 外环板式方形钢管柱-不等高 H 型钢梁连接节点

柱两侧梁截面高度不等的连接节点研究起源于 20 世纪 80 年代，其研究目的为适应不等跨结构中可能出现的强梁弱柱破坏。Nakao[1]和 Imai[2]研究了梁截面高度差对梁柱节点剪切性能的影响，对截面高度不等的梁与柱连接节点进行了低周往复荷载试验，见图 1.3（a）。利用试验数据，通过理论分析推导，提出了截面高度不等的梁与柱连接节点的剪切屈服承载力计算模型。随后，Kuwahara 等[3]开始研究方形钢管柱-不等高 H 型钢梁连接节点在不同连接形式下的力学性能的差异，包括内隔板式连接和隔板贯通式，见图 1.3（b）和（c）。基于试验中节点的破坏模态，根据上界定理，提出了此类节点的节点域剪切塑性计算模型。

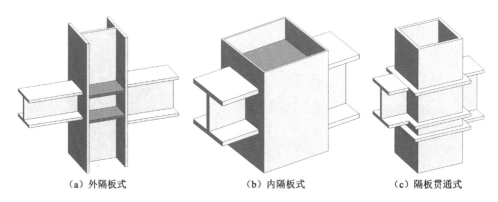

（a）外隔板式　　　　　　　　（b）内隔板式　　　　　　　　（c）隔板贯通式

图 1.3　常规截面高度不等的梁柱节点连接方式

Jordão 等[4]对 5 个焊接不等高 H 型钢梁与柱连接节点试件进行试验，提出一种改进模型，得到节点的剪力与弯矩按照两个不同的节点域分层次进行计算的结论。

Jazany 及其科研团队[5-9]设计了 6 个内隔板式不等高 H 型钢梁与柱连接节点试件，对不同构造措施的内隔板连接方式、盖板形式节点进行了研究，最终得出直角连接带法兰板的节点性能最佳。进而进行了有限元分析，提出不等高 H 型钢梁与柱连接节点中斜板连接的计算公式。

Bayo 及其科研团队[10-14]进行了 4 个内隔板式不等高 H 型钢梁与柱连接节点试件试验，并进行了有限元分析。他们对双矩形与梯形节点域的力学性能进行了验证，并推导出理论计算公式。

Norwood 等[15]对内隔板式不等高 H 型钢梁与柱连接节点进行了有限元模拟，分析了偏心程度对异形节点抗震性能的影响，并针对当前规范中内隔板的不足提出了设计建议。

国内对异形钢节点相关研究的学者主要有薛建阳、隋伟宁、王万祯、卢林枫等。薛建阳及其科研团队[16-20]进行了 6 个 1/4 比例内隔板式不等梁与柱连接节点试件的拟静力试验。结果表明，试件破坏主要发生在箱形梁下翼缘附近的焊缝处，且上核心区和下核心区不能作为整体协同工作。在试验的基础上，薛建阳等[21-22]通过有限元软件 ABAQUS 对试验进行了有限元验证，得出结论，塑性阶段中节点域的剪应力会显著影响其应力分布。此外，薛建阳[23]与胡宗波[24]还研究了不等高箱形柱梁节点的破坏模式与力学性能，利用试验数据建立力学模型，提出节点域剪切承载力计算公式。

隋伟宁等[25-26]试验了 3 个不等高钢管柱-H 型钢梁连接节点，考察了梁截面高度比对节点的影响，结果表明，相较于普通节点，不等高钢管柱-H 型钢梁连接节点的节点域剪切变形角小，结构更安全。在试验的基础上，隋伟宁等[27-28]采用 ABAQUS 软件对不等高 H 型钢梁与柱连接节点进行弹塑性分析。研究发现，增加壁厚可以显著提高节点承载力，并且加强环板的宽度夹角 α 对节点域抗剪承载力影响较小。最终，提出了合理的不等高钢管柱-H 型钢梁连接节点的设计方法。隋伟宁等[29-30]又提出了新型错位不等高 H 型钢梁-方形钢管柱连接节点，并利用试验与有限元方法验证其力学性能。试验研究了梁错位差与梁截面高度比 β 两个参数变化时，该类节点域的抗震性能，分析了外环板面积对梁柱节点性能的影响。结果表明，节点的耗能能力随着 β 增大而减小，3/4 面积外环板节点的抗震性能最佳。

王万祯等[31-32]试验了 6 个圆弧扩大头隔板贯通式箱形柱-不等高 H 型钢梁连接节点与 6 个不等高折线隔板加强箱梁-H 型钢梁连接节点试件。结果表明，圆弧扩大头隔板可以有效避免焊缝密集，有效提高承载力与耗能性能；折线隔板加强构造可有效增强节点承载力、耗能能力和塑性转角。基于试验数据，孙文文等[33]对隔板贯通箱形柱-箱形梁与 H 型钢梁连接节点试验试件进行了数值模拟分析。研究发现，节点域应变集中在上核心区。

徐忠根等[34-36]对带不等高 H 型钢梁的外传力式钢管柱框架节点进行了有限元模拟和参数分析，研究了传力件的腹板厚度以及盖板宽度和厚度对节点的影响。结果表明，通过加设外传力构件，可以显著提高节点的刚度与承载力；并对盖板的厚度与宽度提出建议，厚度可以与梁翼缘厚度相等，而宽度应取 1~1.25 倍的钢梁翼缘宽度。

卢林枫等[37-38]提出了梁端加腋型与加强型盖板不等高 H 型钢梁与柱连接节点，并进行了有限元分析。分析表明，对比标准型节点，梁端加腋型可以大幅提高承载力、耗能能力，但是会相应降低延性；而盖板加强型不等高 H 型钢梁与柱连接节点具有更强的承载力与刚度。

1.2.2 外环板式方形钢管混凝土柱-不等高 H 型钢梁组合节点

Chen 等[39]采用柱曲率曲线法研究了钢管混凝土柱在两轴对称或非对称荷载作用下的弹塑性行为，利用相应的混凝土应力-应变曲线，给出了梁柱最大承载力与相关轴力、弯矩和长细比的相互作用曲线，所得结果与试验结果进行了比较，结果较为精确。

Lu 和 Kennedy[40]对比了方钢管混凝土构件与空钢管构件的力学性能。试验结果表明，在荷载作用下，钢管混凝土构件中的钢管与混凝土能够协调工作；相较于中空钢管，钢管混凝土的承载力和刚度有大幅提高。

Rides 等[41]研究了连接细节对钢管混凝土梁柱节点的抗震性能的影响，研究了节点连接的强度、刚度和延性。试验结果表明，钢管混凝土节点区域具有特殊的延性。此外，提出了基于节点区域钢管和混凝土核心抗剪强度叠加的承载力计算公式，计算结果与试验结果吻合较好。

Ricles 等[42]对大截面方形钢管混凝土柱-钢梁节点进行研究分析。结果表明，形状突变的梁翼缘会产生明显的应力集中。Ricles 等[43]随后又对不同连接方式的方形钢管混凝土柱-钢梁节点进行试验研究，结果表明，内隔板式节点力学性能较好，但应力集中现象显著，梁翼缘在穿孔处容易破坏。

Fujimoto 等[44]对 11 个外隔板式和内隔板式节点进行研究对比，研究参数包括材料强度、节点构造、几何尺寸、轴压比和荷载作用形式，试验结果表明，相比于内隔板节点，外隔板式节点在弹性阶段产生较大的刚度损耗。

Kang 等[45]对 8 个外加 T 形加劲板的方形钢管混凝土柱节点进行拟静力试验，并进行了有限元分析，结果表明，有限元分析结果与试验吻合较好，由于外加 T 形加劲板的影响，各试件的节点弯矩均超过了梁的塑性弯矩。

Nishiyama 等[46]对 10 个钢管混凝土柱-H 型钢梁节点进行试验研究，试验结果延伸了钢管混凝土柱梁构件设计公式的适用范围，并且提出了节点的恢复力计算模型。

Park 等[47]对 7 个足尺外隔板式钢管混凝土柱-钢梁节点进行了拟静力试验研究。依据屈服线理论，Park 提出了节点的强度计算公式，并验证了公式的可靠性。

Kubota 等[48]对外隔板分离式方钢管混凝土柱-钢梁节点进行试验与有限元分析研究，结合试验和有限元分析结果提出了节点极限承载力的计算公式。

周天华等[49-50]总结国内外有关钢管混凝土的研究结果，对 6 个足尺方形钢管混凝土柱与钢梁框架节点进行了低周往复荷载试验与有限元分析。周天华等对该节点提出了构造建议和梁柱连接处梁截面的抗弯和抗剪计算公式。

苏恒强和蔡健[51]对两个外加强环式钢管混凝土柱节点进行了试验研究，分析了试件各部位的应力-应变情况。试验结果表明，该节点的力学性能良好，刚度大，环间加劲肋的构造对节点的受力性能影响不大。

秦凯和聂建国[52]对外加强环式方形钢管混凝土柱-钢梁节点进行试验研究，对其受力过程、破坏形态、滞回曲线、骨架曲线、延性等抗震性能进行了较为深入的研究与分析，结果表明，轴压比的增大以及外加强环的削弱会降低节点的延

性。而后聂建国等[53-54]采用有限元软件对不同荷载施加方式下柱内隔板及外加强
环式方形钢管混凝土柱节点进行参数分析确定了节点的恢复力模型，并提出了节
点屈服和极限抗剪承载力的计算公式。徐桂根和聂建国[55]对 10 个方形钢管混凝
土柱与钢梁和钢筋混凝土组合梁连接的内隔板式节点进行了低周反复荷载试验，
试验结果表明，内隔板式节点具有较好的延性和承载力，可以在抗震设防区推广
使用。

王文达等[56]对 8 个钢管混凝土柱-钢梁节点进行拟静力试验，考察了轴压比和
环板宽度对节点力学性能的影响，结果表明，轴压比对节点有削弱作用，其承载
力及延性系数均呈现降低趋势，环板宽度对节点性能影响不明显。

周学军和曲慧[57]对栓焊混合连接和全焊接连接的方形钢管混凝土柱-钢梁节
点进行了有限元对比分析研究，结果表明相比于栓焊混合连接节点，全焊接连接
节点具有更佳的抗震性能。

徐礼华和凡红等[58]对 5 个隔板贯通式方形钢管混凝土柱-钢梁节点进行了试
验研究及有限元分析，考察了轴压比、隔板外伸长度对节点的影响，试验结果表
明，轴压比和隔板外伸长度对节点受力性能影响较大。

丁永君等[59]针对不同连接形式对 6 个足尺的钢管混凝土柱-H 型钢梁进行试验
研究及有限元分析，结果表明，翼缘两侧焊接加强板有利于提高节点的承载力，
钢管内的核心混凝土能有效降低核心区的剪切变形。

徐嫚和高山等[60]对 2 个外环板式和外伸内隔板式钢管混凝土柱-钢梁节点进
行了试验与有限元分析，研究了该节点的拉弯性能。试验结果表明，外环板节点
和外伸隔板节点初始刚度相近，且都满足刚性节点的刚度要求。

我国学者对钢管混凝土柱节点进行了大量的试验研究和计算分析，研究成果
丰硕，而对于钢梁的混凝土柱节点的相关研究较少。王万祯等[61]对 5 个隔板贯通
折线方形管轻骨料混凝土柱-不等高 H 型钢梁节点进行了试验研究，试验结果表
明，隔板折线加强异形节点的破坏模式为隔板折线加强区形成塑性铰、梁腹板焊
接孔开裂及梁翼缘对接焊缝断裂。贾真与王万祯等[62]在此基础上对节点进行了有
限元模拟和破坏机理分析，结果表明，隔板贯通折线加强构造减缓了梁翼缘焊缝
的应力集中程度，防止节点过早断裂，提高了节点的塑性变形能力。而后王万祯
等[63]提出了圆弧隔板贯通方管轻骨料混凝土柱-不等高 H 型钢梁节点的构造措施，
并进行了试验研究，进而推导了节点域的抗弯抗剪承载力的计算公式。

许成祥等[64-65]按照"强剪弱弯，强节点弱构件"的原则设计了 CFT 柱-不等
高 H 型钢梁节点并进行了试验验证和 OpenSees 软件模拟。试验结果表明，各试
件的破坏均发生于钢梁，节点核心区无任何破坏，钢管强度等级的增加和梁高比
的增大均对提高节点的承载能力有积极影响。同时，许成祥等[66]又设计了 CFT 柱-H
型钢梁弱节点试件，并进行了试验研究和抗剪承载能力分析，相对于按照"强剪

弱弯，强节点弱构件"的原则设计的试件，弱节点试件的破坏为环板与柱焊接处撕裂破坏和核心区剪切屈曲破坏，且以核心区剪切破坏为主。除此之外，许成祥等[67]还对 CFT 柱不等高梁加腋节点的受力性能进行了试验研究，发现梁端加腋能有效改善核心区的力学性能，能提高节点核心区的强度和刚度，保证其破坏发生于梁柱破坏之后。

1.2.3　考虑楼板作用的外环板式方形柱-组合梁节点

Peter 等[68]对混凝土板柱试件进行了冲剪破坏试验，讨论了混凝土板约束效应对柱轴向承载力的影响。这些研究主要集中在混凝土板对刚度、承载力、延性和耗能能力的影响。研究发现，楼板内钢筋集中在柱附近和采用纤维增强混凝土有增强作用。

Green 等[69]在组合梁-柱节点进行全尺寸双向试验研究基础上，探明了混凝土板的传力机理。研究表明，如果存在大的循环双向力，在组合建筑的设计中可能需要考虑两种以前未报道的破坏模式，一种是柱腹板的"穿孔"，另一种是由于楼板与钢柱翼缘之间的承载力过大而形成混凝土楔。

Thanoon 等[70]研究了钢筋混凝土单向板开裂后采用不同方法修复的结构性能。分别从挠度、钢筋和混凝土的应变变化、倒塌荷载和破坏模式等方面预测了水泥灌浆、环氧树脂注入、铁层、碳纤维带、扩截面 5 种不同修补方法的试件的结构性能。研究发现，所有的修补技术都能恢复或提高开裂混凝土板的结构性能。

Fleischman 等[71-72]对装配楼板体系进行了相关节点和结构体系振动台试验，并对此提出了一种预应力混凝土楼板的综合抗震设计方法（diaphragm seismic design methodology，DSDM）。研究发现，该方法满足结构中膜片级别、联合级别和详细级别三个分辨率级别的设计要求。

Fu 和 Lam[73]报道了 8 次钢梁-空心板预制梁-柱半刚性组合节点的全尺寸试验，对预制空心板半刚性组合节点的抗震性能进行了研究。基于试验数据，提出了一种简化的方法来预测这种类型的组合连接的性能。结果表明，预制空心板半刚性组合节点作为塑性设计的一种合适的连接形式，能够提供足够的弯矩和旋转能力，符合设计规范的要求。提出的设计方法可用于预测这种形式的组合节点的性能。

Garlock[74]开发了一系列新的钢弯矩框架的抗震结构体系，分析评估楼板隔膜刚度、强度和结构对自复位框架的地震反应的影响。Garlock[75-76]通过对几种楼板结构的非线性分析，探讨了其刚度、强度和结构对抗震性能的影响。将传力梁设置在楼板和自复位框架之间进行惯性力传递。结果发现，上部楼层的连接强度对框架的抗震性能的影响十分显著。

King 等[77]采用了复合钢板剪力墙的设计理念，设计了一跨与水平放置的复合钢板剪力类似的刚性跨，用来传递刚性跨一侧的楼板水平力。

Mello 等[78]提出一种评价复合地板人体舒适性的分析方法，在广泛的参数化研究的基础上，研究得到了组合楼板的动力响应峰值加速度（从峰值加速度的角度）对复合材料层的动力响应。

Vasdravellis 等[79]对半刚性部分强度钢-混凝土组合梁柱节点的抗震性能进行了试验研究和数值分析，讨论了试验构件的主要破坏模式、柱腹板对整体节点转动的影响以及混凝土板和柱间力传递的机理。数值分析表明，在零滑移意义上的全剪切连接是一种不切实际的情况，会导致连接响应的过高估计，因此必须考虑部分剪切连接。

Kim 等[80]阐述了一种综合考虑自定心框架性能和非线性动力学的设计方法。设计将楼板整体分割成若干两侧与梁栓钉连接的独立块进行施工，并在独立块之间安设聚四氟乙烯板，防止在地震中产生相对滑移。时程分析表明，自定心摩擦阻尼框架（post-tensioned，PT）的最大层间漂移和最大地板加速度与 PT 自恢复抗弯框架相似，但观察到 PT 自定心摩擦阻尼框架的残余漂移几乎为零。

Chou 和 Chen[81]提出了两种楼板结构方案，以减少对预应力混凝土框架的地震反应约束。Chou 和 Chen[82-83]在楼板梁与其他横梁之间安装滑动装置，允许楼板滑动。研究发现，带有此两种楼板方案的 PT 框架具有较大的变形能力，而残余变形较小。

Li 和 Han[84]探讨了钢管混凝土柱-钢梁-钢筋混凝土（reinforeced concrete，RC）板组合节点的抗震性能。对 6 个试件进行了柱顶恒轴压荷载和梁端循环荷载的试验，分析了能反映复合节点抗震性能的延性、强度退化和耗能能力等指标。Han 和 Li[85]针对带楼板的钢管混凝土柱-钢梁节点往复加载进行了有限元分析，模拟结果与试验结果吻合良好。在已有的工作基础上，Li 和 Han[86]针对圆形钢管混凝土节点核心区剪力-剪切变形关系提出了滞回模型，该模型可以植入节点宏观单元进行钢管混凝土结构体系分析。研究发现，在反向荷载作用下，核心区会沿对角线形成混凝土支柱，并且 RC 楼板的存在会增大节点区域内混凝土的有效高度。

Chen 等[87]为分析高层预制混凝土大型外节点的抗震性能，采用大尺寸模型对组合板预制梁-柱外节点的抗震性能进行了试验研究，分析了其破坏形态、滞回特性、骨架曲线、位移延性和耗能。研究结果表明，现浇节点的整体抗震性能与整体试件基本相当。Chen[88]等对大型室内预制梁-柱组合板节点进行了试验和分析研究，比较了预制混凝土连接与整体连接的性能，分析了其破坏模式和力学性能。研究表明，预制混凝土试件具有良好的延展性和强度。

Beckmann 等[89]对不同强度混凝土板进行了试验，并将标准混凝土板的性能与高性能混凝土和超高性能混凝土进行了比较研究，发现添加强化层的混凝土在抗冲击荷载和抗冲击器穿透方面具有显著优势。

Kataoka 和 Debs[90]研究了由钢管混凝土、梁、螺栓、端板和板组成的组合梁-

柱连接的性能。采用有限元分析软件 Diana，对所研究的复合材料连接进行了三维数值模拟。研究中考虑的参数包括螺栓直径、螺柱间距和楼板配筋率。分析结果表明：改变单一参数不会增加连接刚度，因为失效会转移到连接中的其他结构单元，并对复合连接的性能进行了详细的讨论，提出了设计建议。Kataoka 等[91]对预制混凝土结构板梁柱连接进行了非线性有限元分析，文中对全尺寸连接的试验结果进行了详细的讨论。对预制混凝土连接的试验结果验证了有限元模型的有效性，对比表明，该模型能够很好地表征在实验室观察到的行为。

亓萌和王冬花[92]应用了 SAP2000 程序建立分析模型，讨论了半刚性组合节点在低周反复荷载作用下的荷载（P）-位移（Δ）关系，研究得出，半刚性组合节点的承载力、刚度和耗能能力均比普通节点有所提高。

刘坚等[93]考虑了楼板的影响，利用有限元软件 ABAQUS 对带楼板的钢结构半刚性梁柱节点进行有限元分析，并且在欧洲规范 EC3 基础上，提出了考虑楼板影响的钢结构半刚性梁柱节点的弯矩-转角模型。结果表明，考虑楼板作用的 M-θ 模型可以更好地解决实际工程问题。

高杰等[94]等研究了装配式梁-柱-叠合楼板中节点抗震性能，分析了节点的刚度、承载力、开裂破坏形态、滞回特性、延性性能、耗能能力等抗震性能，并探索了拼缝及梁钢筋锚固不同拼接方式对装配式梁-柱-叠合楼板中梁柱节点抗震性能的影响。通过与现浇节点对比发现，两种节点的抗震性能十分接近，均展现为弯曲或弯剪的复合破坏，在节点区可发现明显的交叉裂缝。

别雪梦等[95]对带楼板的外加强环式方形钢管混凝土柱节点进行弹塑性力学性能研究，分析了宽厚比、轴压比、混凝土楼板高度及核心混凝土强度等因素对节点受力性能的影响。研究发现，影响节点的受力性能的主要原因为轴压比、宽厚比。

钱炜武[96]研究了带楼板的钢管混凝土叠合柱-钢梁节点抗震性能。通过有限元分析研究节点的工作机理。结果发现，在循环荷载作用下带楼板的组合节点在节点域会形成"斜压杆"模型，并且使得钢管处于屈服，两者共同作用抵御外力。

Bui 等[97]进行了混凝土板在集中荷载作用下的剪切试验，研究了轴力影响下混凝土板的剪切行为和破坏模式。结果表明，在混凝土板试验中，平均混凝土抗拉能力的轴向拉力使剪切能力降低了 30%。

Ma 等[98]探究了碳纤维布加固对钢筋混凝土框架破坏模式和抗震性能的影响，给出了 4 个全尺寸板和横梁构件的准静力试验结果。通过对构件破坏模式、力学性能和变形能力的比较，讨论了构件的抗震性能。试验结果表明，由于板和横梁的存在，控制试件最终出现柱铰破坏模式。

Peng 等[99]研究由 T 型钢管混凝土柱和钢筋混凝土梁组成的新型环筋钢筋连接的性能。此种连接方式为 T 型钢管混凝土柱与 H 型钢梁焊接，并嵌入到钢筋混凝土梁和板中。测试了 6 个试件：一个试件在单调加载下进行了加载-位移关系和应变发展研究；另外 5 个试件进行了抗震性能研究。研究发现，所建连接的抗震性能显著，环杆直径、环杆数和钢柱长度是影响连接抗震性能的重要因素。

潘从建[100]探索了全装配楼板的框架结构在水平侧向力作用下的力学性能，分别考虑了荷载形式、预制板方向、连接边界条件以及楼板翼缘作用等因素对于结构的柱剪力、楼盖变形特征、动力特性的影响。通过计算发现，干式连接抗剪键是影响结构整体稳定性的重要因素。

张艳霞等[101]对考虑楼板效应后的装配式自复位钢框架梁柱节点进行了弯矩-转角关系理论分析，分析了楼板效应对装配式自复位钢框架节点弯矩-转角关系影响程度。研究表明，楼板的存在可将弯矩提高 7.6%～9.7%。

孙耀龙等[102]通过 MARC 有限元软件对带楼板空间夹心节点进行数值模拟分析，分析了影响节点抗震性能的主要因素。结果表明，在一定的轴压比取值范围内，减小剪压比可以增强节点的抗震性能。

Gao 等[103]对 7 个预制钢构梁柱节点试件（3 个不带楼板，3 个带楼板，1 个加板整体节点）进行准静态循环试验，研究了试件的承载能力、变形能力、破坏模式、刚度退化和耗能能力。结果表明，无板节点试件在连接处的锚杆滑移并没有降低峰值强度，而有板节点试件的锚杆滑移反而降低了峰值强度。

Ma 等[104]对 4 个含横梁板的大型预制混凝土节点进行了试验研究，以进一步验证灌浆螺旋约束连接的可靠性，探索该类节点的预制装配方式。设计了 3 种预制装配模式（即预制构件和现浇混凝土的 3 种布置方式）及连接位置。试验结果表明：与传统搭接方式相比，灌浆螺旋约束连接方式能显著减小钢筋搭接长度。

Wang 等[105]讨论了梯形和折返型两种钢-混凝土组合楼板桥面结构形式，试验验证了两种不同组合桥面结构形式下钢梁柱连接的抗连续倒塌能力。研究表明，将结果与相同构型但不含组合板的裸钢组件进行比较，梯形钢面板试件的承载能力提高 28%，折返型钢面板试件的承载能力提高 44%。

Fang 等[106]提出了一种不受框架膨胀的影响，对平板系统的损伤最小的新型的自定心梁柱连接，并在梁下安装有形状记忆合金（shape memory alloys，SMA）环形弹簧装置。对各种可能影响连接行为的参数进行了全面的试验研究和数值研究。试验表明，试件在正、负弯矩下均表现出典型的鞭毛状滞回响应，具有良好的自定心能力。随后的数值研究表明，SMA 环弹簧系统的摩擦和预压严重影响整体连接行为。

1.2.4　外环板式方形钢管角柱-H 型钢梁连接节点

蔡健及其科研团队[107-109]对采用加强环板的不规则布置的梁柱空间节点进行了试验研究和有限元分析，并提出了不规则布置梁加强环式梁柱节点承载力和刚度的计算方法。试验结果表明,加强环板的设置能有效地加强梁柱节点的整体工作性能,且适用于现有的设计规程。

隋伟宁等[110]利用非线性有限元软件 ABAQUS 建立了三维空间外加强环式节点模型,对各种影响外加强环式节点的承载能力及刚度的几何参数进行有限元分析,结果表明,各个参数的变化对外加强环式节点的刚度和承载力均有明显的影响。

徐忠根及其科研团队[34-36, 111-115]从极限荷载、应力分布、应力发展规律、破坏形态等方面,对比分析了传统节点与外传力式节点的力学性能。研究结果表明,外传力板的增设可以缓解梁柱节点连接处的应力集中,避免焊缝的脆性破坏,有效提高节点的承载能力。建立了增设外传力板的钢结构空间节点的有限元模型,讨论了不同的外传力板增设方法对节点的性能影响。结果表明,仅加设上传力板并不能很好改善节点的力学性能,但上下传力板同时加设时,节点的受力性能显著增强,且有良好的塑性变形能力。建立了考虑初始缺陷的加设外传力板的钢结构空间节点的有限元模型,并研究了外传力板的几何参数对节点承载力的影响。结果表明,影响节点承载力的关键参数为外传力板宽度和厚度,且外传力板宽度宜为梁翼缘宽度的 0.75~1.25 倍。

蔡勇等[116-117]建立了以槽钢连接的空间半刚性梁柱节点的有限元模型,讨论了强轴节点对弱轴节点的力学性能的影响。结果表明,弱轴节点在加设槽钢后,强轴节点对弱轴节点的影响主要体现在滞回性能方面,耗能能力得到加强,对极限承载力的提升可以忽略不计。

潘伶俐等[118]对 4 个不同构造的空间 H 型梁柱节点试件进行了反复荷载试验。试验结果表明,空间 H 型梁柱节点依然适用基于平面梁柱节点的推荐公式;同时给出梁柱节点的传力路径和节点破坏的主要原因。

王新武及其科研团队[119-127]对 5 个钢结构梁柱节点(3 个 T 型角柱节点和 2 个 T 型平面节点)进行拟静力试验研究。研究结果表明,在低周循环荷载的作用下,钢结构空间节点的耦合效应明显,弱轴与强轴有一定的相互影响。同时建立了 4 个不同厚度 T 型钢连接的空间中柱节点的有限元模型,讨论了连接件厚度对节点应力分布及受力性能的影响。结果表明,节点的高应力区主要集中于梁与柱腹板连接处及节点域部分;螺栓预紧力的损失,强轴较弱轴的破坏更为严重;增加 T 型钢连接件厚度,可以增加节点的承载能力及延性,但对耗能能力与刚度退化影响不大。

王湛及其科研团队[128-129]通过建立三种空间钢节点(中柱、边柱和角柱)的有限元模型,分析了三种节点在空间荷载作用下的力学性能,并给出了空间端板连接节点初始转动刚度理论计算式。结果表明,中柱节点的初始转动刚度受加载形式的影响最大,角柱最小;而中柱节点的承载力受加载形式影响最小,角柱最大。

李振宝等[130]在框架模型振动台试验和有限元数值分析的基础上,对斜向地震下框架节点进行受力分析,并与轴向地震下单框架节点进行对比。结果表明,现行抗震规范不能保证框架节点在斜向地震作用实现强柱弱梁,要实现必须保证强柱系数应大于$\sqrt{2}$。

孙飞飞等[131]对采用两种连接方法的波纹腹板 H 型空间节点进行试验研究,测试其各种力学性能和最终破坏模式。结果表明,其破坏时的最大荷载为设计荷载的 2.3 倍,且均发生于上翼缘全焊连接的焊缝处;栓焊混合的连接方式在实际工程中具有更好的性能。

石冠洲和刘铭劼[132]对钢管柱-H 型钢梁铸钢环板连接节点进行了研究试验,验证了节点的双向抗弯承载力性能,并给出了计算节点双向抗弯承载力的公式。结果表明,双向弯矩作用下的空间铸钢环板连接节点相较于平面节点,其抗弯承载力有所下降,且下降的幅度会伴随圆钢管壁厚的增加而增大。

Cabrero 和 Bayo[133]进行了强轴和弱轴静态加载的扩展端板连接的试验研究。试验结果表明,节点的转动刚度随空间荷载的增加而增大,增加端板厚度将导致连接的抗弯强度和刚度的增加,并降低其转动能力。在试验的基础上,Cabrero 和 Bayo[134]提出了一种应用于弱轴节点的侧向弯曲支撑板的新组件,并给出了强轴和弱轴三维节点的完整弹性计算模型。

Silva[135]参考了一系列试验研究的结果来了解钢节点在静态和动态条件下的三维变形,提出了一种基于构件法的三维节点设计概念模型。结果表明,概念模型适用于试验所验证的各种情况,并能从试验中衍生出新的附加构件的模型,从而将钢节点的设计范围扩展到实践中尚未详细涵盖的情况。

Dabaon 等[136]对 5 个半刚性空间钢和复合材料扩展端板节点进行了试验,建立了三维有限元模型,并提出了一种用于空间钢节点和组合框架的梁单元模型。结果表明,作用于节点弱轴的力降低了节点相对于其强轴的承载能力和刚度。

Loureiro 等[137]对一种由强轴和弱轴延伸的端板组成的三维节点进行了试验和有限元研究,获得了不同三维结构的变形,评估了两个轴之间的相互作用。试验和有限元结果表明,节点的强弱轴之间具有的耦合效应,会导致强轴的初始刚度略有增加。

Gil 等[138]提出了一种新的三维半刚性复合节点设计方案,并对一个比例荷载作用下的中柱节点、一个非比例荷载作用下的中柱节点和一个边柱节点按照欧洲规范进行了试验和有限元建模分析。结果表明,所提议的新型节点具有良好的力学性能,均满足欧洲规范的要求。

Wang 等[139-140]为了了解在双向荷载和单向荷载作用下的梁柱节点的滞回性能和变形差异,进行了试验研究和有限元模拟分析。结果表明,板的弹性刚度与考虑弯曲刚度和剪切刚度的理论值有很好的相关性，并提出了计算楼板对试件塑性影响的公式。

Shi 等[141]提出了新的半刚性节点，并进行了双方向柱端加载的空间准静态试验。试验结果表明，主梁破坏为 T 形连接件的断裂，次梁破坏为端板发生过大的弯曲变形。与两个方向上均具有 T 形连接件的半刚性钢节点相比，Shi 等提出的主梁具有更高的抗弯强度、等效黏性阻尼系数和等效耗能能力。

Costa 等[142]进行了模拟无支撑框架的足尺试验，评估了 5 个梁柱节点的弱轴对强轴的影响和两个弱轴之间的相互影响。试验结果表明，弱轴节点仅对强轴节点的刚度有一定影响；当有两个弱轴时，它们的相互作用增加了强轴节点的刚度和强度。

1.3　本书主要内容

目前建筑行业正朝着绿色钢结构装配式建筑方向快速发展，钢结构体系将从高层建筑、大跨度空间结构等建筑逐步走向更加广泛的应用场景，具有广阔的市场空间。随着钢结构体系在工程实践中的应用不断增多，完善框架结构体系的设计方法与理论分析对我国绿色钢结构建筑的发展显得尤为重要。

在这一研究背景下，本书作者以钢框架结构体系中十分关键的梁柱节点为研究方向，以应用范围较为广泛的外环板式方形柱-H 型钢梁连接节点为主要研究对象，设计了如下几种实用价值良好的外环板式方形柱-H 型钢梁连接节点，并对各节点的力学性能做了相关的试验研究、理论分析和数值模拟：①外环板式方形钢管柱-不等高 H 型钢梁连接节点；②外环板式方形钢管混凝土柱-不等高 H 型钢梁组合节点；③考虑楼板作用的外环板式方形柱-组合梁节点；④外环板式方形钢管角柱-H 型钢梁连接节点。

正如对外环板式方形柱-H 型钢梁连接节点的特点所述，此类节点具有良好的抗震性能，且绿色环保、施工方便，应用价值较高。同时，本书中所涉及的 4 类节点均能够很好地从节点设计思路角度解决当前相应各工程领域中所面临的难题，然而对于此类外环板式方形柱-H 型钢梁连接节点在受力状态下所表现出的具体性能还不够明确，需要利用科学的研究手段，对其抗震性能和可靠度分别从试验研究、有限元模拟和承载力分析计算三个方面来进行研究论证。

基于此，本书作者在围绕上述几个方面的问题开展研究工作时，大致采用了以下三步科学研究分析方法。

（1）考察并整理当前国内外有关外环板式方形柱-H 型钢梁连接节点的研究

现状，在此基础上设计并开展相关梁柱节点的拟静力试验，将试验记录的数据进行处理得到滞回曲线、骨架曲线、节点域应变分布等内容，分析研究各关键参数对节点域塑性变形、刚度退化、承载力退化、耗能能力及破坏机理等方面的影响，为优化和完善相关的外环板式方形柱-H 型钢梁连接节点设计提供试验基础。

（2）利用 ABAQUS 和 MSC. Marc 等有限元分析软件，通过等比例模拟试验设计的节点，定义相应的构件截面尺寸，以及各材料的截面属性和本构关系模型，建立能够真实反映节点域出现材料屈服和塑性变形等现象的各外环板式方形柱-H 型钢梁连接节点三维数值仿真模型，并对模型进行边界约束条件的定义及低周反复加载的模拟，提取出加载后得到的数据并处理绘制成相关曲线，与试验结果得到的数据曲线进行对比分析，为试验结果提供可靠的非线性有限元分析模型。

（3）基于屈服线分析理论，并结合试验结果和有限元分析，建立相应的外环板式方形柱-H 型钢梁连接节点的抗剪承载力计算模型，给出计算过程中所涉及的计算假定及关键参数定义，提出相关的屈服剪切承载力和剪切承载力计算公式，最终将公式计算结果同时与试验值和有限元分析完成对比，以验证节点计算模型的可靠性并对其加以修正。

通过采用以上分析方法对各课题进行科学研究，本书作者在外环板式方形柱-H 型钢梁连接节点方面已取得了较多的研究成果，并在国内外重要学术期刊上发表了相关学术论文。

本书将对作者在这些方面已取得的研究成果做系统性的论述，从而为对这些研究工作感兴趣的相关读者提供更多的研究思路。随着科学技术的进步，钢结构作为一种绿色建筑，其结构体系中的研究内容仍在不断被拓展，其中有关外环板式方形柱-H 型钢梁连接节点方面的研究工作还需进一步优化和完善，作者今后也将继续对这一研究领域进行深入研究和探讨。

第2章 外环板式方形钢管柱-不等高
H型钢梁连接节点

2.1 引　　言

为了合理设计外环板式方形钢管柱-不等高H型钢梁连接节点,需要对此类节点进行深入的研究。在本章中,首先利用试验对外环板式方形钢管柱-不等高H型钢梁连接节点的几个参数进行研究,然后基于试验数据,通过有限元模拟进行参数分析,最后在参数分析的基础上推导出对加强环式方形钢管柱-不等高H型钢梁连接节点的剪切性能设计方法。

当外环板式方形钢管柱-不等高H型钢梁连接节点受地震力作用时,受力状态如图2.1所示。将截面高度较高的梁定义为梁1,截面高度较低的梁定义为梁2。将梁1与梁2共同连接的节点域定义为节点域1,剩下的节点域定义为节点域2,M_{b1}和M_{b2}分别是梁1和梁2的弯矩;$Q_{b,p1}$和$Q_{c,p1}$是梁和柱传递至节点域1的剪力,$Q_{b,p2}$和$Q_{c,p2}$是梁和柱传递至节点域2的剪力,$Q_{c,L}$和$Q_{c,U}$分别是下柱和上柱的剪力。

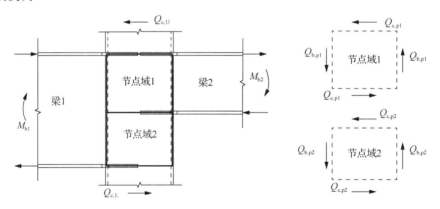

图2.1　外环板式方形钢管柱-不等高H型钢梁连接节点受力状态

2.2 试验研究

如前所述,以往的学者们虽然对不等高节点进行了一定研究,但是对外环板式方形钢管柱-不等高H型钢梁连接节点的研究较少,在实际工程中外环板式节点具有良好的抗震性能,且节点的承载能力可通过增大环板宽度实现,更加灵活。基于此,本节对外环板式方形钢管柱-不等高 H 型钢梁连接节点的剪切性能进行试验研究。

2.2.1 试件概况

本试验共设计了 7 个外环板式方形钢管柱-不等高 H 型钢梁连接节点试件,来评估循环荷载作用下节点的节点域剪切性能。与 H 型钢梁与方形钢管柱相比,节点域为最薄弱的部分,让节点域先行破坏,以研究节点域剪切性能。这里设计了三个参数,即梁截面高度比(D_{b2}/D_{b1} 分别为 1、0.75 和 0.5),柱的宽厚比(D/t 分别为 21、28 和 42)及外环板类型(A 和 B),图 2.2 为试件详图。试件 BCUO-1 为参考试件,两边横梁均采用 400mm×150mm×9mm×16mm(梁高度×翼缘宽度×腹板厚度×翼缘厚度)的焊接 H 型钢梁。为了防止在试验过程中梁的平面变形,在 H 型钢梁的中部和末端的腹板位置增设了加劲肋。方形钢管柱截面为 250mm×250mm×9mm。根据实际层高,在此设置试件的高度为 1 400mm,长度根据实际跨度,设置为 3 500mm,加载点之间的距离根据开孔位置确定,设置为 3 300mm,外加强环板 A 与 B 类的详细尺寸见图 2.2 (j)、(k)。

为了评估梁截面高度比对剪切强度和节点域剪切变形的影响,试件 BCUO-2 和试件 BCUO-3 的梁截面高度比分别为 0.75 和 0.5。与试件 BCUO-3 相比,试件 BCUO-4 具有不同的外环板类型(B 型)。试件 BCUO-5 和试件 BCUO-6 具有与试件 BCUO-3 相同的梁截面高度和外环板类型,但是方形钢管柱宽厚比分别为 21 和 42。试件 BCUO-7 与试件 BCUO-6 除了有不同的外环板类型,其他参数相同。表 2.1 列出了所有试件尺寸详情。对于所有试件,焊接两块厚度为 25mm 的钢板在立柱的两端,方便试件与上部装置连接。外环板的厚度与梁翼缘的厚度相同。焊脚长度均为 13mm,试件焊接均在标准车间进行,可以有效消除由现场焊接引起的焊接缺陷。

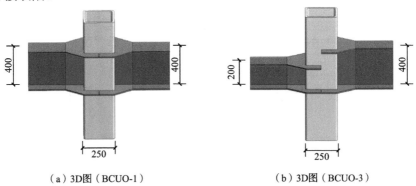

(a) 3D图(BCUO-1)   (b) 3D图(BCUO-3)

图 2.2 试件详图(单位:mm)

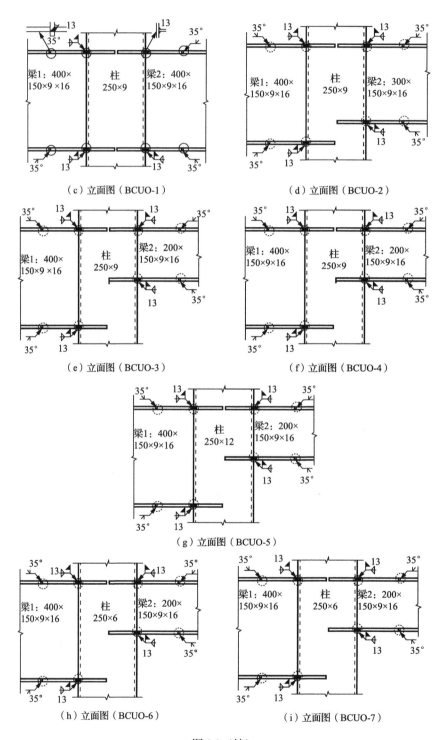

（c）立面图（BCUO-1）

（d）立面图（BCUO-2）

（e）立面图（BCUO-3）

（f）立面图（BCUO-4）

（g）立面图（BCUO-5）

（h）立面图（BCUO-6）

（i）立面图（BCUO-7）

图2.2（续）

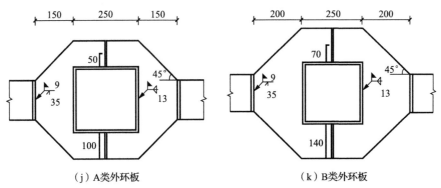

（j）A 类外环板　　　　　　　　　　（k）B 类外环板

图 2.2（续）

表 2.1　试件尺寸详情

试件	中柱 $(D \times t)^*$	H 型梁 1 $(D \times B \times t_w \times t_f)^*$	H 型梁 2 $(D \times B \times t_w \times t_f)^*$	梁截面高度比 (D_{b1}/D_{b2})	外环板类型
BCUO-1	250×9		$400 \times 150 \times 9 \times 16$	1.00	A
BCUO-2	250×9		$300 \times 150 \times 9 \times 16$	0.75	A
BCUO-3	250×9		$200 \times 150 \times 9 \times 16$	0.50	A
BCUO-4	250×9	$400 \times 150 \times 9 \times 16$	$200 \times 150 \times 9 \times 16$	0.50	B
BCUO-5	250×12		$200 \times 150 \times 9 \times 16$	0.50	A
BCUO-6	250×6		$200 \times 150 \times 9 \times 16$	0.50	A
BCUO-7	250×6		$200 \times 150 \times 9 \times 16$	0.50	B

注：D 为钢管柱截面宽度；t 为钢管柱壁厚度；B 为梁翼缘宽度；t_w 为钢梁腹板厚度；t_f 为钢梁翼缘厚度。下同。

*本列中数字的单位均为 mm。

2.2.2　材料属性

在试件中，方钢管柱采用 SN490B 钢材制作，H 型钢梁采用 BCR295 钢材。对方钢管柱、外环板、梁的腹板和梁的翼缘的拉伸试件进行了拉伸试验，确定材料的杨氏模量（E）、屈服强度（f_y）、抗拉强度（f_u）、屈强比（f_y/f_u）和伸长率。表 2.2 总结了试验样品的材料性能。

表 2.2　材料性能

材料	厚度 t/mm	杨氏模量 E/MPa	屈服强度 f_y/MPa	抗拉强度 f_u/MPa	屈强比 f_y/f_u/%	伸长率/%	试件
H 型钢梁翼缘	15.9	212 000	351	522	67	26	BCUO-1～BCUO-7
外环板	8.9	210 000	369	522	71	25	BCUO-1～BCUO-7
H 型钢梁腹板	8.9	205 000	417	510	82	36	BCUO-1～BCUO-4
方形钢管柱	12.2	204 000	364	463	79	35	BCUO-5
	6.0	207 000	414	490	84	27	BCUO-6～BCUO-7

2.2.3　试验方案

图 2.3 为试验装置图。试验加载装置有加载自平衡框架、作动器（50t）、固定铰支座、滑动铰支座、平面外变形限制装置。试件安装于加载自平衡框架中，试件柱上端采用滑动铰支座与自平衡框架上梁连接，柱下端采用固定铰支座与自平衡框架下梁连接。在两侧梁中部设置了平面外变形限制装置，限制梁的平面外转动。试验采用梁端加载方式，规定梁 1 端部作动器上拉为正，下压为负。加载采用位移控制匀速加载方式，按照层间位移角 0.5%、1%、2%、3%、4% 和 5% 逐级加载，每级循环 2 次。加载完位移角为 5% 的两次循环后，沿正向继续加载，加载至设备最大量程后，停止加载。

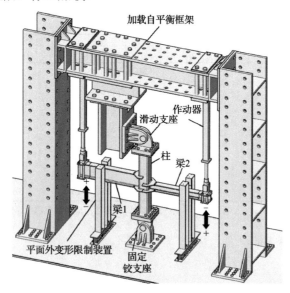

（a）试验装置的整体图

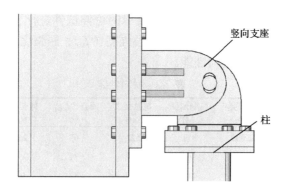

（b）销钉和垂直支撑的细节

图 2.3　试验装置图

2.2.4　节点域测量方法

试件的测量方式由图 2.4（a）和（b）所示的位移传感器的位置测定。节点域的剪切变形和剪力见图 2.5 和图 2.6。对于所有试件，整个节点域的剪切变形（γ）可通过式（2.1）获得。

$$\gamma = \frac{d_1 + d_2}{2h_{p1}\cos\alpha} \tag{2.1}$$

式中：d_1 为节点域对角线位移计 1 测量值；d_2 为节点域对角线位移计 2 测量值；h_{p1} 为整体节点域测量高度，与梁 1 的高度相等；α 为节点域变形前对角线与水平线的夹角。

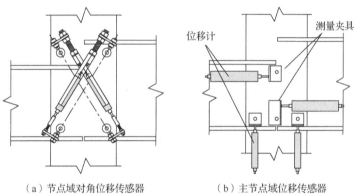

（a）节点域对角位移传感器　　　　　　（b）主节点域位移传感器

图 2.4　节点域位移传感器的位置

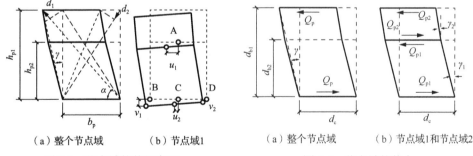

（a）整个节点域　　（b）节点域1　　　　（a）整个节点域　　（b）节点域1和节点域2

图 2.5　节点域的剪切变形　　　　　　图 2.6　节点域的剪力

对于试件BCUO-2～试件BCUO-7，节点域1的剪切变形可以由式（2.2）得到。

$$\gamma_1 = \frac{u_1 - u_2}{h_{p2}} - \frac{v_1 - v_2}{b_p} \tag{2.2}$$

式中：b_p 是节点域的测量宽度，与柱的宽度相等；u_1 是测点 A 的水平位移；u_2 是测点 C 的水平位移；h_{p2} 是节点域 1 的高度，与梁 2 高度相等；v_1 是测点 B 的垂直位移；v_2 是测点 D 的垂直位移。

节点域 2 的剪切变形由式（2.3）得到。

$$\gamma_2 = \frac{\gamma \cdot h_{p1} - \gamma_1 \cdot h_{p2}}{h_{p1} - h_{p2}} \tag{2.3}$$

式中：h_{p1} 是整体节点域高度，与梁 1 的高度相等；h_{p2} 是节点域 1 的高度，与梁 2 的高度相等。

节点域 1（Q_{p1}）、节点域 2（Q_{p2}）和整个节点域（Q_p）的剪力可通过式（2.4）～式（2.6）获得。

$$Q_{p1} = \left(\frac{Q_{b1}}{d_{b1}} + \frac{Q_{b2}}{d_{b2}} \right) \frac{L_b - d_c}{2} - \frac{Q_{b1} + Q_{b2}}{2} \frac{L_b}{L_c} \tag{2.4}$$

$$Q_{p2} = \frac{Q_{b1}}{d_{b1}} \frac{L_b - d_c}{2} - \frac{Q_{b1} + Q_{b2}}{2} \frac{L_b}{L_c} \tag{2.5}$$

$$Q_p = \left(\frac{L_b - d_c}{d_{b1}} - \frac{L_b}{L_c} \right) \frac{Q_{b1} + Q_{b2}}{2} \tag{2.6}$$

式中：d_c 表示节点域的两翼缘中心之间的距离；d_{b1} 和 d_{b2} 分别是梁 1 和梁 2 的上翼缘和下翼缘的中心之间的距离；L_b 是两个加载点之间的距离；L_c 是两个支座之间的距离；Q_{b1} 和 Q_{b2} 分别是梁 1 和梁 2 的剪力。

2.3　试　验　结　果

2.3.1　滞回曲线

所有试件的整体节点域剪力-剪切变形角滞回曲线见图 2.7。实心标记表示整体节点域的最大剪切承载力试验值（$Q_{pmax,e}$）。试件 BCUO-1～试件 BCUO-4 的滞回曲线较为相似，这四个试件在较小的加载循环中显示出线弹性。超过弹性极限后，强度没有明显增加。在进入塑性阶段之后，强度随着加载幅度的增加而逐渐增加，并一直持续到试验结束，在试验结束时未发生强度降低。而且，荷载在正向加载和负向加载之间是对称的。随着梁截面高度比的增加，整体节点域的剪切强度增加了 3%～10%，见图 2.7（a）～（c）。

试件 BCUO-5～试件 BCUO-7 的滞回曲线较为稳定，在整个加载过程中试件均保持了稳定的耗能能力。但是，如图 2.7（e）所示，在加载至 $R=0.05$rad 时，试件 BCUO-5 承载力发生明显退化。试件 BCUO-5 承载力退化是由外加强环与方钢管柱连接处焊缝撕裂引起的。

对于试件 BCUO-6 和试件 BCUO-7，虽然试件的层间位移角最大约为 5%，但是发生整体节点域剪切破坏。由于外加强环的尺寸不同，试件 BCUO-3 和试件 BCUO-6 的剪切承载力比试件 BCUO-4 和试件 BCUO-7 的剪切承载力小 10%，见图 2.7（c）、 （d）、（f）和（g）。由于方形柱截面宽厚比的影响，试件 BCUO-5 的剪切承载力大于试件 BCUO-6 的剪切承载力，见图 2.7（e）和（f）。因此，在结构设计中不应忽视外加强环尺寸和方形柱截面宽厚比对节点域强度和剪切变形的影响。

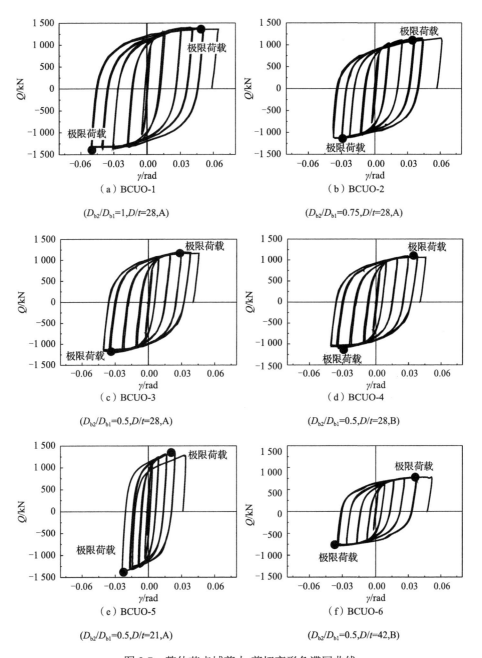

（a）BCUO-1

$(D_{b2}/D_{b1}=1,D/t=28,A)$

（b）BCUO-2

$(D_{b2}/D_{b1}=0.75,D/t=28,A)$

（c）BCUO-3

$(D_{b2}/D_{b1}=0.5,D/t=28,A)$

（d）BCUO-4

$(D_{b2}/D_{b1}=0.5,D/t=28,B)$

（e）BCUO-5

$(D_{b2}/D_{b1}=0.5,D/t=21,A)$

（f）BCUO-6

$(D_{b2}/D_{b1}=0.5,D/t=42,B)$

图 2.7　整体节点域剪力-剪切变形角滞回曲线

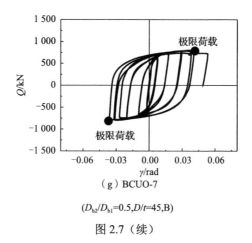

（g）BCUO-7

$(D_{b2}/D_{b1}=0.5,D/t=45,B)$

图 2.7（续）

2.3.2 骨架曲线

利用骨架曲线求得整体节点域的刚度（K）、屈服剪切承载力（Q_{py}）和塑性剪切承载力（Q_{pp}），试验所得刚度与特征值荷载见表 2.3。将层间位移角等于 0.005rad 时的正向荷载峰值点的割线模量作为整体节点域剪切刚度（K）。采用斜率法[147] 得到 Q_{py}，Q_{pp} 可以通过 0.35% 的偏移强度法获得。连接每个加载循环的第一个峰值荷载点，可以得到试件节点域剪力-剪切变形角骨架曲线，见图 2.8。主要性能点的定义见图 2.9。

表 2.3　试验所得刚度与特征值荷载

试件	正向加载						负向加载					
	$K_{EXP}/$ (kN/rad)	$Q_{py,e}/$ kN	$\gamma_{py,e}/$ rad%	$Q_{pp,e}/$ kN	$\gamma_{pp,e}/$ rad%	$Q_{p,max}/$ kN	$K_{EXP}/$ (kN/rad)	$Q_{py,e}/$ kN	$\gamma_{py,e}/$ rad%	$Q_{pp,e}/$ kN	$\gamma_{pp,e}/$ rad%	$Q_{p,max}/$ kN
BCUO-1	307 000	898	0.235	986	0.487	1 360	307 000	887	0.234	989	0.495	1 344
BCUO-2	306 000	732	0.306	841	0.592	1 143	306 000	742	0.321	859	0.599	1 141
BCUO-3	307 000	789	0.386	866	0.689	1 204	307 000	781	0.394	871	0.692	1 202
BCUO-4	307 000	784	0.275	877	0.582	1 180	307 000	779	0.286	894	0.591	1 182
BCUO-5	404 000	879	0.218	1 122	0.508	1 357	405 000	868	0.233	1 124	0.512	1 331
BCUO-6	208 000	415	0.274	546	0.637	782	207 000	426	0.286	543	0.647	791
BCUO-7	207 000	434	0.208	579	0.527	806	207 000	438	0.238	574	0.557	787

注：K_{EXP} 为节点域剪切刚度试验值；$Q_{py,e}$ 为节点域屈服剪切承载力试验值；$\gamma_{py,e}$ 为节点域屈服剪切变形角试验值；$Q_{pp,e}$ 为节点域塑性剪切承载力试验值；$\gamma_{pp,e}$ 为节点域塑性剪切变形角试验值；$Q_{pmax,e}$ 为整体节点域的最大剪切承载力试验值。

试件节点域的剪切承载力随着梁截面高度比的上升逐渐降低。与试件 BCUO-1 相比，试件 BCUO-2、试件 BCUO-3 的屈服剪切承载力分别降低了 10.0% 和 10.9%；塑性剪切承载力分别降低了 10.2% 和 11.6%，见图 2.8（a）。

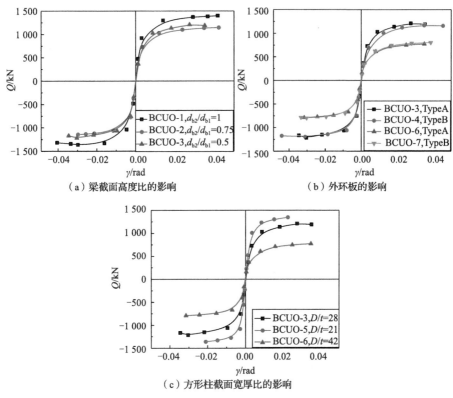

（a）梁截面高度比的影响　　　　　　　　　（b）外环板的影响

图 2.8　节点域剪力-剪切变形角骨架曲线

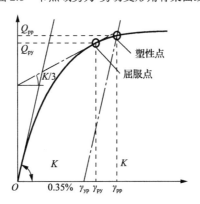

图 2.9　主要性能点的定义

外环板种类对承载力影响较小。与试件 BCUO-3 和试件 BCUO-6 相比，试件 BCUO-4 和试件 BCUO-7 的屈服剪切承载力分别提高了 9.1% 和 5.8%；塑性剪切承载力分别提高了 7.9% 和 5.8%，见图 2.8（b）。

方形柱截面宽厚比对试件节点域的剪切承载力的影响最为显著。随着方形柱截面宽厚比由 42 降低至 28 和 21，节点域剪切刚度和剪切承载力逐渐增加。对比试件 BCUO-6，试件 BCUO-3 和试件 BCUO-5 的剪切刚度分别增加了 41.2% 和 114.4%；屈服剪切承载力对应分别提高了 61.1% 和 124.2%；塑性剪切承载力分别对应提高了 46.6% 和 119.9%，见图 2.8（c）。

对比可得，试件方形柱截面宽厚比、梁截面高度比、外环板尺寸对试件节点域承载力均有不同程度的影响，其中，试件方形柱截面宽厚比对节点域剪切承载力影响最为显著。

2.3.3　破坏模式

当加载至层间位移角 $R < 0.005\text{rad}$ 时，7 个试件节点域的剪力-剪切变形角关系均呈线性发展，表明试件处于弹性阶段；当加载至 $R \geqslant 0.01\text{rad}$ 时，滞回曲线开始进入非线性阶段，试件进入塑性阶段；当加载至 $R > 0.03\text{rad}$ 时，试件破坏，试件破坏均发生于节点域。存在两种破坏模态，即整体节点域剪切破坏与部分节点域剪切破坏，见图 2.10。整体节点域剪切破坏是节点域 1 和节点域 2 同时发生剪切破坏；部分节点域剪切破坏是节点域 1 发生剪切破坏，节点域 2 未出现破坏现象。其中，试件 BCUO-1、试件 BCUO-6 和试件 BCUO-7 发生整体节点域剪切破坏；试件 BCUO-2～试件 BCUO-5 发生局部节点域剪切破坏。

当试件 BCUO-1 加载至 $R = 0.02\text{rad}$ 的第一个循环时，节点域观察到剪切屈服现象，见 2.10（a）。当加载至 $R = 0.04\text{rad}$ 的第一个循环时，试件达到极限荷载，试件 BCUO-1 最终发生整体节点域剪切破坏。试件 BCUO-2 在加载至 $R = 0.02\text{rad}$ 的第一个循环时，在节点域 1 中观察到剪切屈曲现象；同时，在梁 1 端附近观察到柱钢管壁的面外变形，但是在该试验结束时未观察到断裂，BCUO-2 最终因为节点域 1 中的剪切屈曲而破坏，见 2.10（b）。试件 BCUO-3 和试件 BCUO-4 的试验结果与试件 BCUO-2 类似，见图 2.10（c）和（d），只是节点域破坏的高度不同，这是由于梁截面高度比的不同，试件 BCUO-3 的极限荷载低于试件 BCUO-2，出现在 $R = 0.04\text{rad}$ 的第一个循环。试件 BCUO-4 的极限荷载略高于试件 BCUO-3，由此可知，外环板的尺寸对破坏模式影响不大，但是会影响极限荷载。

对于试件 BCUO-5，当加载至 $R = 0.02\text{rad}$ 的第一个循环时，在节点域 1 中出现剪切屈曲。加载至 $R = 0.02\text{rad}$ 的第二个循环时，在梁 1 附近观察到了外环板屈服现象。见图 2.10（f）；在加载至 $R = 0.05\text{rad}$ 的第二个循环时，观察到外环板与柱焊接处出现断裂；当加载至 $R = 0.05\text{rad}$ 时，试件达到极限荷载。最终，试件 BCUO-5 由于节点域 1 中的剪切屈曲而破坏，见图 2.10（e）。

试件 BCUO-6 和试件 BCUO-7 的破坏模式类似于试件 BCUO-1，当加载至 $R = 0.01\text{rad}$ 时，试件进入屈服阶段，随着加载的进行，节点域 1 与节点域 2 可以观察到剪切屈曲，当加载至 $R = 0.04\text{rad}$ 时，试件达到极限荷载，试件方钢管柱节点域未发生面外变形，最终试件 BCUO-6 发生整体节点域剪切破坏。试件 BCUO-7 的破坏模式与试件 BCUO-6 类似，但是极限荷载有所提高，见图 2.10（g）和（h）。

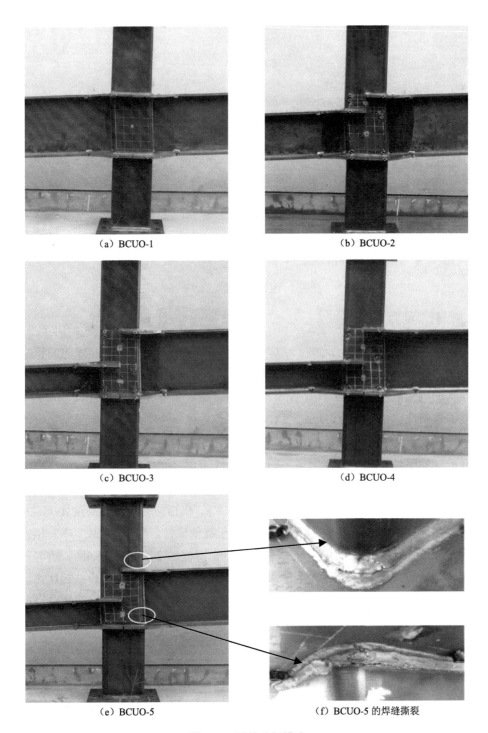

（a）BCUO-1　　　　　　　　（b）BCUO-2

（c）BCUO-3　　　　　　　　（d）BCUO-4

（e）BCUO-5　　　　　　（f）BCUO-5 的焊缝撕裂

图 2.10　试件破坏模式

　　　（g）BCUO-6　　　　　　　　　　　　　　（h）BCUO-7

图 2.10（续）

2.3.4　耗能能力

　　滞回曲线包围的区域反映了结构吸收能量的大小。通过滞回曲线的面积来评估整个节点域中耗散的能量，每个循环的耗能（E_d）和累积耗能（E_a）见图 2.11。当结构的层间位移角（R）等于或小于 0.01rad 时，整个节点域的能耗基本为 0。当结构层间位移角达到 0.02rad 之后，整体节点域中每个循环的耗能随着层间位移角的增加而增加。由于构件出现累积损伤，在相同的层间位移角水平下，第二个循环的耗能略低于第一个周期循环的能耗。随着梁截面高度比的增加，整个节点域的累积耗能逐渐增加，见图 2.11。与试件 BCUO-1 相比，试件 BCUO-2 和试件 BCUO-3 的累积耗能分别降低了 30.1%和 60.8%。在相同的梁截面高度比下，方形柱截面宽厚比为 21 的试件的累积耗能要好于其他试件。与试件 BCUO-3 相比，试件 BCUO-5 和试件 BCUO-6 的累积耗能分别降低了 24.1%和 36.4%。随着外环板尺寸的增加，累积耗能明显提升。与试件 BCUO-3 和试件 BCUO-6 相比，试件 BCUO-4 和试件 BCUO-7 的累积耗能分别增加了 13.4%和 16.7%。整体节点域的累积耗能与方形钢管柱截面宽厚比，梁截面高度比与外环板的尺寸有关。

　　另外，等效黏滞阻尼系数（ξ_{eq}）与层间位移角的曲线图见图 2.11（c），即随着层间位移角的增加，等效黏滞阻尼系数增加，但增长的速率逐渐减小。等效黏滞阻尼系数随着梁截面高度比的增加而逐渐减小；随着方形柱截面宽厚比的增加，等效黏滞阻尼系数也减小，见表 2.4。在屈服点、塑性点和最大变形点处，整体节点域的等效黏滞阻尼系数分别为 0.22～0.47、0.28～0.54 和 0.30～0.58。

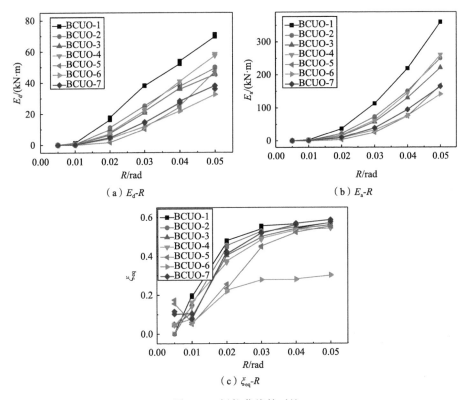

（a）E_d-R　　　　　　　（b）E_a-R

（c）ξ_{eq}-R

图 2.11　耗能曲线的对比

表 2.4　屈服点、塑性点和最大剪切变形状态的等效黏滞阻尼系数

试件	$\xi_{eq,y}$	$\xi_{eq,p}$	$\xi_{eq,0.05rad}$
BCUO-1	0.47	0.54	0.58
BCUO-2	0.45	0.53	0.57
BCUO-3	0.40	0.50	0.56
BCUO-4	0.37	0.49	0.55
BCUO-5	0.25	0.45	0.56
BCUO-6	0.22	0.28	0.30
BCUO-7	0.41	0.52	0.58

2.3.5　节点域应变分析

图 2.12 给出了节点域 1 和节点域 2 的骨架曲线。水平轴和垂直轴分别表示节点域 1 和节点域 2 中的剪切应变和剪力。剪力分别通过式（2.4）和式（2.5）获得。应变花测量剪切应变，其放置位置见图 2.12（a）。节点域的剪切应变通过以下公式计算：

$$\gamma_{p1} = 2\varepsilon_{45,p1} - (\varepsilon_{v,p1} + \varepsilon_{h,p1}) \tag{2.7}$$

$$\gamma_{p2} = 2\varepsilon_{45,p2} - (\varepsilon_{v,p2} + \varepsilon_{h,p2}) \tag{2.8}$$

式中：$\varepsilon_{v,p1}$ 是主节点域在垂直方向上的应变（图 2.12 中的 P1）；$\varepsilon_{45,p1}$ 是节点域 1 在 45° 角处的应变（图 2.12 中的 P2）；$\varepsilon_{h,p1}$ 是水平方向上节点域 1 的应变（图 2.11 中的 P3）；$\varepsilon_{v,p2}$ 是节点域 2 在垂直方向上的应变（图 2.12 中的 P4）；$\varepsilon_{45,p2}$ 为 45° 角下的节点域 2 的应变（图 2.12 中的 P5）；$\varepsilon_{h,p2}$ 是节点域 2 在水平方向上的应变（图 2.12 中的 P6）。

试件 BCUO-2～试件 BCUO-5 的剪切应变图见图 2.12（b）～（e），节点域 1 的剪切力和剪切应变远大于节点域 2 的剪切力和剪切应变，说明试件 BCUO-2～BCUO-5 发生局部剪切破坏。对于试件 BCUO-6 和试件 BCUO-7，节点域 1 的剪切力和剪切应变略高于节点域 2 的剪切力和剪切应变，两条曲线彼此接近。节点域 1 和节点域 2 导致整体节点域的塑性变形，其所形成的整体剪切屈曲，说明试件 BCUO-6 与试件 BCUO-7 发生整体节点域剪切破坏。

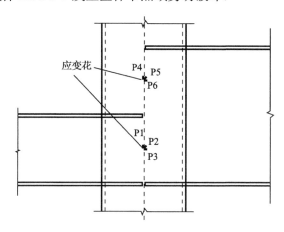

（a）应变花放置位置

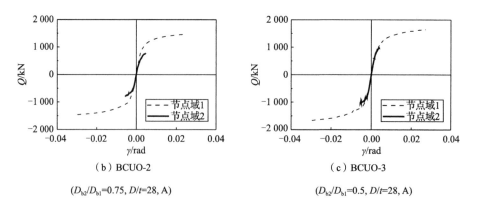

（b）BCUO-2

$(D_{b2}/D_{b1}=0.75, D/t=28, A)$

（c）BCUO-3

$(D_{b2}/D_{b1}=0.5, D/t=28, A)$

图 2.12　节点域 1 与节点域 2 的骨架曲线

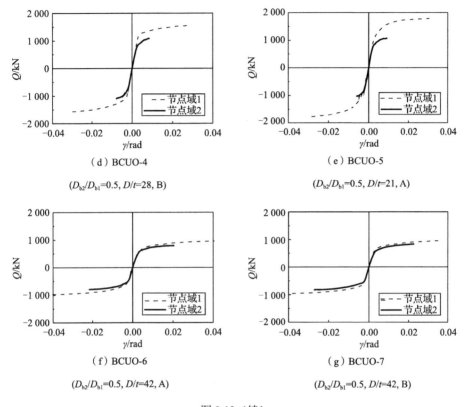

（d）BCUO-4

（D_{b2}/D_{b1}=0.5, D/t=28, B）

（e）BCUO-5

（D_{b2}/D_{b1}=0.5, D/t=21, A）

（f）BCUO-6

（D_{b2}/D_{b1}=0.5, D/t=42, A）

（g）BCUO-7

（D_{b2}/D_{b1}=0.5, D/t=42, B）

图 2.12（续）

2.3.6　刚度退化

由于损伤积累，整体节点域的剪切刚度随荷载循环而降低。整体节点域的剪切刚度通过循环中的剪切刚度进行评估。

$$K_j = \frac{Q_{1,j}}{R_{1,j}} \tag{2.9}$$

式中：K_j 是层间位移角等于 j 加载级时的剪切刚度；$Q_{1,j}$ 是层间位移角等于 j 加载级时第一个循环的峰值荷载；$R_{1,j}$ 对应于 $Q_{1,j}$ 的层间变形角。

节点域的刚度退化与层间位移角的关系见图 2.13。主要对比的剪切刚度包括屈服剪切承载力时（屈服点）的剪切刚度（K_y）、塑性剪切承载力时（塑性点）的剪切刚度（K_p），以及 R=0.05rad（$K_{0.05rad}$）时的剪切刚度。表 2.5 列出了塑性点与屈服点的剪切刚度之比 K_p/K_y 和 R=0.05rad 点与屈服点的剪切刚度之比 $K_{0.05rad}/K_y$。由于某些试件在初始加载阶段的加载位移较小，连接装置与试件之间的间隙可能会产生一定的测量误差，这可能会导致相对误差并影响循环刚度的精度。当加载水平达到 0.03rad 后，正循环刚度和负循环刚度趋于一致。整个节点域的 K_p/K_y 相对接近，范围为 0.43～0.59；$K_{0.05rad}/K_y$ 的范围为 0.15～0.42。

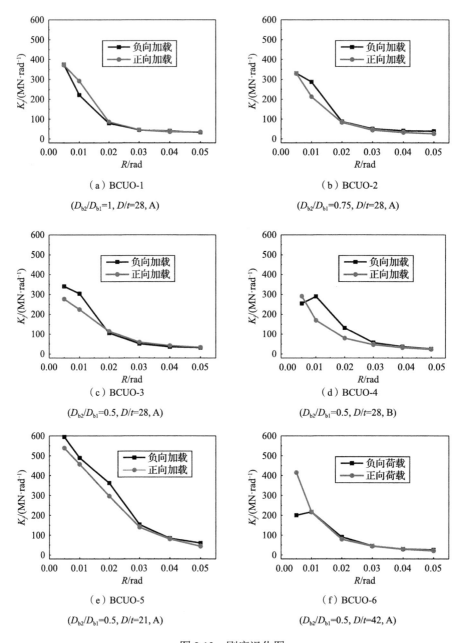

图 2.13　刚度退化图

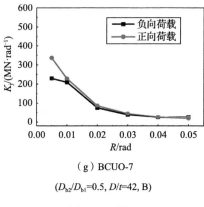

（g）BCUO-7

$(D_{b2}/D_{b1}=0.5, D/t=42, B)$

图 2.13（续）

表 2.5　K_p/K_y 和 $K_{0.05rad}/K_y$

试件	加载方向	K_p/K_y	$K_{0.05rad}/K_y$
BCUO-1	正向	0.53	0.41
	负向	0.57	0.42
BCUO-2	正向	0.54	0.32
	负向	0.58	0.43
BCUO-3	正向	0.53	0.30
	负向	0.49	0.31
BCUO-4	正向	0.59	0.31
	负向	0.43	0.21
BCUO-5	正向	0.48	0.15
	负向	0.43	0.17
BCUO-6	正向	0.57	0.27
	负向	0.50	0.28
BCUO-7	正向	0.52	0.25
	负向	0.51	0.35

2.3.7　节点域剪切承载力退化

当加载至恒定的层间位移角时，整体节点域的剪切能力从一个循环降低到下一循环，这是剪切承载力的下降。承载力退化系数的计算公式如下：

$$\eta_j = \frac{Q_{1,j}}{Q_{2,j}} \tag{2.10}$$

式中：η_j 是节点域在层间位移角等于 j 加载级时的剪切承载力退化系数；$Q_{1,j}$ 是

层间位移角等于 j 加载级时第一个循环的峰值剪切承载力；$Q_{2,j}$ 是层间位移角等于 j 加载级时第二个循环的峰值剪切承载力。

图 2.14 显示了整体节点域在加载过程中的 η_j-R 图。在整个加载过程中，剪切承载力退化系数通常随着层间位移角的增加而减小。试件 BCUO-5 的剪切承载力下降主要是由于位于外环板和方形钢管柱之间的焊接脆性断裂引起的；其他试件则主要是由于加载过程中累积的损坏引起的。表 2.6 列出了弹性阶段（$Q \leqslant Q_y$）、塑性阶段（$Q_y < Q \leqslant Q_p$）和最大变形阶段（$Q_p < Q_{0.05rad}$）的剪切承载力退化系数的变化范围。在屈服点之前，未观察到承载力下降。剪切承载力退化系数为 0.117～1.11。从屈服点到塑性点，每个试件几乎没有变化（0.117～1.01）。从塑性点到 0.05rad 点，观察到剪切承载力退化趋势。剪切承载力退化系数为 0.811～0.116。

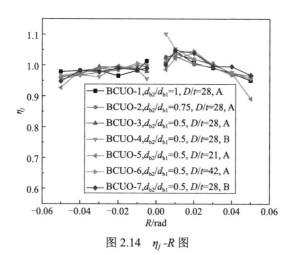

图 2.14 η_j-R 图

表 2.6   不同加载阶段的承载力退化系数

试件	η_j		
	$Q \leqslant Q_y$	$Q_y < Q \leqslant Q_p$	$Q_p < Q_{0.05rad}$
BCUO-1	0.97～1.05	0.98～1.01	0.96～0.98
BCUO-2	0.98～1.03	0.98～0.99	0.95～0.96
BCUO-3	0.97～1.04	0.99～1.01	0.96～0.97
BCUO-4	0.97～1.10	0.96～1.00	0.95～0.97
BCUO-5	0.99～1.02	0.99～1.01	0.89～0.98
BCUO-6	0.99～1.05	0.99～1.00	0.95～0.97
BCUO-7	1.00～1.05	0.98～1.00	0.94～0.99

2.4　有限元分析

在结构工程的研究中，由于试验设备、经费条件等原因，试验无法覆盖所有参数，所以一般的做法为：选择部分较为重要的、显而易见的试验参数进行试验，在已有的试验基础上，利用有限元分析软件建立模型，对模型进行验证，最后对试验研究内容进行参数扩展研究。有限元分析起源于数学与弹性力学方法，研究原理就是将某个工程结构离散为由各种单元组成的计算模型，然后将各个单元连接起来进行分析，进而得到结构的整体受力性能，但是由于计算模型的精度问题，有限元得到的结果为近似解。有限元分析可以通过模拟试验，达到对试验参数的补充，同时，有限元可以检测试件加载过程的全过程与全区域的覆盖，不需要考虑测量手段的单一性。

本部分拟采用 ABAQUS 6.10 学生版，首先根据试验数据建立 7 个与试验试件尺寸相同的模型，对比有限元分析结果与试验结果的差异，通过与试验结果的对比验证，改进有限元模型。在验证好的试验模型上进行参数分析，探讨不同参数对加强环式方形钢管柱-不等高 H 型钢梁连接节点的力学性能影响。

2.4.1　有限元模型的建立

ABAQUS 模型建立过程大致可以分为以下几个步骤：创建构件、定义材料属性、装配构件成整体、设定分析步、按照实际工况设定约束条件及网格尺寸的划分。

2.4.2　材料属性

根据实际试验尺寸，在 ABAQUS 的 Part（部件）模块中按照 1∶1 建立构件。然后选择 Property（属性）模块，根据材料拉伸试验，得到的材料属性，按照公式输入有限元模型中。其主要分为三个步骤。首先是材料的创建，即将材料试验所得的名义应力、名义应变根据式（2.11）和式（2.12）转换为真实应力与对数应变。然后将其与材料的弹性模量、泊松比等属性输入至相对应的材料属性，真实应力与塑性应变见表 2.7。所有材料的弹性模量根据拉伸试验数据取值，泊松比取 0.3。创建完不同材料，将之前创建的材料属性赋予截面。最后根据试验数据，指定材料属性至对应构件。材料属性赋予后的梁柱部件见图 2.15。

$$\sigma = \sigma_{\text{nom}}(1 + \varepsilon_{\text{nom}}) \tag{2.11}$$

$$\varepsilon = \ln(1 + \varepsilon_{\text{nom}}) - \frac{\sigma}{E} \tag{2.12}$$

式中：σ 为真实应力；σ_{nom} 为名义应力；ε 为对数应变；ε_{nom} 为名义应变。

表 2.7　真实应力与塑性应变

H 型钢梁翼缘和外环板		H 型钢梁腹板		柱 BCUO-1~BCUO-4		柱 BCUO-5		柱 BCUO-6~BCUO-7	
真实应力/MPa	塑性应变	真实应力/MPa	塑性应变	真实应力/MPa	塑性应变	真实应力/MPa	塑性应变	真实应力/MPa	塑性应变
352.1	0.000 0	370.2	0.000 0	415.2	0.000 0	322.3	0.000 0	325.1	0.000 0
361.2	0.017 1	383.3	0.019 7	416.0	0.004 3	404.9	0.004 4	420.7	0.005 3
482.0	0.047 2	485.4	0.047 2	523.6	0.047 3	484.5	0.047 7	484.6	0.038 1
564.1	0.099 8	564.7	0.098 2	562.0	0.098 4	513.7	0.098 1	541.8	0.097 6
602.2	0.147 1	605.7	0.147 3	589.6	0.148 0	542.8	0.156 6	576.7	0.156 5
633.2	0.196 4	636.0	0.194 9	614.3	0.196 4	558.8	0.187 6	598.0	0.196 7
659.3	0.236 6	650.4	0.217 2	461.4	0.077 8	501.4	0.090 0	617.9	0.234 8

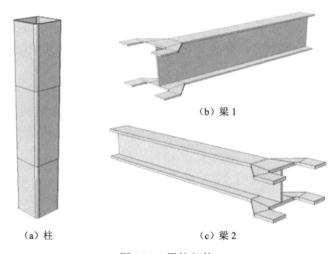

（a）柱　　　　　　　　（b）梁1

（c）梁2

图 2.15　梁柱部件

2.4.3　分析步及接触设定

在构件创建完毕、材料定义完成后，在装配模块中，应根据实际试验节点组成装配所有构件，使模型与试验构件相同。随后在分析步模块中，根据试验加载方式，设定分析步，由于试验采用拟静力加载，分析步中同样采用静力加载分析，需要考虑几何非线性，每个加载增量步最大设定为 0.2，避免因单次增量步较大可能导致的不收敛，同时可以方便调取结果的应力云图。

在相互作用模块中，根据试验条件，利用约束还原试验中构件间的连接，确保装配完成后的 H 型钢梁、方形钢管柱及外环板等部件在分析过程中可以形成一个整体，能够准确模拟力的传导。试验中 H 型钢梁与外环板、外环板与方形钢管柱之间，均通过焊缝连接，而在 ABAQUS 模型中，将焊缝作为一个单独构件，利用绑定约束将焊缝与方形钢管柱、外环板、H 型钢梁之间连接，可以有效模拟试验中构件的连接。设置绑定约束时，对方形钢管柱、焊缝、外环板、H 型钢梁之间的连接，采用绑定连接。为方便后续边界条件与荷载的施加，需要对梁端耦合处理，在梁端外 50mm 处设定参考点，将 H 型钢梁截面端部与参考点设定耦合。

2.4.4　边界条件

根据试验实际约束，在荷载模块中对模型施加边界条件与加载条件，具体模型约束状态与加载方向见图 2.16。通过在加载分析步中施加位移边界条件，施加与试验相同的低周循环往复荷载，通过幅值控制加载过程，使模型中的加载方式与试验加载方式相同。

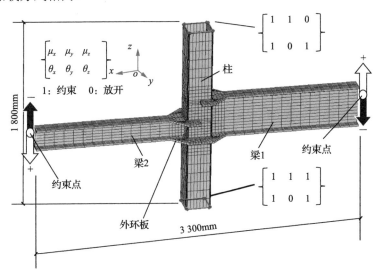

图 2.16　模型约束状态与加载方向

2.4.5　网格尺寸的划分

ABAQUS 的网格单元种类繁多，本书选择的单元类型为常用 8 节点六面体线性减缩积分的三维实体单元（C3D8R）。在网格模块，对模型进行自动网格划分。网格的疏密程度对计算结果的精确度有很大的影响，需要选择适中的网格密度来进行试验的模拟，过于精细的网格，又会增加模型运算时长，同时可能导致计算结果的不准确。本章的主要研究对象为柱梁节点中的节点域部位，所以对于节点域区域的网格划分较为精细，而其他区域划分网格较大。这样对试验结果可以精确模拟，同时可以减少模拟的耗时，降低计算机的工作量。不等高梁柱节点有限元模型（BCUO-6）见图 2.17。

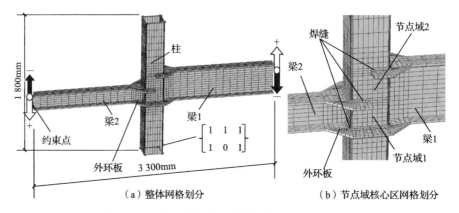

（a）整体网格划分　　　　　　　　（b）节点域核心区网格划分

图 2.17　不等高梁柱节点有限元模型（BCUO-6）

2.4.6　滞回曲线对比

滞回曲线是抗震分析的基础，根据试验参数，建立 7 个有限元模型，对模型的准确性进行验证。对模拟结果进行数据提取，然后通过与试验相同的数据处理方法，可以得到节点域的剪力-剪切变形角滞回曲线。有限元得到的滞回曲线与试验得到的滞回曲线对比见图 2.18。所有试件的两条曲线均吻合良好，呈饱满的梭形。从数据结果来看，有限元所得特征值对比试验所得值略高，但处于精度允许范围之内。出现这样的差异的可能原因是有限元未考虑试验试件存在的焊接残余应力；另外，试验过程中还可能存在测量上的误差等。分析上述结果可知，有限元模型可以较好地模拟加强环式方形钢管柱-不等高 H 型钢梁连接节点的滞回性能，有限元模型具有较高的精确性。

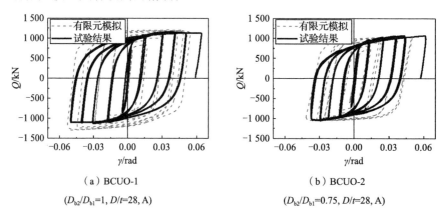

（a）BCUO-1　　　　　　　　　　　　　（b）BCUO-2

（D_{b2}/D_{b1}=1, D/t=28, A）　　　　　　　（D_{b2}/D_{b1}=0.75, D/t=28, A）

图 2.18　有限元与试验滞回曲线对比

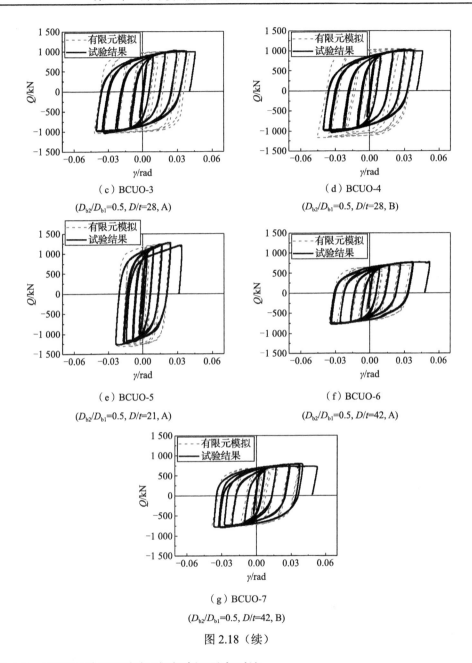

（c）BCUO-3

$(D_{b2}/D_{b1}=0.5, D/t=28, A)$

（d）BCUO-4

$(D_{b2}/D_{b1}=0.5, D/t=28, B)$

（e）BCUO-5

$(D_{b2}/D_{b1}=0.5, D/t=21, A)$

（f）BCUO-6

$(D_{b2}/D_{b1}=0.5, D/t=42, A)$

（g）BCUO-7

$(D_{b2}/D_{b1}=0.5, D/t=42, B)$

图 2.18（续）

2.4.7 有限元破坏形态与试验破坏形态对比

有限元破坏形态与试验破坏形态对比见图 2.19。对比试验结果可知，有限元所得破坏形态与试验所得破坏形态非常吻合。根据有限元所得的破坏形态，节点域的破坏形态可以分为整体节点域剪切破坏与部分节点域剪切破坏两种。其中

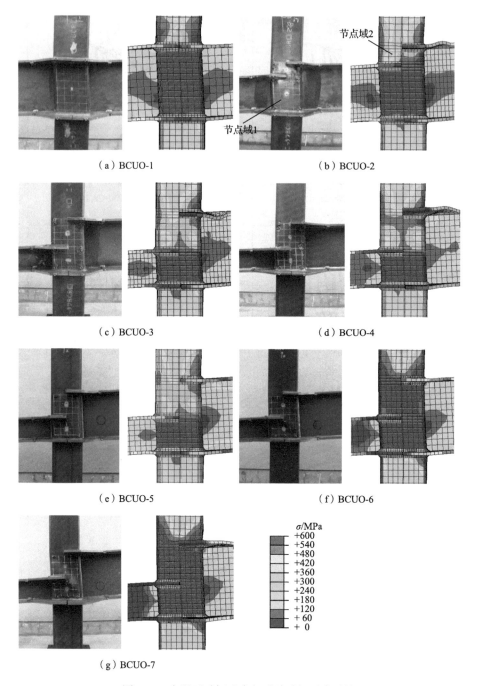

（a）BCUO-1　　　　　　　　　　　　（b）BCUO-2

（c）BCUO-3　　　　　　　　　　　　（d）BCUO-4

（e）BCUO-5　　　　　　　　　　　　（f）BCUO-6

（g）BCUO-7

图 2.19　有限元破坏形态与试验破坏形态对比

试件 BCUO-1 与试件 BCUO-6、试件 BCUO-7 为整体节点域剪切破坏，试件 BCUO-2～试件 BCUO-5 为部分节点域（节点域 1）剪切破坏。图中红色区域代表

高应力区，相应的 Mises 应力较大，所有节点域 1 区域均为红色，而部分试件的
节点域 2 区域的应力颜色为黄色或者青色，代表 Mises 应力值较低。根据一点的
应力大小，可以显示该点的应变趋势，当节点域 2 的 Mises 应力较小，未达到屈
服应力时，其相应的剪切应变也较小，从中可以看出，有限元分析结果与试验结
果吻合较好，可以预测试件的破坏模式。

2.4.8 骨架曲线对比分析

有限元骨架曲线与试验骨架曲线对比见图 2.20。由图 2.20 可见，有限元骨架
曲线和试验骨架曲线吻合良好。表 2.8 是节点域剪切刚度、屈服点和塑性点荷载
的有限元与试验结果的对比。剪切刚度比值在 0.99～1.01，平均值为 1.00，有限
元可以模拟试验屈服阶段之前的加载阶段。有限元所得的屈服剪切承载力和塑性
剪切承载力与试验结果的比值范围分别为 0.97～1.09 和 0.95～1.08，平均值分别
为 1.03 和 1.04，满足后续有限元参数分析精度要求。

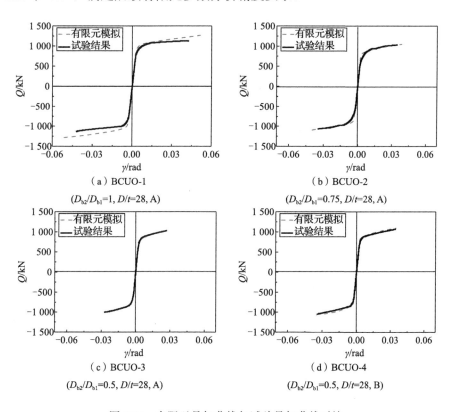

图 2.20 有限元骨架曲线与试验骨架曲线对比

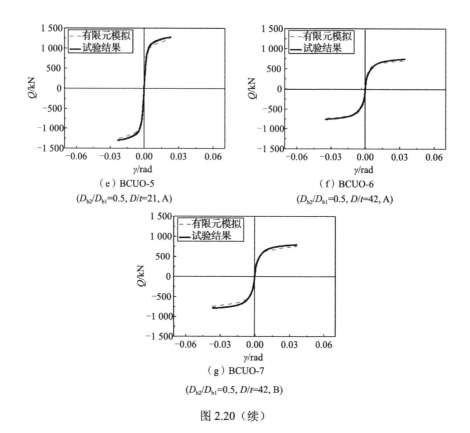

（e）BCUO-5
（D_{b2}/D_{b1}=0.5, D/t=21, A）

（f）BCUO-6
（D_{b2}/D_{b1}=0.5, D/t=42, A）

（g）BCUO-7
（D_{b2}/D_{b1}=0.5, D/t=42, B）

图 2.20（续）

表 2.8　节点域剪切刚度、屈服点和塑性点有限元与试验结果的对比

试件	加载方向	剪切刚度			屈服点荷载			塑性点荷载		
		K_{EXP} /（kN/rad）	K_{FEM} /（kN/rad）	$\dfrac{K_{FEM}}{K_{EXP}}$	$Q_{py,e}$ /kN	$Q_{py,FEM}$ /kN	$\dfrac{Q_{py,FEM}}{Q_{py,e}}$	$Q_{pp,e}$ /kN	$Q_{pp,FEM}$ /kN	$\dfrac{Q_{pp,FEM}}{Q_{pp,e}}$
BCUO-1	正向	306 573	307 789	1.004	898	934	1.04	986	1051	1.07
	负向	307 145	307 789	1.002	887	934	1.05	989	1051	1.06
BCUO-2	正向	306 406	306 149	0.999	732	795	1.09	841	907	1.08
	负向	306 453	306 579	1.000	742	797	1.07	859	909	1.06
BCUO-3	正向	306 741	306 635	0.999	789	764	0.97	866	852	0.98
	负向	306 761	306 368	0.998	781	770	0.98	871	859	0.99
BCUO-4	正向	306 621	307 498	1.003	784	803	1.02	877	902	1.02
	负向	307 653	307 347	0.999	779	816	1.04	894	909	1.02
BCUO-5	正向	404 494	408 999	1.011	879	854	0.97	1 122	1 071	0.95
	负向	405 421	408 485	1.008	868	847	0.98	1 124	1 067	0.95

试件	加载方向	剪切刚度			屈服点荷载			塑性点荷载		
		K_{EXP} /(kN/rad)	K_{FEM} /(kN/rad)	$\dfrac{K_{FEM}}{K_{EXP}}$	$Q_{py,e}$ /kN	$Q_{py,FEM}$ /kN	$\dfrac{Q_{py,FEM}}{Q_{py,e}}$	$Q_{pp,e}$ /kN	$Q_{pp,FEM}$ /kN	$\dfrac{Q_{pp,FEM}}{Q_{pp,e}}$
BCUO-6	正向	208 146	206 947	0.994	415	450	1.08	546	589	1.08
	负向	207 498	206 846	0.997	426	459	1.07	543	591	1.08
BCUO-7	正向	206 522	206 498	0.999	434	467	1.07	579	626	1.08
	负向	206 617	207 481	1.004	438	462	1.05	574	628	1.08

注：K_{EXP} 为节点域剪切刚度试验值；K_{FEM} 为节点域剪切刚度有限元值；$Q_{py,e}$ 为节点域屈服剪切承载力试验值；$Q_{py,FEM}$ 为节点域屈服剪切承载力有限元值；$Q_{pp,e}$ 为节点域塑性剪切承载力试验值；$Q_{pp,FEM}$ 为节点域塑性剪切承载力有限元值。

综上所述，考虑试验的人工误差、焊接残余应力、材料的模拟本构、试件加工产生的缺陷等因素，可以认定本节采用的 ABAQUS 的有限元模型可以模拟外环板式方形钢管柱-不等高 H 型钢梁连接节点的节点域剪切性能，有限元模型具有很高的精度。

2.5　参　数　分　析

采用上述有限元模型，设计了 7 个变换参数来研究外环板式方形钢管柱-不等高 H 型钢梁连接节点的节点域剪切性能，分别为梁截面高度比（D_{b2}/D_{b1}）、方形钢管柱的宽厚比（D/t）、轴压比（n）、H 型梁翼缘宽度与方形柱截面边长比（b_f/D）、H 型梁翼缘宽厚比（b_f/t_f）、H 型梁腹板高宽比（h_w/t_w）及节点域高宽比（D_{b1}/D），连接点建模尺寸见表 2.9。式（2.13）为外环板宽度计算公式，其中 h_d 为外环板高度，D 为方形钢管柱的宽度，b_d 为外环板宽度。在试验中，A、B 两种外环板分别控制 $h_d/D=0.2$ 和 $h_d/D=0.28$，以此来研究外环板尺寸对外环板式方形钢管柱-不等高 H 型钢梁连接节点的节点域剪切性能影响，而在有限元的参数扩展分析中，需要对同类外环板的试件进行对比分析（试件 BCUO-3、试件 BCUO-5 和试件 BCUO-6）。为了分析外环板对节点性能的影响，所有扩展参数均控制 $h_d/D=0.2$，因此当参数分析中梁的尺寸发生变化时，外环板尺寸也应该随之改变，模型所用外环板类型见图 2.21，详细建模尺寸见表 2.9。

$$a = \frac{4h_d + D - b_d}{2} \qquad (2.13)$$

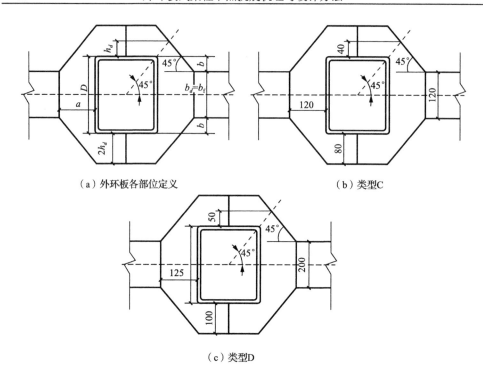

（a）外环板各部位定义　　　　　　　　（b）类型C

（c）类型D

图 2.21　模型所用外环板类型

表 2.9　外环板尺寸对外环板式方形钢管柱-不等高 H 型钢梁连接节点建模尺寸

试件编号	柱*	梁 1*	梁 2*	D_{b2}/D_{b1}	D/t	n	B_f/D	B_f/t_f	h_w/t_w	D_{b1}/D
1	250×250×9	400×150×9×16	400×150×9×16	1	28		0.6	9.375	40.9	1.6
2	250×250×9	400×150×9×16	300×150×9×16	0.75	28		0.6	9.375	40.9	1.6
3	250×250×9	400×150×9×16	200×150×9×16	0.5	28		0.6	9.375	40.9	1.6
4	250×250×9	400×150×9×16	200×150×9×16	0.5	28		0.6	9.375	40.9	1.6
5	250×250×12	400×150×9×16	200×150×9×16	0.5	21		0.6	9.375	40.9	1.6
6	250×250×6	400×150×9×16	200×150×9×16	0.5	42		0.6	9.375	40.9	1.6
7	250×250×6	400×150×9×16	200×150×9×16	0.5	42		0.6	9.375	40.9	1.6
8	250×250×12	400×150×9×16	400×150×9×16	1	21		0.6	9.375	40.9	1.6
9	250×250×12	400×150×9×16	300×150×9×16	0.75	21		0.6	9.375	40.9	1.6
10	250×250×6	400×150×9×16	400×150×9×16	1	42		0.6	9.375	40.9	1.6
11	250×250×6	400×150×9×16	300×150×9×16	0.75	42		0.6	9.375	40.9	1.6
12	200×200×6	320×120×7×13	320×120×7×13	1	33		0.6	9.375	40.9	1.6
13	200×200×6	320×120×7×13	240×120×7×13	0.75	33		0.6	9.375	40.9	1.6
14	200×200×6	320×120×7×13	160×120×7×13	0.5	33		0.6	9.375	40.9	1.6
15	200×200×8	320×120×7×13	160×120×7×13	0.5	25		0.6	9.375	40.9	1.6

续表

试件编号	柱*	梁 1*	梁 2*	D_{b2}/D_{b1}	D/t	n	B_f/D	B_f/t_f	h_w/t_w	D_{b1}/D
16	200×200×4	320×120×7×13	160×120×7×13	0.5	50		0.6	9.375	40.9	1.6
17	250×250×12	400×150×9×16	200×150×9×16	0.5	21	0.2	0.6	9.375	40.9	1.6
18	250×250×12	400×150×9×16	200×150×9×16	0.5	21	0.4	0.6	9.375	40.9	1.6
19	250×250×12	400×150×9×16	200×150×9×16	0.5	21	0.6	0.6	9.375	40.9	1.6
20	250×250×9	400×150×9×16	200×150×9×16	0.5	28	0.2	0.6	9.375	40.9	1.6
21	250×250×9	400×150×9×16	200×150×9×16	0.5	28	0.4	0.6	9.375	40.9	1.6
22	250×250×9	400×150×9×16	200×150×9×16	0.5	28	0.6	0.6	9.375	40.9	1.6
23	250×250×6	400×150×9×16	200×150×9×16	0.5	42	0.2	0.6	9.375	40.9	1.6
24	250×250×6	400×150×9×16	200×150×9×16	0.5	42	0.4	0.6	9.375	40.9	1.6
25	250×250×6	400×150×9×16	200×150×9×16	0.5	42	0.6	0.6	9.375	40.9	1.6
26	250×250×9	400×100×9×16	200×100×9×16	0.5	28		0.4	9.375	40.9	1.6
27	250×250×9	400×125×9×16	200×125×9×16	0.5	28		0.5	9.375	40.9	1.6
28	250×250×9	400×150×9×16	200×150×9×16	0.5	28		0.6	9.375	40.9	1.6
29	250×250×9	400×175×9×16	200×175×9×16	0.5	28		0.7	9.375	40.9	1.6
30	250×250×9	400×200×9×16	200×200×9×16	0.5	28		0.8	9.375	40.9	1.6
31	250×250×9	400×150×9×12	200×150×9×12	0.5	28		0.6	12.5	40.9	1.6
32	250×250×9	400×150×9×20	200×150×9×20	0.5	28		0.6	7.5	40.9	1.6
33	250×250×9	400×150×9×24	200×150×9×24	0.5	28		0.6	6.25	40.9	1.6
34	250×250×9	400×150×6×16	200×150×6×16	0.5	28		0.6	9.375	61.3	1.6
35	250×250×9	400×150×12×16	200×150×12×16	0.5	28		0.6	9.375	30.7	1.6
36	250×250×9	400×150×15×16	200×150×15×16	0.5	28		0.6	9.375	24.5	1.6
37	250×250×9	300×150×7×16	150×150×7×16	0.5	28		0.6	9.375	40.9	1.2
38	250×250×9	350×150×8×16	175×150×8×16	0.5	28		0.6	9.375	40.9	1.4
39	250×250×9	450×150×10×16	225×150×10×16	0.5	28		0.6	9.375	40.9	1.8

*本列中数字单位均为 mm。

2.5.1　梁截面高度比对节点域剪切性能的影响

为了研究梁截面高度比对节点域的剪切性能的影响，结合试验中的试件 BCUO-1～试件 BCUO-3、试件 BCUO-5 及试件 BCUO-6 的分析，对试验进行补充参数分析，建立了试件 BCUO-8～试件 BCUO-11 共 4 个有限元分析模型，同时，考虑方形柱截面尺寸会影响节点域的剪切性能，以方形柱截面尺寸 200mm× 200mm×6mm 为基础，建立了 3 组有限元分析模型，变换参数为梁截面高度比，所以共建立了试件 BCUO-8～试件 BCUO-14 共 7 个有限元分析模型，探究梁截面高度比对节点域剪切性能和破坏模式的影响规律，下面分析不同梁截面高度比对节点域的剪切性能的影响。

　　对有限元所得骨架曲线进行分析，节点域剪力-剪切变形角曲线见图 2.22；分析曲线得到梁截面的高度比节点域的剪切刚度、屈服点荷载及塑性点荷载见表 2.10。根据表中数据，12 个模型的正向剪切刚度与负向剪切刚度差距不大，说明加载方向对剪切刚度影响不大；而同组试件对比中，在柱截面相同时，不同梁截面高度比的外环板尺寸对外环板式方形钢管柱-不等高 H 型钢梁连接节点的剪切刚度略有差别，但是差值很小，说明梁截面高度比对连接节点的剪切刚度影响不大。梁截面高度比对连接节点域屈服点荷载与塑性点荷载对比见图 2.23。

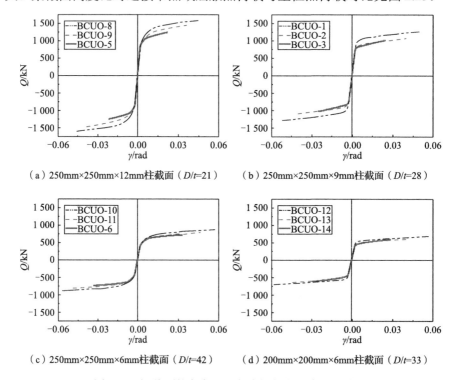

（a）250mm×250mm×12mm柱截面（D/t=21）　　（b）250mm×250mm×9mm柱截面（D/t=28）

（c）250mm×250mm×6mm柱截面（D/t=42）　　（d）200mm×200mm×6mm柱截面（D/t=33）

图 2.22　梁截面的高度比节点域剪力-剪切变形角曲线

表 2.10　梁截面的高度比节点域的剪切刚度、屈服点荷载及塑性点荷载

试件	变换参数值	剪切刚度 K_{FEM} /（kN/rad）		屈服点荷载 $Q_{py,FEM}$/kN		塑性点荷载 $Q_{pp,FEM}$/kN	
		正向	负向	正向	负向	正向	负向
BCUO-1	1.00	307 789	307 789	934	934	1 051	1 051
BCUO-2	0.75	306 635	306 579	795	797	907	909
BCUO-3	0.50	306 149	306 368	764	770	852	859
BCUO-5	0.50	408 999	408 485	854	847	1 071	1 067
BCUO-6	0.50	206 947	206 846	450	459	589	591

续表

试件	变换参数值	剪切刚度 K_{FEM} /（kN/rad）		屈服点荷载 $Q_{py,FEM}$/kN		塑性点荷载 $Q_{pp,FEM}$/kN	
		正向	负向	正向	负向	正向	负向
BCUO-8	1.00	409 110	409 110	1 021	1 021	1 226	1 227
BCUO-9	0.75	409 105	409 856	894	893	1 125	1 140
BCUO-10	1.00	207 307	207 307	510	501	625	634
BCUO-11	0.75	206 889	206 412	450	451	591	578
BCUO-12	1.00	168 419	168 419	557	501	557	551
BCUO-13	0.75	168 739	168 891	492	446	491	498
BCUO-14	0.50	167 874	167 579	437	431	486	481

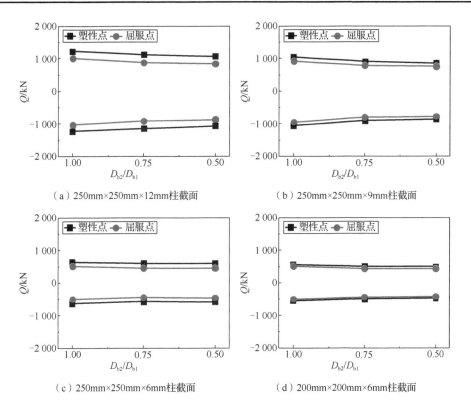

（a）250mm×250mm×12mm柱截面　　　（b）250mm×250mm×9mm柱截面

（c）250mm×250mm×6mm柱截面　　　（d）200mm×200mm×6mm柱截面

图 2.23　梁截面高度比的节点域屈服点荷载与塑性点荷载对比

　　通过对比 4 组外环板尺寸对外环板式方形钢管柱-不等高 H 型钢梁连接节点的节点域剪切承载力变化曲线可得，节点域的剪切承载力随着梁截面高度比的减小而减小。其中，等高节点，即常规节点的承载力较大，当出现梁高度差时，节点域的承载力下降较为明显，而在不等高梁柱连接节点中，梁截面高度比为 0.75 的试件和梁截面高度比为 0.50 的试件的剪切承载力差距较小。

　　由表 2.10 可知，节点域在单调荷载作用下，正向剪切承载力和负向剪切承载力差距不大。因此，此处使用正向加载时的应力云图。根据前述确定的屈服点和塑性点，节点域在屈服点和塑性点处的应力分布云图见图 2.24 和图 2.25。对比屈服点对应的应力云图，塑性点对应的应力云图中高应力区明显增大。材料的屈服应力为 364MPa，大概位置由图中黑色箭头标出。对比不同参数的模型在屈服点的应力云图，随着参数梁截面高度比的变化，节点域中达到材料屈服应力（以下称为高应力区）的面积随着参数的降低而逐渐减少。当节点存在梁高差时，节点域 1 出现高应力区，而节点域 2 则基本没有高应力区，只有在与外环板相连接的

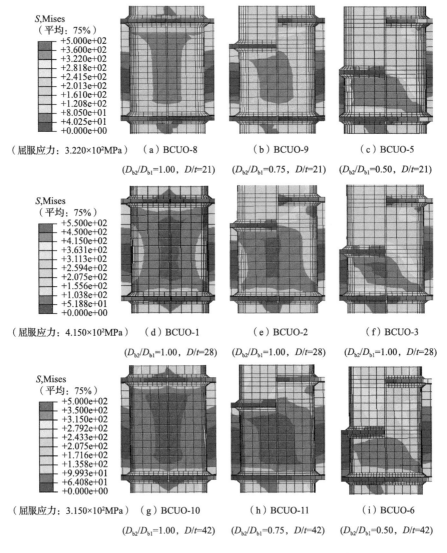

图 2.24　梁截面高度比节点域屈服点应力云图分布

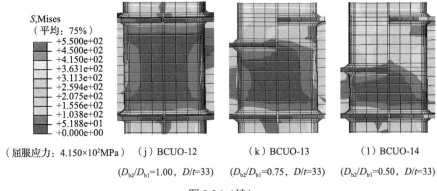

（屈服应力：4.150×10²MPa）　（j）BCUO-12　　　（k）BCUO-13　　　（l）BCUO-14

$(D_{b2}/D_{b1}=1.00,\ D/t=33)$　　$(D_{b2}/D_{b1}=0.75,\ D/t=33)$　　$(D_{b2}/D_{b1}=0.50,\ D/t=33)$

图 2.24（续）

部分，由于外环板的受力，而出现高应力区。说明在屈服阶段之前，节点域的受力主要由节点域 1 承担，而节点域 2 基本不受力。

图 2.25 为节点域塑性点处应力分布云图，与试验一样，有两种破坏模态，所有的等高节点及不等高节点中的试件 BCUO-6、试件 BCUO-11、试件 BCUO-13 和试件 BCUO-14 均为整体节点域布满高应力区，说明节点域发生整体剪切破坏；还有一类为仅节点域 1 出现高应力区，而节点域 2 未出现高应力区，证明节点域 2 并未屈服，这类节点包括有试件 BCUO-2、试件 BCUO-5 和试件 BCUO-5、试件 BCUO-9 等不等高节点。塑性点应力云图中，节点域高应力区面积随着梁截面高度比的降低而降低，不同于屈服点应力云图，当存在梁截面高度比时，试件 BCUO-2、试件 BCUO-3、试件 BCUO-5 和试件 BCUO-9 的高应力区集中在节点域 1，而节点域 2 并未屈服，试件 BCUO-6、试件 BCUO-11、试件 BCUO-13 和试件 BCUO-14 中高应力区则慢慢扩散至节点域 2，而非局限于节点域 1，如图 2.25（h）、（i）、（k）和（l）所示。此时说明柱的尺寸会影响节点域的受力，柱的宽厚比变化时，如柱宽厚比为 42 与 33 时，其节点域 2 参与受力更早，而当柱宽厚比为 21 或 28 时，此时节点域受力仍主要由节点域 1 承担。

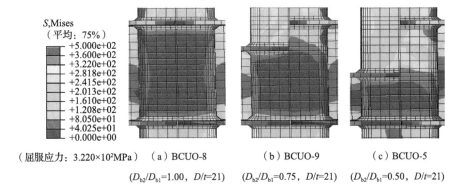

（屈服应力：3.220×10²MPa）　（a）BCUO-8　　　（b）BCUO-9　　　（c）BCUO-5

$(D_{b2}/D_{b1}=1.00,\ D/t=21)$　　$(D_{b2}/D_{b1}=0.75,\ D/t=21)$　　$(D_{b2}/D_{b1}=0.50,\ D/t=21)$

图 2.25　节点域塑性点处应力分布云图

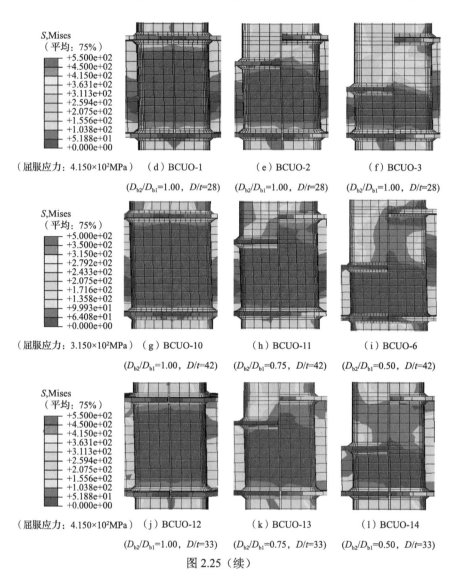

（屈服应力：4.150×10²MPa）　（d）BCUO-1　　　　（e）BCUO-2　　　　　（f）BCUO-3

　　　　　　　　　　　　　　（D_{b2}/D_{b1}=1.00，D/t=28）　（D_{b2}/D_{b1}=1.00，D/t=28）　（D_{b2}/D_{b1}=1.00，D/t=28）

（屈服应力：3.150×10²MPa）　（g）BCUO-10　　　　（h）BCUO-11　　　　　（i）BCUO-6

　　　　　　　　　　　　　　（D_{b2}/D_{b1}=1.00，D/t=42）　（D_{b2}/D_{b1}=0.75，D/t=42）　（D_{b2}/D_{b1}=0.50，D/t=42）

（屈服应力：4.150×10²MPa）　（j）BCUO-12　　　　（k）BCUO-13　　　　　（l）BCUO-14

　　　　　　　　　　　　　　（D_{b2}/D_{b1}=1.00，D/t=33）　（D_{b2}/D_{b1}=0.75，D/t=33）　（D_{b2}/D_{b1}=0.50，D/t=33）

图 2.25（续）

2.5.2　方形柱截面宽厚比对节点域受力性能的影响

　　为了研究方形柱截面宽厚比对节点域剪切性能的影响，选用 D_{b2}/D_{b1}=0.75 的试件 BCUO-9（D/t=21）、试件 BCUO-2（D/t=28）与试件 BCUO-11（D/t=42），以及 D_{b2}/D_{b1}=0.5 的试件 BCUO-5（D/t=21）、试件 BCUO-3（D/t=28）与试件 BCUO-6（D/t=42）进行比较分析。另外，考虑到方形柱截面的尺寸效应，选取 D_{b2}/D_{b1}=0.5 的试件 BCUO-14（D/t=33）、试件 BCUO-15（D/t=25）和试件 BCUO-16（D/t=40）3 个模型进行对比分析，共有 3 组有限元模型用以分析方形柱截面宽厚比对节点域受力性能的影响。

在不同方形柱截面宽厚比作用下，节点域的剪力-剪切变形角曲线见图 2.26，对比不同曲线可以看出，加载初期，3 组试件均处于弹性阶段，随着位移角的增加，剪力线性增大，而剪切刚度随着方形柱截面宽厚比的增大而减小，说明方形柱截面宽厚比对剪切刚度有一定影响。随着加载的进行，节点域剪力增长趋势逐渐放缓，且方形柱截面宽厚比较大的试件先放缓，先进入塑性阶段。随后 3 组试件的骨架曲线逐渐弯折，上升趋势降低。加载完成后，可以观察到剪切承载力受方形柱截面宽厚比的影响较大，随着方形柱截面宽厚比的增大，承载力显著降低。但是对比加载完成的节点域层间位移角，可以发现方形柱截面宽厚比越大，节点域的变形能力越强。主要原因可能是方形柱截面宽厚比越大，其壁厚越薄，抵抗剪力的能力越弱，更容易发生变形。

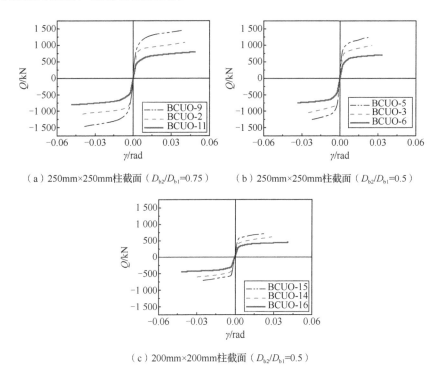

（a）250mm×250mm柱截面（D_{b2}/D_{b1}=0.75）　　（b）250mm×250mm柱截面（D_{b2}/D_{b1}=0.5）

（c）200mm×200mm柱截面（D_{b2}/D_{b1}=0.5）

图 2.26　在不同方形柱截面宽厚比作用下节点域剪力-剪切变形角曲线

在不同方形柱截面宽厚比作用下节点域的剪切刚度、屈服点荷载及塑性点荷载见表 2.11。对比表中数据，当 D_{b2}/D_{b1}=0.75 时，随着方形柱截面宽厚比从 21 增长至 28 和 42，剪切刚度分别降低了 25%和 49%；当 D_{b2}/D_{b1}=0.5 时，随着方形柱截面宽厚比从 21 增长至 28 和 42，剪切刚度分别降低了 25%和 49%；当方形柱截面宽厚比从 25 增长至 33 和 40 时，剪切刚度分别降低了 24%和 48%。为了对比更加明显，将表 2.11 中的屈服点、塑性点数值制成趋势图（图 2.27）。由图 2.27 可见，节点域的屈服点荷载和塑性点荷载随着方形柱截面宽厚比的增加呈现大幅度下降趋势，当 $D_{b2}/D_{b1}=0.75$ 时，方形柱截面宽厚比从 42 降低至 28 和 21 时，屈服剪切承载力分别上升了 10.8% 和 49.7%，塑性剪切承载力分别上升了 19.4% 和 49.6%；当 $D_{b2}/D_{b1}=0.5$ 时，随着方形柱截面宽厚比从 21 增长至 28 和 42，屈服剪切承载力分别下降了 10.1% 和 47.5%，塑性剪切承载力分别下降了 20.4% 和 45%。随着方形柱截面宽厚比从 25 增长至 33 和 40 时，屈服剪切承载力分别下降了 20.4% 和 43.4%，塑性剪切承载力分别下降了 18.7% 和 40.1%。

表 2.11　在不同方形柱截面宽厚比作用下节点域剪切刚度、屈服点荷载及塑性点荷载

试件	变换参数值	剪切刚度 K_{FEM} /（kN /rad）		屈服点荷载 $Q_{py,FEM}$ /kN		塑性点荷载 $Q_{pp,FEM}$ /kN	
		正向	负向	正向	负向	正向	负向
BCUO-2	28	306 635	306 579	795	797	907	909
BCUO-3	28	306 149	306 368	770	764	852	859
BCUO-5	21	408 999	408 485	857	854	1 071	1 067
BCUO-6	42	206 947	206 846	450	459	589	591
BCUO-9	21	409 105	409 856	894	893	1 125	1 140
BCUO-11	42	206 889	206 412	450	451	591	578
BCUO-14	33	167 874	167 579	437	431	486	481
BCUO-15	25	220 114	220 089	549	551	598	604
BCUO-16	40	115 443	115 981	303	312	358	364

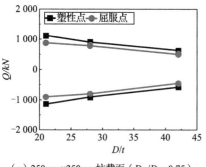 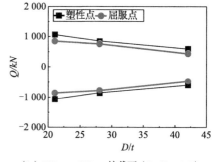

（a）250mm×250mm柱截面（$D_{b2}/D_{b1}=0.75$）　　（b）250mm×250mm柱截面（$D_{b2}/D_{b1}=0.5$）

图 2.27　节点域屈服点荷载与塑性点荷载对比

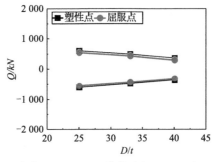

（c）200mm×200mm柱截面（$D_{b2}/D_{b1}=0.5$）

图 2.27（续）

　　试件 BCUO-2、试件 BCUO-3、试件 BCUO-5、试件 BCUO-6、试件 BCUO-9 及试件 BCUO-11 在屈服点和塑性点处的应力云图如图 2.24 和图 2.25 所示，为避免重复，此处不再展示。对于方形柱截面尺寸为 200mm×200mm 的模型，其节点域屈服点和塑性点应力分布云图则如图 2.28 和图 2.29 所示。在屈服点时，模型出现的高应力区面积普遍较小，且均位于节点域 1，可以观察到随着方形柱截面宽厚比的增加，高应力区面积明显增大。结合图 2.25 中（b）、（e）、（h）、（c）、（f）、（i）的塑性点处应力分布图，同时再结合图 2.29 所示的 3 张应力分布图的对比，结果表明，随着方形柱截面宽厚比的增加，节点域在塑性点处的高应力区在布满节点域 1 后逐步向节点域 2 扩展，当方形柱截面宽厚比达到一定限值时，高应力区会布满节点域 2，原因可能是方形柱截面宽厚比较大的节点剪切刚度较小，节点域屈服较早，应力发展较快，当节点域 1 全部屈服后，节点域 2 由于应力发展，同样进入屈服状态。

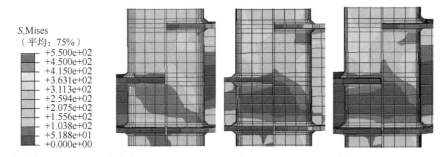

（屈服应力：4.150×10²MPa）（a）BCUO-15（$D/t=25$）　（b）BCUO-14（$D/t=33$）　（c）BCUO-16（$D/t=40$）

图 2.28　节点域屈服点应力分布云图

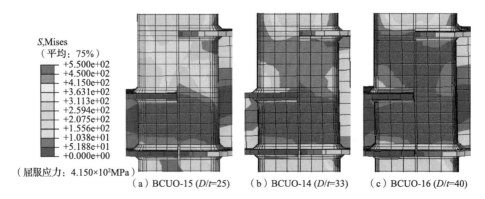

S,Mises
（平均：75%）
+5.500e+02
+4.500e+02
+4.150e+02
+3.631e+02
+3.113e+02
+2.594e+02
+2.075e+02
+1.556e+02
+1.038e+01
+5.188e+01
+0.000e+00
（屈服应力：$4.150×10^2$MPa）

（a）BCUO-15（D/t=25）　　（b）BCUO-14（D/t=33）　　（c）BCUO-16（D/t=40）

图 2.29　节点域塑性点应力分布云图

2.5.3　轴压比对节点域受力性能的影响

以试件 BCUO-3、试件 BCUO-5 和试件 BCUO-6 为参考模型，根据轴压比（n）定义，分别取 n 为 0.2、0.4 和 0.6，施加竖向荷载，以此来研究在参数轴压比的影响下，不同轴压比的不等高梁柱节点的力学性能，共 9 个有限元模型。通过计算，分别对柱顶施加竖向荷载，具体轴压比值见表 2.12。

表 2.12　具体轴压比值

试件	轴压 N/kN		
	n=0.2	n=0.4	n=0.6
BCUO-3	697	1 394	2 091
BCUO-5	704	1 408	2 112
BCUO-6	361	722	1 083

不同轴压比影响下的 3 组模型的节点域剪力（Q）-剪切变形角（γ）曲线比较见图 2.30。从整体看曲线，不同轴压比的模型骨架曲线与其他参数的模型骨架曲线趋势一致。在刚开始加载时，轴压比影响下的 4 条骨架曲线的剪力随着层间位移角的上升而上升，且斜率一致。由此可见，轴压比对剪切刚度没有太大影响。继续加载，4 条曲线开始分离，增长的斜率发生变化，斜率的大小和轴压比密切相关。除了试件 BCUO-22 的 Q-γ 曲线出现轻微下降，其余节点的曲线均进入缓慢上升阶段。对比 3 组模型加载完成的曲线，可以看出，轴压比会影响抗剪荷载，轴压比的增大会降低抗剪荷载，加载完的最终变形角差距不大，所以轴压比对节点的变形能力影响不大。

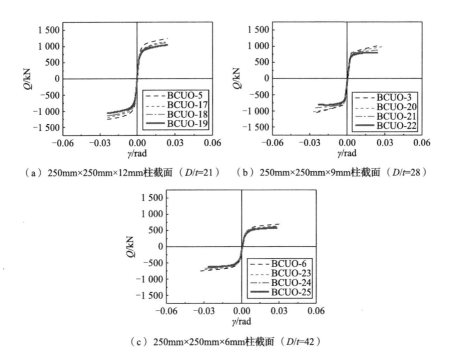

（a）250mm×250mm×12mm柱截面（D/t=21）　（b）250mm×250mm×9mm柱截面（D/t=28）

（c）250mm×250mm×6mm柱截面（D/t=42）

图 2.30　不同轴压比影响下的节点域剪力-剪切变形角曲线比较

根据有限元所得骨架曲线，可以求得不同轴压比节点域的剪切刚度、屈服点荷载及塑性点荷载见表 2.13。根据前述所叙，将特征荷载点与轴压比的变化趋势制成数据图，节点域屈服点与塑性点处荷载比较见图 2.31。可以发现随着轴压比的上升，3 组节点的特征荷载均下降，轴压比较小时，下降不明显，当轴压比逐渐增大时，下降逐渐明显。当 D/t=21 时，试件轴压比 n 从 0.0 增加至 0.2、0.4和 0.6 时，试件屈服点荷载分别降低了 7%、11%和 16%，塑性点荷载分别降低了8%、11%和 17%。当 D/t=28 时，试件轴压比 n 从 0.0 增加至 0.2、0.4 和 0.6 时，试件屈服点荷载分别降低了 2%、7%和 14%，试件塑性点荷载分别降低了 2%、6%和 12%。当 D/t=42 时，试件轴压比 n 从 0.0 增加至 0.2、0.4 和 0.6 时，试件屈服点荷载分别降低了 3%、6%和 10%，试件塑性点荷载分别降低了 3%、9%和 12%。

表 2.13　不同轴压比节点域的剪切刚度、屈服点荷载及塑性点荷载

试件	变换参数值	剪切刚度 K_{FEM} /（kN/rad）		屈服点荷载 $Q_{py,FEM}$ /kN		塑性点荷载 $Q_{pp,FEM}$ /kN	
		正向	负向	正向	负向	正向	负向
BCUO-5	0	408 999	408 485	857	854	1 071	1 067
BCUO-17	0.2	406 084	406 841	797	804	980	989

试件	变换参数值	剪切刚度 K_{FEM} /（kN/rad）		屈服点荷载 $Q_{py,FEM}$ /kN		塑性点荷载 $Q_{pp,FEM}$ /kN	
		正向	负向	正向	负向	正向	负向
BCUO-18	0.4	404 392	404 146	762	771	953	968
BCUO-19	0.6	402 314	402 568	721	731	898	890
BCUO-3	0	306 149	306 368	770	764	852	859
BCUO-20	0.2	305 739	305 484	754	759	836	842
BCUO-21	0.4	304 458	304 545	715	725	797	804
BCUO-22	0.6	303 825	303 754	650	661	754	761
BCUO-6	0	206 947	206 846	450	459	589	591
BCUO-23	0.2	206 421	206 154	436	438	571	579
BCUO-24	0.4	206 440	206 454	423	418	554	549
BCUO-25	0.6	205 711	205 154	406	412	521	519

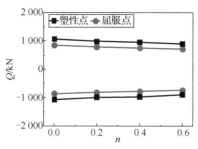

（a）250mm×250mm×12mm柱截面（D/t=21）

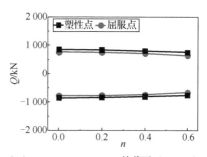

（b）250mm×250mm×9mm柱截面（D/t=28）

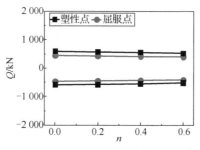

（c）250mm×250mm×6mm柱截面（D/t=42）

图 2.31　不同轴压比节点域屈服点与塑性点处荷载比较

　　3 组轴压比参数模型的节点域屈服点和塑性点处应力分布云图见图 2.32 和图 2.33。随着轴向压力增大，试件屈服时的高应力区面积增大（图 2.32）。当轴压比为 0.6 时，3 组模型可以在外环板与柱连接的部位明显观察到高应力区，明显可以观察到柱的腹板出现面外屈曲破坏，当柱宽厚比为 42，试件轴压比为 0.4 时，节点域即出现高应力区，当轴压比为 0.6 时，所有试件均出现高应力区，且面积较大。

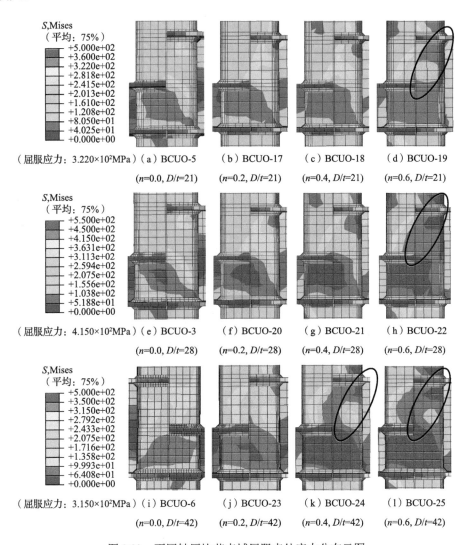

图 2.32　不同轴压比节点域屈服点处应力分布云图

3 组模型的不同轴压比节点域塑性点处应力云图见图 2.33，与屈服点的应力分布大致相同。随着轴向压力的增大，节点域的高应力区面积逐渐增大。其中，宽厚比大的模型节点域 2 更容易发生破坏，在节点域 1 完全达到塑性阶段后，节点域 2 会逐渐破坏。随着轴向压力的增大，节点域 1 达到塑性阶段的时间更早，节点域 2 相应进入塑性阶段的时间也更早，更易发生剪切破坏。

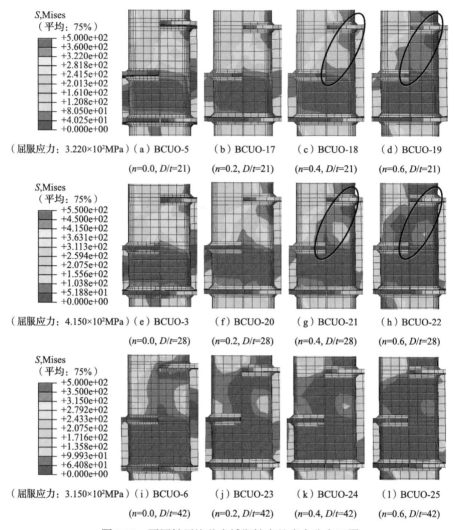

S,Mises
（平均：75%）
　+5.000e+02
　+3.600e+02
　+3.220e+02
　+2.818e+02
　+2.415e+02
　+2.013e+02
　+1.610e+02
　+1.208e+02
　+8.050e+01
　+4.025e+01
　+0.000e+00

（屈服应力：3.220×10²MPa）（a）BCUO-5　　　（b）BCUO-17　　　（c）BCUO-18　　　（d）BCUO-19

（*n*=0.0, *D*/*t*=21）　　（*n*=0.2, *D*/*t*=21）　　（*n*=0.4, *D*/*t*=21）　　（*n*=0.6, *D*/*t*=21）

S,Mises
（平均：75%）
　+5.500e+02
　+4.500e+02
　+4.150e+02
　+3.631e+02
　+3.113e+02
　+2.594e+02
　+2.075e+02
　+1.556e+02
　+1.038e+02
　+5.188e+01
　+0.000e+00

（屈服应力：4.150×10²MPa）（e）BCUO-3　　　（f）BCUO-20　　　（g）BCUO-21　　　（h）BCUO-22

（*n*=0.0, *D*/*t*=28）　　（*n*=0.2, *D*/*t*=28）　　（*n*=0.4, *D*/*t*=28）　　（*n*=0.6, *D*/*t*=28）

S,Mises
（平均：75%）
　+5.000e+02
　+3.500e+02
　+3.150e+02
　+2.792e+02
　+2.433e+02
　+2.075e+02
　+1.716e+02
　+1.358e+02
　+9.993e+01
　+6.408e+01
　+0.000e+00

（屈服应力：3.150×10²MPa）（i）BCUO-6　　　（j）BCUO-23　　　（k）BCUO-24　　　（l）BCUO-25

（*n*=0.0, *D*/*t*=42）　　（*n*=0.2, *D*/*t*=42）　　（*n*=0.4, *D*/*t*=42）　　（*n*=0.6, *D*/*t*=42）

图 2.33　不同轴压比节点域塑性点处应力分布云图

2.5.4　梁柱宽度比对不等高梁柱节点的力学性能的影响

控制梁柱宽度比（b_f/D）作为参数，分析对节点域力学性能的影响。将试件 BCUO-3 的梁柱尺寸设为参考，分别建立 b_f/D 为 0.4、0.5、0.6、0.7 和 0.8 共 5 个有限元模型，分别为试件 BCUO-26～试件 BCUO-30。由于实际更改的参数为 H 型梁翼缘宽度 b_f，而为方便连接，H 型梁与外环板对应的宽度需要保持一致，根据控制变量法，每次变换的参数仅为一个参数，本节所用 5 个模型的外环板参数需要进行修正，采用了如图 2.21 所示的 D 类型外环板，可以有效避免因外环板尺寸变化影响结果。

如图 2.34 所示，以梁柱宽度比为参数的不等高节点域剪力-剪切变形角曲线对比可得：曲线的剪切荷载在加载初期以较大的速率上升，当加载进行至 0.03rad 时，试件进入塑性阶段，骨架曲线开始弯折，随后骨架曲线以一个较小的斜率缓慢增长。总体比较下，5 条曲线在加载初期基本重合，说明节点的剪切刚度基本一致，说明梁柱宽度比 b_f/D 对剪切刚度没有太大影响。通过对比曲线可得，宽度比对剪切刚度及荷载影响不大。

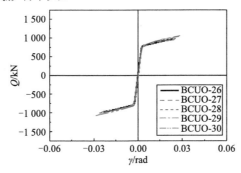

图 2.34　不同梁柱宽度比节点域剪力-剪切变形角曲线对比

图 2.34 中的曲线对应的不同梁柱宽度比节点域剪切刚度、屈服点荷载及塑性点荷载见表 2.14。通过数值对比，发现剪切刚度在数值上差距不大，相对误差可以忽略，在骨架曲线上表现出来的是，加载初期 5 条曲线的斜率基本相同。将 5 个试件对应的特征荷载点列于图 2.35。由图 2.35 可以得到，参数 b_f/D 对其影响不大。

表 2.14　不同梁柱宽度比节点域剪切刚度、屈服点荷载及塑性点荷载

试件	变换参数值	剪切刚度 K_{FEM}/（kN /rad）		屈服点荷载 $Q_{y,FEM}$/kN		塑性点荷载 $Q_{p,FEM}$/kN	
		正向	负向	正向	负向	正向	负向
BCUO-26	0.4	306 982	306 812	754	756	822	829
BCUO-27	0.5	306 821	306 281	759	768	836	831
BCUO-28	0.6	306 791	306 712	762	779	838	831
BCUO-29	0.7	306 788	306 123	767	775	841	837
BCUO-30	0.8	307 123	307 788	773	771	852	851

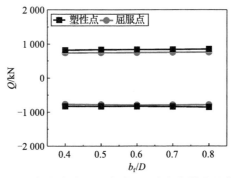

图 2.35　不同梁柱宽度比节点域屈服点与塑性点处荷载比较

　　如图 2.36 与图 2.37 所示,参数为梁柱宽度比的 5 个模型在特征荷载点处的应力分布云图。对比图 2.36 可得:模型的节点域 1 中存在高应力区,说明节点域 1 开始破坏,节点域 2 未出现高应力区。比较区域中高应力区的面积,可以得到高应力区面积随梁柱宽度比的上升而逐渐扩大,试件 BCUO-26 的节点域 1 基本处于弹性阶段,而试件 BCUO-30 的节点域 1 基本布满高应力区,但未向节点域 2 扩大。

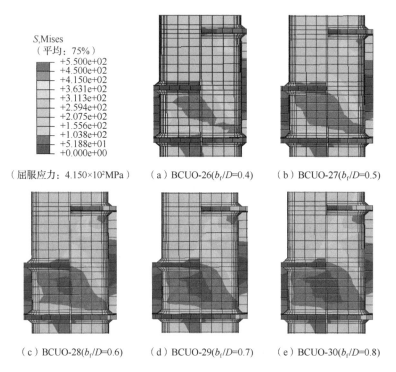

图 2.36　不同梁柱宽度比节点屈服点处应力分布云图

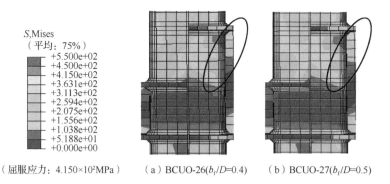

图 2.37　不同梁柱宽度比节点域塑性点处应力分布云图

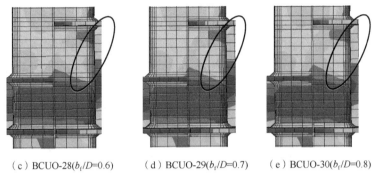

（c）BCUO-28(b_t/D=0.6)　　（d）BCUO-29(b_t/D=0.7)　　（e）BCUO-30(b_t/D=0.8)

图 2.37（续）

图 2.37 为节点域塑性点处的应力云图，梁柱宽度比影响下的塑性点处的应力云图与屈服点的应力云图相似，但节点域 2 出现高应力区，且面积随着梁柱宽度比的增加而逐渐增加。

2.5.5　梁翼缘宽厚比对节点域力学性能的影响

以试件 BCUO-3 作为参考模型，改变 H 型钢梁的翼缘厚度，以此作为参数研究梁翼缘宽厚比对不等高梁柱节点域力学性能的影响。控制 b_f/t_f 为 6.25、9.375、12.5，分别建立了试件 BCUO-33、试件 BCUO-32 和试件 BCUO-31 三个模型。下面探讨 b_f/t_f 对节点域的力学性能的影响。

图 2.38 为不同梁翼缘宽厚比节点域剪力-剪切变形角比较，图中示出参数 b_f/t_f 对不等高梁柱节点的骨架曲线。整体来看，骨架曲线在加载初期线性增长，随后骨架曲线出现弯折，剪力随位移角的增加逐渐减缓。由图 2.38 可知，4 条曲线在加载初期重合，说明梁翼缘宽厚比参数对试件的剪切刚度没有影响。当加载至 0.003rad 左右时，曲线出现分散，随后剪力的增长变缓。试件 BCUO-31 由于较大

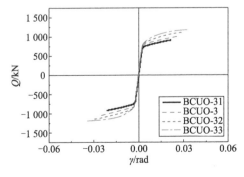

图 2.38　不同梁翼缘宽厚比节点域剪力-剪切变形角比较

的梁翼缘宽厚比，与其余 3 条曲线分离较早，其他三条曲线分离大致相同。加载结束时，可以观察到剪切承载力按照 b_f/t_f 的大小顺序由小到大排列，说明随着 b_f/t_f 的增大，剪切承载力逐渐增大。比较最终剪切变形角，可得随着 b_f/t_f 的增大，模型的最终位移角逐渐变小。所以参数 b_f/t_f 对模型剪切刚度影响较小，对剪切承载力与最终位移角影响较大。

根据试件骨架曲线可知，单调荷载作用下节点域剪切刚度、屈服点荷载及塑性点荷载见表 2.15。所有试件剪切刚度在数值上没有差别，所以 4 条曲线前期基本重合。不同梁翼缘宽厚比的节点域屈服点荷载与塑性点荷载比较见图 2.39。试件的特征荷载点随着参数 b_f/t_f 的增加而迅速降低，随着参数 b_f/t_f 由 6.25 增长至 7.5、9.375 和 12.5，其屈服点荷载降低了 0.5%、3% 和 11%，塑性点荷载分别降低了 1%、7% 和 15%。

表 2.15　不同梁翼缘宽厚比节点域剪切刚度、屈服点荷载及塑性点荷载

试件	变换参数值	剪切刚度 K_{FEM}/（kN /rad）		屈服点荷载 $Q_{py,FEM}$ /kN		塑性点荷载 $Q_{pp,FEM}$ /kN	
		正向	负向	正向	负向	正向	负向
BCUO-3	9.375	306 149	306 368	770	764	852	859
BCUO-31	12.5	305 691	305 789	702	709	781	789
BCUO-32	7.5	307 548	307 648	786	781	909	917
BCUO-33	6.25	306 313	306 123	790	789	919	921

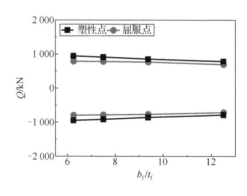

图 2.39　不同梁翼缘宽厚比的节点域屈服点荷载与塑性点荷载比较

宽厚比 b_f/t_f 变换后的模型在特征点处的应力分布云图见图 2.40 和图 2.41。由屈服点荷载处的应力分布云图（图 2.40）可得，节点域 1 出现高应力区，且面积随着梁翼缘宽厚比的减小而逐步扩散，其中试件 BCUO-31 的区域较小，而试件 BCUO-33 的高应力区布满节点域 1。节点域 2 仍处于弹性阶段，并未屈服。

不等高梁柱节点在塑性点荷载处的应力分布云图见图 2.41，高应力区布满节点域 1，并有向节点域 2 扩散的趋势。其中试件 BCUO-33 的参数 b_f/t_f 最小，试件 BCUO-33 的节点域 2 已布满高应力区，说明随着参数 b_f/t_f 的减少，模型的节点域 2 开始发生屈服。其原因是随着参数 b_f/t_f 的增大，导致梁的刚度增大，使柱梁强度比发生变化，从而导致柱进入屈服状态更早。

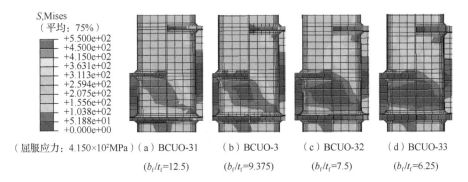

（屈服应力：4.150×10^2MPa）（a）BCUO-31　（b）BCUO-3　（c）BCUO-32　（d）BCUO-33

　　　　　　　　　　　　　　　　$(b_f/t_f=12.5)$　　$(b_f/t_f=9.375)$　　$(b_f/t_f=7.5)$　　$(b_f/t_f=6.25)$

图 2.40　梁翼缘宽厚比影响下节点域屈服点应力分布云图

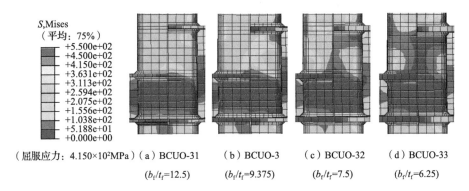

（屈服应力：4.150×10^2MPa）（a）BCUO-31　（b）BCUO-3　（c）BCUO-32　（d）BCUO-33

　　　　　　　　　　　　　　　　$(b_f/t_f=12.5)$　　$(b_f/t_f=9.375)$　　$(b_f/t_f=7.5)$　　$(b_f/t_f=6.25)$

图 2.41　梁翼缘宽厚比影响下节点域塑性点应力分布云图

2.5.6　H 型钢梁高宽比对节点域受力性能的影响

以试件 BCUO-3 为参考模型，改变 H 型钢梁腹板厚度，来研究梁腹板高宽比对不等高梁柱节点力学性能，建立了试件 BCUO-34～试件 BCUO-36，参数 h_w/t_w 为 24.5、30.7、40.9 和 61.3。现在对这 4 个模型的力学性能进行研究。

图 2.42 为试件 BCUO-3 和试件 BCUO-34～试件 BCUO-36 的节点域剪力-剪切变形角曲线。4 条曲线几乎重合，误差较小，说明梁高宽比对节点域力学性能的影响不大。曲线的趋势与前一致，在屈服前曲线直线上升，继续加载后节点域剪力-剪切变形角曲线开始弯折，然后以一个较小的斜率上升。

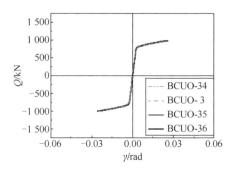

图 2.42   不同梁腹板节点域剪力-剪切变形角曲线

根据节点域剪力-剪切变形角曲线计算出 4 条曲线的剪切刚度、屈服点荷载及塑性点荷载列于表 2.16 中。由表 2.16 可得，在不同梁腹板高宽比影响下，曲线的剪切刚度在数值上差距很小。为了分析梁腹板高宽比对节点域承载力的影响，节点域屈服点荷载与塑性点荷载比较见图 2.43。由图 2.43 的分析曲线可得曲线基本呈重合趋势，可见高宽比 h_w/t_w 对节点域的剪切性能影响不大。

表 2.16   不同梁腹板高宽比节点域的剪切刚度、屈服点荷载及塑性点荷载

试件	变换参数值	剪切刚度 K_{FEM} /（kN/rad）		屈服点荷载 $Q_{py,FEM}$/kN		塑性点荷载 $Q_{pp,FEM}$/kN	
		正向	负向	正向	负向	正向	负向
BCUO-3	40.9	306 149	306 368	770	764	852	859
BCUO-34	61.3	306 279	306 488	766	756	848	849
BCUO-35	30.7	306 239	306 591	765	769	855	857
BCUO-36	24.5	306 313	306 123	780	779	859	861

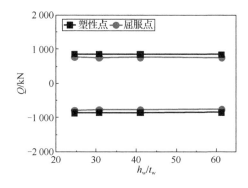

图 2.43   不同梁腹板高宽比影响下节点域屈服点荷载与塑性点荷载比较

参数 h_w/t_w 变换下的模型在特征点处的应力分布云图见图 2.44 和图 2.45。比较两图可得应力分布云图相差不大,对于屈服点与塑性点处的节点域应力分布云图,高应力区集中于节点域 1。对于梁腹板高宽比对不等高梁柱节点的应力分布影响不大。

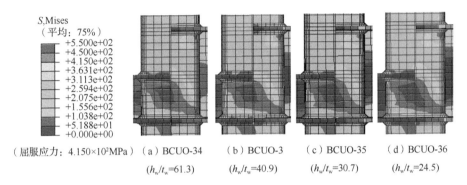

S,Mises
(平均: 75%)

+5.500e+02
+4.500e+02
+4.150e+02
+3.631e+02
+3.113e+02
+2.594e+02
+2.075e+02
+1.556e+02
+1.038e+02
+5.188e+01
+0.000e+00

(屈服应力: 4.150×10²MPa)　(a) BCUO-34　　(b) BCUO-3　　(c) BCUO-35　　(d) BCUO-36

$(h_w/t_w=61.3)$　　$(h_w/t_w=40.9)$　　$(h_w/t_w=30.7)$　　$(h_w/t_w=24.5)$

图 2.44　不同梁腹板高宽比节点域在屈服点处应力分布云图

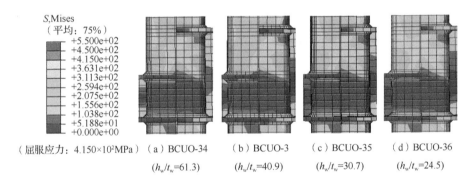

S,Mises
(平均: 75%)

+5.500e+02
+4.500e+02
+4.150e+02
+3.631e+02
+3.113e+02
+2.594e+02
+2.075e+02
+1.556e+02
+1.038e+02
+5.188e+01
+0.000e+00

(屈服应力: 4.150×10²MPa)　(a) BCUO-34　　(b) BCUO-3　　(c) BCUO-35　　(d) BCUO-36

$(h_w/t_w=61.3)$　　$(h_w/t_w=40.9)$　　$(h_w/t_w=30.7)$　　$(h_w/t_w=24.5)$

图 2.45　不同梁腹板高宽比节点域在塑性点处应力分布云图

以试件 BCUO-3 作为参考模型,梁截面高度比不变,改变 H 型钢梁深度来控制节点域高宽比。控制 D_{b1}/D 为 1.8、1.4 和 1.2,分别建立了三个有限元模型,进而对比 4 个模型分析力学性能,研究参数对力学性能的影响。

根据单调加载下 4 个模型的骨架曲线,节点域剪力-剪切变形角曲线比较见图 2.46。从图 2.46 中可见,不同高宽比的不等高梁柱节点的骨架曲线之间差距不大,但是并未重合。在加载初期,4 条曲线基本重合,差别不大,说明 D_{b1}/D 对节点域的剪切刚度无明显影响。继续加载,4 条曲线开始出现弯折,并逐渐分散,参数 D_{b1}/D 逐渐开始影响节点域受力。图中 4 条曲线上下位置以 D_{b1}/D 大小顺序由高到低依次分布。

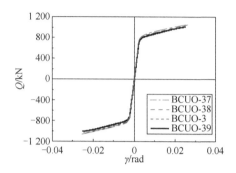

图 2.46　不同梁腹板高宽比节点域剪力-剪切变形角曲线比较

　　根据 4 条曲线，得到模型的剪切刚度、屈服点荷载及塑性点荷载如表 2.17 所示。由表可得，4 条曲线的剪切刚度差别不大。不同梁腹板节点域的剪切刚度、屈服点荷载与塑性点荷载见图 2.47。由图 2.47 可得，模型的屈服点荷载与塑性点荷载随着节点域高宽比的增加逐渐下降，节点域高宽比对节点域的剪切性能有一定影响，但影响不大。

表 2.17　不同高宽比节点域剪切刚度、屈服点荷载及塑性点荷载

| 试件 | 变换参数值 | 剪切刚度 K_{FEM}/（kN /rad） | | 屈服点荷载 $Q_{py,FEM}$/kN | | 塑性点荷载 $Q_{pp,FEM}$/kN | |
		正向	负向	正向	负向	正向	负向
BCUO-3	1.6	306 149	306 368	770	764	852	859
BCUO-37	1.2	307 772	307 812	778	780	871	869
BCUO-38	1.4	307 352	306 981	778	771	863	869
BCUO-39	1.8	307 046	306 823	756	759	833	842

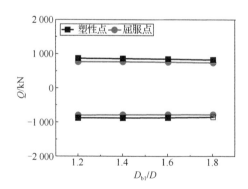

图 2.47　不同梁腹板高宽比影响下节点域屈服点荷载与塑性点荷载比较

4 个模型的节点域在特征荷载点的应力分布云图见图 2.48 和图 2.49。4 个模型在特征荷载点处的应力分布云图差别不大。节点域 1 存在高应力区，而节点域 2 则大部分仍在弹性阶段，h_1/D 对于节点的应力分布影响不大。

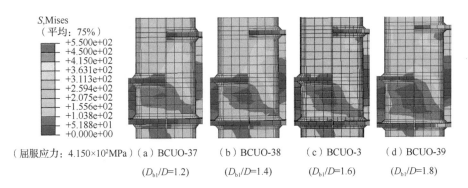

图 2.48 不同梁腹板高宽比影响下节点域 1 屈服点应力分布云图

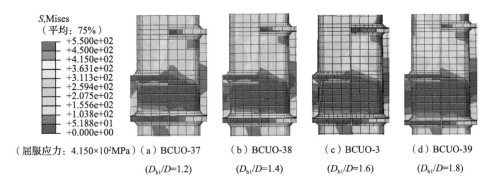

图 2.49 不同梁腹板高宽比影响下节点域 2 屈服点应力分布云图

2.5.7 不同参数影响下节点域的屈服模态

39 个有限元模型的屈服机制见表 2.18，在此，引入柱梁强度比，对梁柱节点强度进行比较。如式（2.14）所示，其中 R_{CJB} 为柱梁强度比；M_{c1}、M_{c2} 为节点域上下两侧的柱端弯矩；M_{b1}、M_{b2} 为梁 1 与梁 2 的塑性弯矩。

$$R_{CJB} = \frac{M_{c1} + M_{c2}}{M_{b1} + M_{b2}} \tag{2.14}$$

根据有限元分析结果，当 $R_{CJB} \leqslant 1.09$ 时，模型因节点域整体剪切而破坏；当 $R_{CJB} > 1.09$（除试件 BCUO-1）时，模型因部分节点域剪切破坏。由此可见，柱梁强度比可以作为判断节点域破坏模式的参数。界限 R_{CJB} 大致为 1.09。

表 2.18 有限元模型的屈服机制

试件	梁柱详细尺寸			外环板类型	屈服状态	R
	方形钢管柱*	梁 1*	梁 2*			
BCUO-1	250×250×9	400×150×9×16	400×150×9×16	A	整体屈服	1.27
BCUO-2	250×250×9	400×150×9×16	300×150×9×16	A	局部屈服	1.27
BCUO-3	250×250×9	400×150×9×16	200×150×9×16	A	局部屈服	1.27
BCUO-4	250×250×9	400×150×9×16	200×150×9×16	B	局部屈服	1.27
BCUO-5	250×250×12	400×150×9×16	200×150×9×16	A	局部屈服	1.5
BCUO-6	250×250×6	400×150×9×16	200×150×9×16	A	整体屈服	0.79
BCUO-7	250×250×6	400×150×9×16	200×150×9×16	B	整体屈服	0.79
BCUO-8	250×250×12	400×150×9×16	400×150×9×16	A	整体屈服	1.16
BCUO-9	250×250×12	400×150×9×16	300×150×9×16	A	局部屈服	1.5
BCUO-10	250×250×6	400×150×9×16	400×150×9×16	A	整体屈服	1.16
BCUO-11	250×250×6	400×150×9×16	300×150×9×16	A	整体屈服	0.79
BCUO-12	200×200×6	320×120×7×13	320×120×7×13	C	整体屈服	0.92
BCUO-13	200×200×6	320×120×7×13	240×120×7×13	C	整体屈服	1.09
BCUO-14	200×200×6	320×120×7×13	160×120×7×13	C	整体屈服	1.09
BCUO-15	200×200×8	320×120×7×13	160×120×7×13	C	局部屈服	1.26
BCUO-16	200×200×4	320×120×7×13	160×120×7×13	C	整体屈服	0.74
BCUO-17	250×250×12	400×150×9×16	200×150×9×16	A	局部屈服	1.47
BCUO-18	250×250×12	400×150×9×16	200×150×9×16	A	局部屈服	1.38
BCUO-19	250×250×12	400×150×9×16	200×150×9×16	A	整体屈服	1.2
BCUO-20	250×250×9	400×150×9×16	200×150×9×16	A	局部屈服	1.24
BCUO-21	250×250×9	400×150×9×16	200×150×9×16	A	局部屈服	1.16
BCUO-22	250×250×9	400×150×9×16	200×150×9×16	A	整体屈服	0.76
BCUO-23	250×250×6	400×150×9×16	200×150×9×16	A	整体屈服	0.77
BCUO-24	250×250×6	400×150×9×16	200×150×9×16	A	整体屈服	0.72
BCUO-25	250×250×6	400×150×9×16	200×150×9×16	A	整体屈服	0.63
BCUO-26	250×250×9	400×100×9×16	200×100×9×16	D	局部屈服	2.67
BCUO-27	250×250×9	400×125×9×16	200×125×9×16	D	局部屈服	1.52
BCUO-28	250×250×9	400×150×9×16	200×150×9×16	D	局部屈服	1.78
BCUO-29	250×250×9	400×175×9×16	200×175×9×16	D	局部屈服	1.19
BCUO-30	250×250×9	400×200×9×16	200×200×9×16	D	局部屈服	1.07
BCUO-31	250×250×9	400×150×9×12	200×150×9×12	A	局部屈服	1.61
BCUO-32	250×250×9	400×150×9×20	200×150×9×20	A	局部屈服	1.14
BCUO-33	250×250×9	400×150×9×24	200×150×9×24	A	整体屈服	1

续表

试件	梁柱详细尺寸			外环板类型	屈服状态	R
	方形钢管柱*	梁 1*	梁 2*			
BCUO-34	250×250×9	400×150×6×16	200×150×6×16	A	局部屈服	1.46
BCUO-35	250×250×9	400×150×12×16	200×150×12×16	A	局部屈服	1.23
BCUO-36	250×250×9	400×150×15×16	200×150×15×16	A	局部屈服	1.14
BCUO-37	250×250×9	300×150×7×16	150×150×7×16	A	局部屈服	2.03
BCUO-38	250×250×9	350×150×8×16	175×150×8×16	A	局部屈服	1.63
BCUO-39	250×250×9	450×150×10×16	225×150×10×16	A	局部屈服	1.11

*本列中的尺寸单位均为 mm。

如表 2.18 所示，影响不等高梁柱节点的破坏模态主要因素有：梁截面高度比、方形钢管柱宽厚比和梁翼缘的宽厚比。对比不同梁截面高度比的参数模型可得，等高梁柱节点的试件 BCUO-1、试件 BCUO-8、试件 BCUO-10 和试件 BCUO-12 在各自的塑性点处的破坏模态均为整体屈服。当出现梁截面高度比时，方形钢管柱宽厚比较小的试件 BCUO-2、试件 BCUO-3 和试件 BCUO-5、试件 BCUO-9 的破坏模态为局部屈服，方形钢管柱宽厚比较大的试件 BCUO-6、试件 BCUO-11、试件 BCUO-13 和试件 BCUO-14 的破坏模式为节点域整体屈服。即使存在左右梁高度差时，相同宽厚比的模型的破坏模态一样，因此，柱宽厚比、轴压比、梁翼缘宽厚比是影响破坏模态的主要因素。

2.5.8　模型受力分析

对出现不同破坏模式的原因进行探分析，以下分析应力与应变。

由前面分析可得，模型的力学性能并不会随着加载方向的改变而变化。所以，在此以正向荷载为例，对模型的力学性能进行分析。

分析异形节点的受力，如图 2.1 所示，节点域两侧分别受梁传递的弯矩（M_{b1} 与 M_{b2}）和剪力（Q_{b1} 与 Q_{b2}）作用。其中，M_{b2} 主要由节点域 2 承担。根据破坏模式图可以得到，梁 1 上侧翼缘与加强环挤压节点柱，产生变形，在应力云图（图 2.50）中，可以观察到方形钢管柱与外环板处出现的高应力区，说明方形钢管柱在此处的受力与剪切变形较大。

不同梁高比节点梁端力-时间关系曲线见图 2.51。从图 2.51 中可见，分别选用试件 BCUO-1、试件 BCUO-2 和试件 BCUO-3，其梁截面高度比分别为 1、0.75 和 0.5。根据图 2.51（a）可得，当节点两侧梁等高时，左右反力相同。根据图 2.51（b）、（c）可得，当节点两侧梁不等高时，梁端反力出现较大差异，两侧梁截面高度比越小，差异越大。因此，可以推断出不同节点域剪力也出现较大差异。

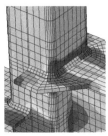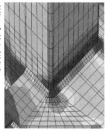

（a）BCUO-5试验结果　（b）BCUO-5有限元分析　（c）BCUO-7试验结果　（d）BCUO-7有限元分析

图 2.50　BCUO-5 与 BCUO-7 柱挤压变形的应力云图

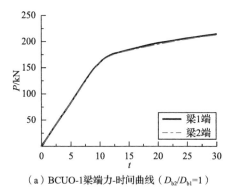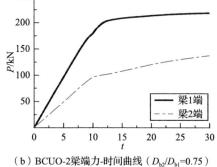

（a）BCUO-1梁端力-时间曲线（D_{b2}/D_{b1}=1）　　（b）BCUO-2梁端力-时间曲线（D_{b2}/D_{b1}=0.75）

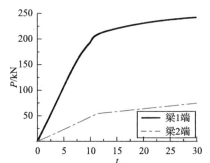

（c）BCUO-3梁端力-时间曲线（D_{b2}/D_{b1}=0.5）

图 2.51　不同梁高比节点梁端力-时间关系曲线

　　试件 BCUO-3 在梁 1 和梁 2 相连的节点域翼缘处的应力分布云图见图 2.52。对比梁 1 侧与梁 2 侧的柱翼缘应力分布云图，梁 1 侧外环板与柱连接部位应力较大，而梁 1 上部外环板与方形钢管柱的连接部位的高应力区面积较大，梁 2 侧的较小。通过两侧节点域高应力区的比较可得，梁 1 传递至节点域的应力大于梁 2 所传递的应力。

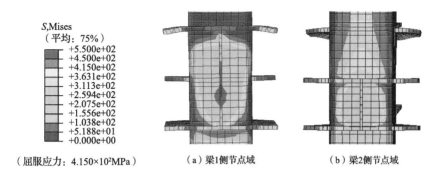

S,Mises
（平均：75%）
+5.500e+02
+4.500e+02
+4.150e+02
+3.631e+02
+3.113e+02
+2.594e+02
+2.075e+02
+1.556e+02
+1.038e+02
+5.188e+01
+0.000e+00

（屈服应力：4.150×10²MPa）　　（a）梁1侧节点域　　　　　（b）梁2侧节点域

图 2.52　BCUO-3 节点域两侧应力分布云图

2.5.9　节点域的应力传递规律

从模型的骨架曲线可以知道，加载过程主要分为 3 个阶段，即弹性阶段、屈服阶段、塑性阶段。分别选取 3 个应力分布云图，同时结合特征荷载点处的应力分布云图，总结得到模型的应力传递规律。选取破坏模式不同的试件 BCUO-3 与试件 BCUO-6，分析应力发展过程（图 2.53 和图 2.54）。

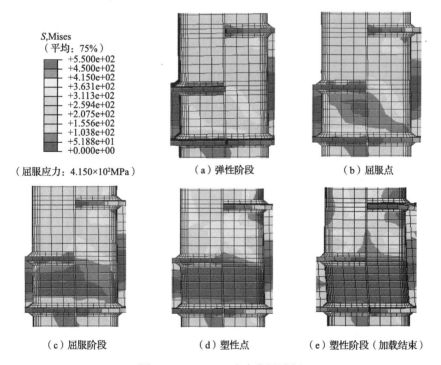

S,Mises
（平均：75%）
+5.500e+02
+4.500e+02
+4.150e+02
+3.631e+02
+3.113e+02
+2.594e+02
+2.075e+02
+1.556e+02
+1.038e+02
+5.188e+01
+0.000e+00

（屈服应力：4.150×10²MPa）　　（a）弹性阶段　　　　　（b）屈服点

（c）屈服阶段　　　　　（d）塑性点　　　　　（e）塑性阶段（加载结束）

图 2.53　BCUO-3 应力发展过程

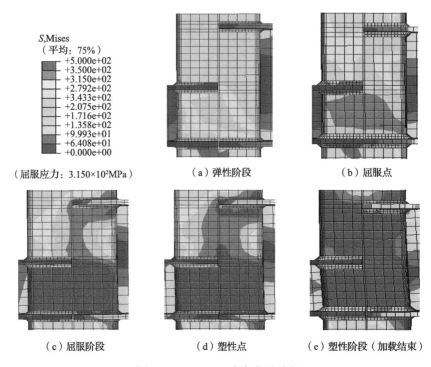

图 2.54　BCUO-6 应力发展过程

　　节点域在弹性阶段、屈服点的应力云图如图 2.53 和图 2.54 所示,试件开始屈服的位置均位于节点域 1,节点域 1 先布满高应力区,原因在于节点域受力较大。节点域 1 因为受剪,首先于对角线区域出现高应力区,随着加载的进行,逐渐向四周发展,在到达塑性点时,节点域 1 此时布满了高应力区。试件 BCUO-6 在节点域 1 全部屈服后,应力逐渐向节点域 2 传递,通过柱中部的路径,最后节点域 2 也全部屈服。

2.6　计　算　分　析

2.6.1　屈服承载力计算

　　如前分析所述,当节点两侧梁等高($d_{b2}/d_{b1}=1$)且节点域屈服时,力由整个节点域承担,如图 2.55(a)所示;当节点两侧梁不等高($d_{b2}/d_{b1}<1$)且节点域屈服时,力首先由节点域 1 承担,节点域 2 并未屈服,如图 2.55(b)所示。因此,定义节点域 1 屈服时的力为屈服承载力。由式(2.15)～式(2.18)可得节点域屈服承载力为

$$r = \frac{\dfrac{L-d_c}{d_{b2}} - (1+1/k)L/H}{\dfrac{L-d_c}{(d_{b2}/d_{b1}+1/k)/d_{b2}} - \dfrac{(1+1/k)L}{H}} \tag{2.15}$$

$$Q_{py} = \left[r\left(1 - \frac{d_{b2}}{d_{b1}}\right) + \frac{d_{b2}}{d_{b1}} \right] Q_{py1} \tag{2.16}$$

$$Q_{py} = \frac{2d_c t f_{cy}}{\sqrt{3}} \cdot \frac{8}{9} = \frac{16 d_c t f_{cy}}{9\sqrt{3}} \tag{2.17}$$

$$k = \frac{EI_{b1}}{EI_{b2}} \tag{2.18}$$

式中：f_{cy} 为方形钢管柱的屈服应力；Q_{py} 为节点的屈服剪切承载力；Q_{py1} 为节点域 1 的屈服承载力；d_{b1} 为梁 1 高度；d_{b2} 为梁 2 高度；$d_c = D - t$，D 为柱宽；t 为方形钢管柱壁厚；k 为节点域两侧梁刚度比；E 为弹性模量；I_{b1} 为梁 1 截面转动惯量；I_{b2} 为梁 2 截面转动惯量。

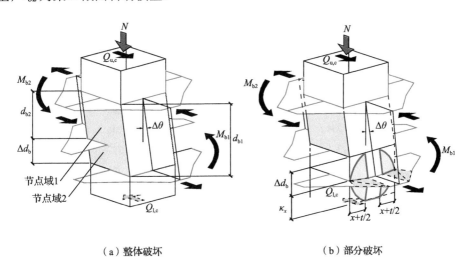

（a）整体破坏 （b）部分破坏

图 2.55 破坏机理

将计算所得结果与有限元结果进行对比，见表 2.19 和图 2.56，其中 Q_{yc} 为公式计算的屈服荷载，$Q_{py,FEM}$ 为 39 个模型通过有限元模拟得出的屈服荷载。公式计算的屈服荷载与有限元所得的屈服荷载比值为 83%～111%，平均值为 0.96，cov 为 8.88%，公式计算所得的准确性与离散度均较为良好，可以用来评估不等高梁柱节点的屈服荷载。

表 2.19　计算结果与有限元对比

编号	屈服点荷载			塑性点荷载		
	Q_{yc}/kN	$Q_{py,FEM}$/kN	$Q_{yc}/Q_{py,FEM}$	Q_{pc}/kN	$Q_{pp,FEM}$/kN	$Q_{pc}/Q_{pp,FEM}$
1	928	924	1.00	1 044	1 051	1.01
2	791	795	0.99	972	907	1.07
3	735	764	0.96	703	852	0.82
4	735	803	0.92	755	902	0.84
5	845	854	0.99	881	1 071	0.82
6	492	450	1.09	705	589	1.20
7	492	467	1.05	705	626	1.13
8	845	1 021	0.83	1 375	1 226	1.12
9	845	894	0.94	1 286	1 125	1.14
10	492	510	0.97	705	625	1.13
11	492	450	1.09	705	591	1.19
12	396	476	0.83	560	506	1.11
13	399	464	0.86	560	491	1.14
14	269	459	0.59	560	486	1.15
15	527	549	0.96	604	598	1.01
16	269	303	0.89	377	358	1.05
17	828	797	1.04	872	980	0.89
18	774	762	1.02	833	953	0.87
19	676	721	0.94	761	898	0.85
20	720	754	0.95	693	836	0.83
21	674	715	0.94	663	797	0.83
22	588	650	0.90	835	754	1.11
23	482	436	1.11	691	571	1.21
24	451	423	1.07	646	554	1.17
25	394	406	0.97	564	521	1.08
26	736	754	0.98	686	822	0.84
27	735	759	0.97	695	836	0.83
28	735	762	0.96	703	838	0.84
29	735	767	0.96	711	841	0.84
30	735	773	0.95	719	852	0.84
31	735	702	1.05	648	781	0.83
32	735	786	0.94	757	909	0.83
33	735	790	0.93	1 044	919	1.14
34	735	766	0.96	703	848	0.83

续表

编号	屈服点荷载			塑性点荷载		
	Q_{yc}/kN	$Q_{py,FEM}$/kN	$Q_{yc}/Q_{py,FEM}$	Q_{pc}/kN	$Q_{pp,FEM}$/kN	$Q_{pc}/Q_{pp,FEM}$
35	735	765	0.96	703	855	0.82
36	736	780	0.94	703	859	0.82
37	746	778	0.96	824	871	0.95
38	740	778	0.95	756	863	0.88
39	729	756	0.96	659	833	0.79

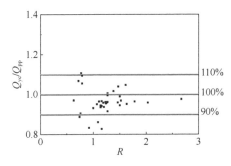

图 2.56　屈服荷载点与有限元比较图

2.6.2　剪切承载力分析

　　根据有限元结果，分析不等高梁柱节点的节点域剪切方法，基于屈服线机理理论，提出了新的不等高梁柱节点域剪切承载力设计方法。考虑到轴向压力会降低节点域承载能力，需要对节点域承载能力进行折减。当节点域两侧梁深度相等时，力将由整个节点域区域分担。当节点域两侧的梁为不等高梁时，节点域区域的力主要由节点域 1 承担，外环板不等高梁柱节点的受力状态见图 2.1。

　　当 R_{CJB} <1.09 时，会发生节点域区域的整体剪切破坏，可以按照式（2.19）和式（2.20）计算整个节点域的抗剪承载力。

$$M_{P,u}^{E} = 2td_c \cdot d_{b1} \cdot \frac{f_{cy}\sqrt{1-n^2}}{\sqrt{3}} \qquad (2.19)$$

$$n = \frac{N}{A_s f_{cy}} \qquad (2.20)$$

　　根据前述分析，当 R_{CJB}>1.09 时，节点域因部分节点域剪切而破坏，塑性变形主要发生于节点域 1。节点域 1 的内部功可以按式（2.21）计算。

$$W_p = 2td_c \cdot d_{b2} \cdot \frac{f_{cy}\sqrt{1-n^2}}{\sqrt{3}}\Delta\theta \qquad (2.21)$$

式中：$d_{b2}=D_{b2}-t_{f2}$, t_{f2} 是梁 2 的翼缘厚度；$\Delta\theta$ 是虚拟角。

如图 2.57 和图 2.58 所示，外环板的破坏机理可分为三部分（field1、field2 和 field3）。假设外环板在均匀应变条件下形成屈服区，单位的位移场由式（2.22）定义为

$$u_m = \alpha_{m1} + \alpha_{m2}X + \alpha_{m3}Y, v_m = \alpha_{m4} + \alpha_{m5}X + \alpha_{m6}Y \qquad (2.22)$$

式中：u 和 v 分别是 X 和 Y 方向的位移。

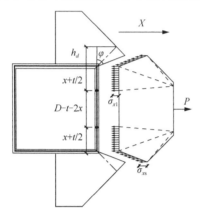

图 2.57　假定应力传递计算图

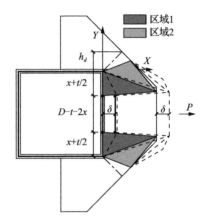

图 2.58　外环板的破坏机理图

可以通过式（2.23）和式（2.24）计算 α_{m1} 至 α_{m6}，它们确定 m 区域中的 u 和 v，m 是区域编号（1～3）。

$$\begin{Bmatrix} \alpha_{m1} \\ \alpha_{m2} \\ \alpha_{m3} \\ \alpha_{m4} \\ \alpha_{m5} \\ \alpha_{m6} \end{Bmatrix} = \frac{1}{2A_m} \begin{pmatrix} X_kY_l-X_lY_k & X_lY_j-X_jY_l & X_jY_k-X_kY_j & 0 & 0 & 0 \\ Y_k-Y_l & Y_k-Y_j & Y_j-Y_k & 0 & 0 & 0 \\ X_l-X_k & X_j-X_l & X_k-X_j & 0 & 0 & 0 \\ 0 & 0 & 0 & X_kY_l-X_lY_k & X_lY_j-X_jY_l & X_jY_k-X_kY_j \\ 0 & 0 & 0 & Y_k-Y_l & Y_k-Y_j & Y_j-Y_k \\ 0 & 0 & 0 & X_l-X_k & X_j-X_l & X_k-X_j \end{pmatrix} \begin{Bmatrix} u_j \\ u_k \\ u_l \\ v_j \\ v_k \\ v_l \end{Bmatrix}$$

$$(2.23)$$

$$A_m = \begin{vmatrix} 1 & X_j & Y_j \\ 1 & X_k & Y_k \\ 1 & X_l & Y_l \end{vmatrix} \qquad (2.24)$$

式中：A_m 是 m 区域的面积；j、k 和 l 是逆时针方向上的区域编号。

X（$\varepsilon_{m,X}$）和 Y（$\varepsilon_{m,Y}$）方向的法向应变以及 m 区域（$\gamma_{m,XY}$）的剪切应变可以通过式（2.25）计算。

$$\begin{pmatrix} \varepsilon_{m,X} \\ \varepsilon_{m,Y} \\ \gamma_{m,XY} \end{pmatrix} = \begin{pmatrix} \partial u_m / \partial X \\ \partial v_m / \partial Y \\ \partial u_m / \partial Y + \partial v_m / \partial X \end{pmatrix} = \begin{pmatrix} \alpha_{m,2} \\ \alpha_{m,6} \\ \alpha_{m,3} + \alpha_{m,5} \end{pmatrix} \qquad (2.25)$$

将式（2.23）代入式（2.25），法向应变和剪切应变可通过式（2.26）求出。

$$
\begin{pmatrix} \varepsilon_{m,X} \\ \varepsilon_{m,Y} \\ \gamma_{m,XY} \end{pmatrix} = \frac{1}{2A_m} \begin{pmatrix} (Y_k - Y)u_j + (Y_k - Y_j)u_k + (Y_j - Y_k)u_l \\ (X_l - X_k)v_j + (X_j - X_l)v_k + (X_k - X_j)v_l \\ (X_l - X_k)u_j + (X_j - X_l)u_k + (X_k - X_j)u_l + (Y_k - Y)v_j + (Y_k - Y_j)v_k + (Y_j - Y_k)v_l \end{pmatrix}
$$

$$(2.26)$$

根据米塞斯（Mises）屈服准则式（2.27）和塑性流动准则，应变可以通过式（2.28）计算得到。

$$
\Phi = \sigma_{m,X}^2 - \sigma_{m,X} \cdot \sigma_{m,Y} + \sigma_{m,Y}^2 + 3\tau_{m,XY}^2 - \sigma_{dy} = 0 \tag{2.27}
$$

$$
\begin{pmatrix} \varepsilon_{m,X} \\ \varepsilon_{m,Y} \\ \gamma_{m,XY} \end{pmatrix} = \lambda \begin{pmatrix} 2\sigma_{m,X} - \sigma_{m,Y} \\ -\sigma_{m,X} + 2\sigma_{m,Y} \\ 6\lambda \cdot \tau_{m,XY} \end{pmatrix} \tag{2.28}
$$

根据等式（2.27）和等式（2.28）可得到式（2.29）。

$$
\begin{pmatrix} \sigma_X \\ \sigma_Y \\ \gamma_{XY} \end{pmatrix} = \frac{1}{\lambda} \cdot \begin{pmatrix} 2\varepsilon_X + \varepsilon_Y / 3 \\ \varepsilon_X + 2\varepsilon_Y / 3 \\ \tau_{XY} / 6 \end{pmatrix} \tag{2.29}
$$

式中：σ_X 和 σ_Y 分别是 X 和 Y 方向的法向应力；τ_{XY} 是剪切应力；λ 是任意正因子。

根据式（2.28）和式（2.29），可以获得式（2.30）和式（2.31）：

$$
\left(\frac{2\varepsilon_X + \varepsilon_Y}{3\lambda} \right)^2 - \frac{(2\varepsilon_X + \varepsilon_Y)(\varepsilon_X + 2\varepsilon_Y)}{(3\lambda)^2} + \left(\frac{\varepsilon_X + 2\varepsilon_Y}{3\lambda} \right)^2 + 3\left(\frac{\tau_{XY}}{6\lambda} \right)^2 - \left(\sigma_{dy} \right)^2 = 0
$$

$$(2.30)$$

$$
\frac{1}{\lambda} = \frac{2\sqrt{3}\sigma_{dy}}{\sqrt{4(\varepsilon_X^2 + \varepsilon_X \cdot \varepsilon_Y + \varepsilon_Y^2) + \gamma_{XY}^2}} \tag{2.31}
$$

m 区域的内部虚功由式（2.32）计算。

$$
W_m = \int \left(\sigma_{m,X} \cdot \varepsilon_{m,X} + \sigma_{m,Y} \cdot \varepsilon_{m,Y} + \tau_{m,XY} \cdot \gamma_{m,XY} \right) \mathrm{d}V
$$

$$
W_m = \frac{\sqrt{3}}{3} t_d \cdot f_{dy} \sqrt{4(A_m \cdot \varepsilon_X)^2 + A_m^2 \cdot \varepsilon_X \varepsilon_Y + (A_m \cdot \varepsilon_Y)^2 + (A_m \cdot \gamma_{XY})^2}
$$

$$(2.32)$$

如图 2.58 所示，每个区域中的节点数用 1～5 表示，节点（1～5）的坐标和位移由式（2.33）给出。

$$X_1 = X_3 = 0, X_2 = X_5 = a, X_4 = l_d \sin \varphi$$

$$Y_1 = -(x + t / 2), Y_2 = -b, Y_3 = 0, Y_4 = l_d \cos \varphi, Y_5 = -c \quad (2.33)$$

$$u_1 = u_2 = \delta, u_3 = u_4 = 0, u_5 = \xi_1 \cdot \delta, v_1 = v_2 = v_3 = v_4 = 0, v_5 = \xi_1 \cdot \xi_2 \cdot \delta$$

式中：a 为从方形钢管柱表面到外环板边缘的距离；b 为从方形钢管柱的拐角到梁边缘的距离，$b = (D - b_f) / 2$，其中 b_f 为梁的法兰宽度；b_d 为外环板端部宽度；$x + t / 2$ 是节点 1 和 3 之间的距离，x 为钢管壁屈服区域的尺寸；l_d 为节点 3～4 的距离，如式（2.34）所示；δ 是虚位移（$\delta = \Delta \theta \times \Delta db$）；$\theta$ 是外环板的角度；φ 是线段 3～4 的角度；ξ_1 和 ξ_2 是任意正因子（$0 \leqslant \xi_1 \leqslant 1$，$0 \leqslant \xi_2 \leqslant 1$）。

$$l_d = (1 + \tan \theta) / \left[(\cos \theta + \tan \theta \cdot \sin \varphi) h_d \right] \quad (2.34)$$

根据 Matsuo[143]，区域 3 的内部虚功比其他区域小得多，可以忽略不计，区域 1 和区域 2 的内部虚功由式（2.35）和式（2.36）计算。

$$W_{d,1} = \frac{\sqrt{3}}{3} t_d \cdot f_{dy} \sqrt{4(x + t / 2 - b)^2 + a^2} \cdot \delta \quad (2.35)$$

$$W_{d,2} = \frac{2\sqrt{3}}{3} \sqrt{1 + \frac{\tan^2 \varphi}{4}} \cdot \frac{1 + \tan \theta}{1 + \tan \varphi \cdot \tan \theta} \cdot h_d t_d f_{dy} \delta \quad (2.36)$$

式中：t_d 为外环板的厚度；f_{dy} 为外环板的屈服应力；h_d 是从外环板角度 45° 到方柱宽度的距离。

图 2.59 显示了方形钢管柱面外破坏机理。钢管壁的内部虚功 W_c 由式（2.37）表示。

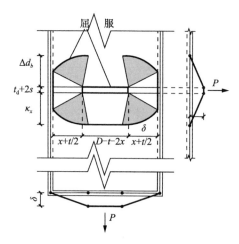

图 2.59　方形钢管柱面外破坏机理

$$W_c = \left\{ \frac{D-t-2x}{4} + \frac{D-t-2x}{2}\Delta d_b + \frac{t_d+2s}{x}\Delta d_b\sqrt{1-n^2} + \frac{\Delta d_b}{\pi}\sqrt{1-n^2}\log_e\frac{\Delta d_b}{\pi} \right.$$

$$\left. + \pi\Delta d_b\cdot\left[1+\frac{2}{\pi^2}(\log_e k)^2+\frac{2}{\pi^2}\left(\log_e\frac{\Delta d_b}{\pi}\right)^2\right]\right\}t^2 f_{cy}\delta$$

$$(2.37)$$

式中：s 为焊脚宽度；k 为代表钢管壁屈服区域的系数；Δd_b 为两边梁之间的高度差。

局部屈服机制下节点域区域的塑性力矩可以通过式（2.38）计算。

$$M_{p,u}^p = M_{p,u}^{pI} - \left(Q_{u,c}+Q_{l,u}\right)\Delta d_b/2 \qquad (2.38)$$

根据节点域区域的弯矩平衡，可以得出式（2.39）。

$$Q_{u,c}+Q_{l,u} = \frac{M_{p,u}^{pI}}{l_c/2} \qquad (2.39)$$

式中：$Q_{u,c}$ 为节点域上部柱端的剪力；$Q_{l,u}$ 为节点域底部柱端的剪力。

将式（2.39）代入式（2.38），可获得式（2.40）。

$$M_{p,u}^p = \left(1-\frac{\Delta d_b}{l_c}\right)M_{p,u}^{pI} \qquad (2.40)$$

式（2.40）中包含的 x 和 k 可以通过式（2.41）来获得。

$$\frac{\partial M_{p,u}^p}{\partial x}=0 \qquad \frac{\partial M_{p,u}^p}{\partial k}=0 \qquad (2.41)$$

展开式（2.41），可以得到式（2.42）和式（2.43）。

$$\frac{\partial M_{p,u}^p}{\partial x} = \left[-\frac{1}{2} - \frac{D-t}{2kx^2}\Delta d_b - \frac{t_b+2s}{x^2}\Delta d_b - \frac{\Delta d_b}{\pi x} - \frac{4\Delta d_b}{\pi x}\log_e\left(\frac{\Delta d_b}{x}\right)\right]t^2 f_{cy}$$

$$+\frac{2}{\sqrt{3}}\left[\left(x+\frac{t}{2}-b\right)^2+\frac{a^2}{4}\right]^{-\frac{1}{2}}\left(x+\frac{t}{2}-b\right)\Delta d_b t_d f_{dy}=0$$

$$(2.42)$$

$$\frac{\partial M_{p,u}^p}{\partial k} = -\frac{D-t-2x}{2kx} + \frac{4\log_e k}{\pi}=0 \qquad (2.43)$$

局部破坏机制下的节点抗剪荷载（$Q_{p,u}$）可通过式（2.44）来计算。

$$Q_{p,u} = M_{p,u}/d_{b1} \qquad (2.44)$$

计算所得极限荷载与有限元对比见图 2.60；计算结果与有限元对比见表 2.19，计算的抗剪承载力为 FEM 值的 78%～119%。平均比值为 97%，变异系数为 15%。当 R_{OJB} 小于 1.09 时，计算所得的平均值为 1.13，变异系数为 15%，原因是计算结果基于整个节点域的承载能力，而实际中，节点域 2 的破坏程度小于节点域 1，导致计算结果偏大。当 R_{OJB} 大于 1.09 时，计算所得平均值为 0.87，变异系数为 10%，计算可以为实际提供一定的安全储备。可以看出，计算得到的剪切能力值离散性较小，数据特性稳定，可以为不等高梁柱钢节点的设计提供依据。

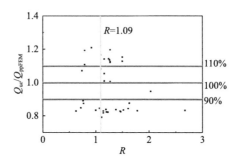

图 2.60　计算所得极限荷载与有限元对比

第3章 外环板式方形钢管混凝土柱-不等高 H 型钢梁组合节点

3.1 引 言

本章首先对外环板式方形钢管混凝土柱-不等高 H 型钢梁组合节点进行低周往复荷载试验,深入研究加载方式和梁截面高度比对外环板式钢管混凝土柱-不等高 H 型钢梁节点剪切性能的影响。然后,利用 MSC.Marc 软件对试验进行有限元分析,确定有限元模型的精确度和可靠性。最后,进行有限元参数分析,研究不同参数对外环板式方形钢管混凝土柱-不等高 H 型钢梁组合节点剪切性能的影响;参数包括尺寸效应(钢管柱宽度 D)、钢管柱宽厚比(D/t)、节点域高宽比(D_{b1}/D)、轴压比(n)、梁柱宽度比(B_f/D)、梁翼缘宽厚比(B_f/t_f),以及梁腹板高宽比(h_w/t_w)。为该组合节点在今后实际工程中的应用提供试验依据。

3.2 试 验 研 究

3.2.1 试件概况

本试验以外环板式方形钢管混凝土柱-不等高 H 型钢梁组合节点为研究对象,采用 1:2 缩尺进行设计。试验参数为梁截面高度比(D_{b2}/D_{b1} 为 1、0.75 和 0.5)和加载方式(循环往复加载和单向加载)。试验共设计了 4 个试件,试件的外观构造和几何尺寸见图 3.1。截面高度较高的梁定义为梁 1,截面高度较低的梁定义为梁 2。梁总长度为 2 700mm,翼缘宽度为 120mm;翼缘和腹板厚度分别为 12mm 和 6mm。各试件的组合柱高度均为 1 400mm。组合柱截面宽度为 200mm,壁厚为 9mm,宽厚比(D/t)为 22。

以试件 UCCE-1 为标准试件。梁 1 和梁 2 截面高度均为 300mm,梁截面高度比为 1.00(梁截面高度差Δd_b=0mm)。试件 UCCE-2 的梁 1 和梁 2 截面高度分别为 300mm 和 225mm,梁截面高度比为 0.75(梁截面高度差 Δd_b=75mm)。试件 UCCE-3 的梁 1 和梁 2 截面高度分别为 300mm 和 150mm,梁截面高度比为 0.50(梁截面高度差 Δd_b=150mm)。试件 UCCE-4 的几何尺寸与试件 UCCE-3 完全相同。

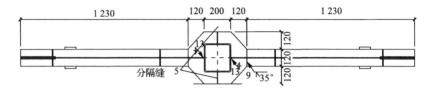

（a）试件UCCE-1平面图

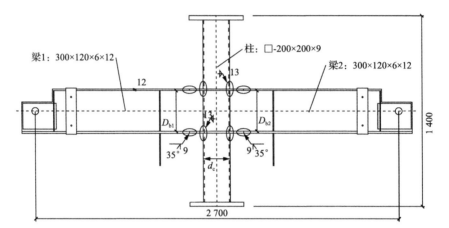

（b）试件UCCE-1立面图

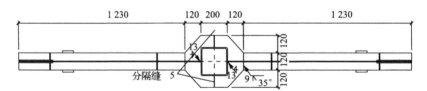

（c）试件UCCE-2平面图

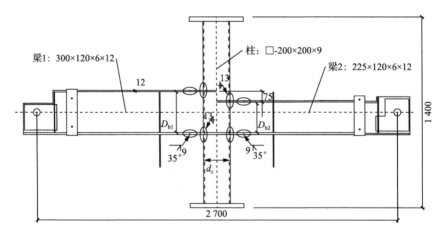

（d）试件UCCE-2立面图

图3.1　试件的外观构造和几何尺寸（单位：mm）

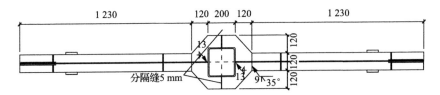

（e）试件UCCE-3和UCCE-4平面图

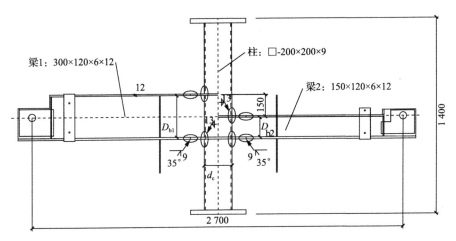

（f）试件UCCE-3和UCCE-4立面图

图 3.1（续）

　　所有试件采用分割式外环板，外环板详图见图 3.2。外环板由左右两块钢板沿组合的柱腹板中心线焊接而成。对比沿组合柱柱角焊接型外环板，沿组合柱腹板焊接型外环板有效地降低了应力集中，提升了试件的受力性能。外环板与梁翼缘之间采用 35° 的单边 V 形焊接；与方形钢管柱之间为 13mm 的角焊缝连接。图 3.3 为焊缝细部图。

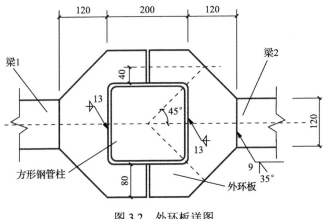

图 3.2　外环板详图

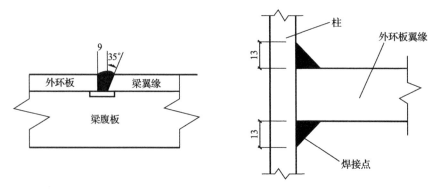

图 3.3　焊缝细节图

　　试件 UCCE-1、试件 UCCE-2 和试件 UCCE-3 采用循环往复加载模式；试件 UCCE-4 采用单向加载模式。各试件的基本信息见表 3.1。

表 3.1　试件基本信息

试件	钢管混凝土柱*	梁 1*	梁 2*	D_{b2}/D_{b1}	$f_{cu}/$（N/mm²）	加载方式
UCCE-1	200×200×9	300×120×6×12	300×120×6×12	1	36.0	循环加载
UCCE-2	200×200×9	300×120×6×12	225×120×6×12	0.75	36.5	循环加载
UCCE-3	200×200×9	300×120×6×12	150×120×6×12	0.5	37.9	循环加载
UCCE-4	200×200×9	300×120×6×12	150×120×6×12	0.5	36.8	单向加载

注：D_{b2}/D_{b1} 为梁截面高度比；f_{cu} 为混凝土标准立方体抗压强度。
*本列中数字单位均为 mm。

　　该试验的目的是通过对各试件采用拟静力加载试验和单向加载试验，对比分析各试件的破坏形态、耗能能力、承载能力、变形能力以及刚度退化等因素，来研究外环板式方形钢管混凝土柱-不等高 H 型钢梁组合节点的剪切性能，为该组合节点在今后实际工程中的应用提供试验依据。

3.2.2　材料属性

　　各试件中 H 型钢梁腹板、H 型钢梁翼缘、外环板和方形钢管柱的厚度 t（mm）、弹性模量 E（N/mm²）、屈服强度 σ_y（N/mm²）、抗拉强度 σ_t（N/mm²）、屈强比（σ_y/σ_t）和伸长率 A（%）等基本参数由材料单向拉伸试验获得。表 3.2 列出了钢材材料性能。

表 3.2　钢材材料性能

部位	t/mm	E/（N/mm²）	σ_y/（N/mm²）	σ_t/（N/mm²）	σ_y/σ_t	A/%
H 型钢梁腹板	6.2	201 700	399	531	0.75	21
H 型钢梁翼缘	11.9	207 240	351	503	0.70	25
外环板	11.9	207 240	351	503	0.70	25
方形钢管柱	9.0	192 300	371	432	0.86	33

注：t 为厚度，E 为杨氏模量，σ_y 为屈服强度，σ_t 为抗拉强度，σ_y/σ_t 为屈强比，A 为伸长率。

3.2.3　试验加载方案

图 3.4 为加载示意图。试验加载装置主要由自平衡加载框架、50t 作动器（2 个）、固定铰支座、滑动铰支座及平面外约束装置组成。

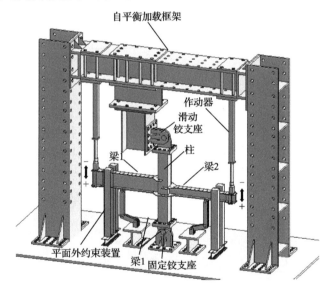

图 3.4　加载示意图

试件安装在自平衡加载框架中进行加载，试件上柱与滑动铰支座连接，在此约束条件下，组合柱顶可发生竖向滑动和试件所在平面内的转动；试件下柱与转动铰支座连接，在该约束条件下，允许试件在所在平面内转动。

采用梁端加载方式。加载架上部安装有两个 50t 作动器，分别与梁 1 和梁 2 的端部加载点的圆孔连接，提供沿竖向大小相等、方向相反的位移荷载。

本次试验，与梁 1 相连的作动器施加向上的荷载，与梁 2 相连的作动器施加向下的荷载定义为正向荷载；反之为负向荷载。试验加载前检查各连接部位的安装是否到位、线路接触是否良好，确定正常后，开始进行正式加载。

对于试件 UCCE-1、试件 UCCE-2 和试件 UCCE-3，试验通过梁端两侧作动器施加低周往复循环荷载，加载方式为位移控制加载，试验加载历程曲线见图 3.5。试验采用拟静力加载方式，首先按照层间位移角（梁端竖向位移与梁长的比值）的 0.5%、1%、2%、3%和 4%逐级加载，每级循环两次；在完成 4%位移角的两次循环后，按照 5%位移角加载循环 4 次，随后继续正向加载，直至加载到设备最大量程，停止加载。对于试件 UCCE-4，采用单调负向加载方式，直到加载至加载设备的最大量程，停止加载。

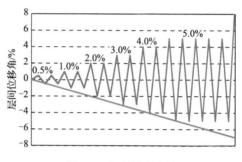

图 3.5　加载历程曲线

3.2.4　测量方案

本试验共安装 22 个位移计，用以测量试验时试件各关键部位的位移变化情况，柱梁节点的位移测点布置图见图 3.6。关键点位移包括铰支座水平位移（D1）、钢管翼缘水平位移（D2）、节点域 2 水平位移（D3）、节点域 1 水平位移（D4）、节点域对角线位移（D5）、节点域竖向位移（D6）和梁端竖向位移（D7）。

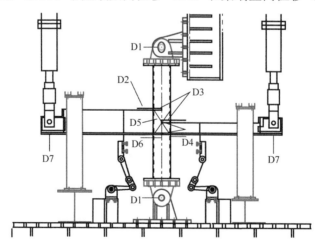

图 3.6　柱梁节点的位移测点布置图

3.2.5　试验现象及破坏特征分析

各试件节点区域钢管的破坏形态如图 3.7 所示。所有试件均因节点域的剪切变形而破坏。其中试件 UCCE-1 发生整体节点域剪切破坏，试件 UCCE-2～试件 UCCE-4 发生局部节点域剪切破坏，剪切变形主要发生于节点域 1。

试件 UCCE-1 在加载初期，试件的剪切力-剪切变形角关系呈线性关系，此时试件处于弹性阶段。当加载至 $R=0.006$rad 时，试件屈服，此时荷载为 1 007kN，当加载至 $R=0.008$rad 时，试件到达塑性点，此时荷载为 1 119kN，试件钢管外壁变形增大；当加载至 $R=0.04$rad 时，此时荷载达到最大值为 1 269kN，试件发生整体节点域剪切破坏。

试件 UCCE-2 节点域的破坏形态如图 3.7（b）所示。当加载至 $R=0.004$rad 时，试件屈服，此时荷载为 823kN；当加载至 $R=0.007$rad 时，试件到达塑性点，此时荷载为 1 033kN，试件节点域变形逐渐变大。当加载至 $R=0.04$rad 时，此时荷载达到最大值为 1 162kN，试件发生局部节点域剪切破坏。

试件 UCCE-3 节点域的破坏形态如图 3.7（c）所示。当加载至 $R=0.003$rad 时，试件屈服，此时荷载；当加载至 $R=0.006$rad 时，试件到达塑性点，变形逐渐增大，此时荷载为 918kN；当加载至 $R=0.04$rad 时，此时荷载达到最大值为 1 050kN，钢管外壁产生明显的剪切变形，最终试件发生局部节点域剪切破坏。

试件 UCCE-4 节点域的破坏形态如图 3.7（d）所示，钢管面外剪切变形贯穿整个节点域，但变形不太明显。当加载至 $R=0.004$rad 时，试件屈服，此时荷载为 694kN，钢管外壁出现微小变形。当 $R=0.007$rad 时，试件到达塑性阶段，此时荷载为 859kN，变形增大。当加载至 $R=0.02$rad，此时荷载达到最大值，试件发生局部节点域剪切破坏。

（a）UCCE-1 ($D_{b2}/D_{b1}=1$)　　　　　　　（b）UCCE-2 ($D_{b2}/D_{b1}=0.75$)

图 3.7　各试件节点区域钢管的破坏形态

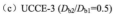

　　（c）UCCE-3 (D_{b2}/D_{b1}=0.5)　　　　　　　（d）UCCE-4 (D_{b2}/D_{b1}=0.5)

图 3.7（续）

　　试验结束以后，将各试件节点域区域的钢板切割分离，得到节点域混凝土破坏形态，见图 3.8。混凝土表面可以观察到斜向裂缝，说明混凝土的破坏形式为支杆破碎形式，主要是由于外环板传递的剪力而产生的。表面的混凝土已经破碎，

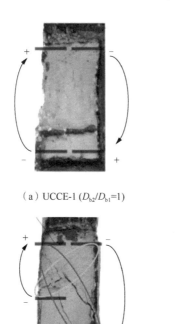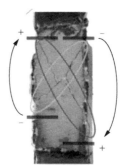

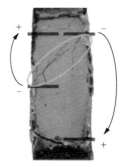

　　（a）UCCE-1 (D_{b2}/D_{b1}=1)　　　　　　　（b）UCCE-2 (D_{b2}/D_{b1}=0.75)

　　（c）UCCE-3 (D_{b2}/D_{b1}=0.5)　　　　　　　（d）UCCE-4 (D_{b2}/D_{b1}=0.5)

图 3.8　节点域混凝土破坏形态

使用手持式凿锤可以轻松将松散的混凝土从节点域区域移除。试件 UCCE-2 可以观察到不对称的交叉斜裂缝，表明在循环荷载作用下，填充混凝土遵循拱形机理。在正向加载下的试件，节点域区域混凝土处于压缩状态，所有混凝土均承受剪切力，在负向加载下的试件，只有节点域 1 的混凝土承受剪切力，而节点域 2 并未承受剪切力，节点域区域混凝土在不同方向的荷载作用下，形成高度不同的压缩拱。试件 UCCE-3 的节点域混凝土破坏形态与试件 UCCE-2 相似，由于梁截面高度比不同，试件 UCCE-3 的混凝土符合在下对角裂纹的高度小于试件 UCCE-2。试件 UCCE-4 的混凝土在节点域 1 中，产生了一条斜裂缝，但是节点域 2 中的混凝土未遭受破坏，说明节点域 1 中的混凝土剪切力是由负向加载下的外环板传递的，节点域 2 的混凝土对节点域剪切承载力无明显影响。

3.3　试　验　结　果

3.3.1　滞回曲线

滞回曲线是指结构在拟静力试验下的荷载位移关系曲线，能够准确地反映结构的承载能力、变形能力、刚度退化、承载力退化以及耗能能力，是对结构进行抗震分析的基础。各试件的节点域的剪力-剪切变形角滞回曲线（Q-γ）如图 3.9 所示，图中横坐标表示剪切变形角，纵坐标表示相应的节点域剪切力，图中实心原点代表节点域最大剪切强度。由图 3.9 可知，在加载初期，试件在加载至层间位移角 R 小于或等于 0.01rad 时，节点域剪力与剪切位移角呈线性关系，节点域处于弹性阶段。所有试件的节点域滞回曲线形状均呈现饱满的纺锤形，表明各试件的节点域耗能能力较好。在加载过程中，所有试件均表现出良好的延性，未出现断裂。

当 γ_{cor}= 0.028rad 时，试件 UCCE-1 整体节点域的最大剪切承载力为 1 269kN，此时加载至层间位移角 R = 0.04rad。当 γ_{cor}= 0.029rad、R = 0.04rad 时，节点域在负向加载的最大剪切承载力为-1 251kN。当加载至 R= 0.05rad 时，两个方向的滞回行为不对称，可以观察到强度略有下降，但加载至试验结束才发生断裂。

当 γ_{cor}= 0.019rad 时，试件 UCCE-2 整体节点域的最大剪切承载力为 1 141kN，此时加载至 R = 0.04rad。当加载至 R=0.05rad 时，γ_{cor}=0.033rad 时，整体节点域的负方向最大剪切承载力为-1 162kN。两个加载方向的滞回行为相似。在循环加载中未观察到强度降低。

当 γ_{cor}= 0.040rad 时，试件 UCCE-3 整体节点域的最大剪切承载力为 1 050kN，此时加载至 R=0.04rad。当加载至 R=0.05rad、γ_{cor}=0.018rad 时，整体节点域的负向最大剪切承载力为-1 063kN。

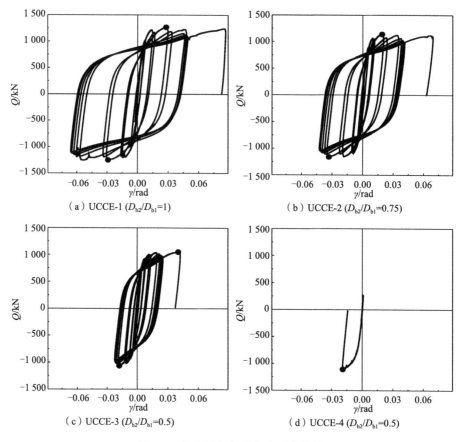

图 3.9　节点域剪力-剪切变形角曲线

试件 UCCE-1～试件 UCCE-3 的滞回曲线均稳定的。整体节点域的最大剪切承载力和剪切变形随着梁截面高度比的增加而减小。在负向载荷下，试件 UCCE-3 和试件 UCCE-4 的最大剪切承载力和剪切变形之间的差异可以忽略不计。结果表明，加载方式对节点域的剪力和剪切变形影响很小。

3.3.2　骨架曲线

所有试件的骨架曲线如图 3.10 所示。由于低循环疲劳引起的累积塑性损伤，在循环间强度会逐渐降低。骨架曲线的趋势彼此相似，但是梁截面高度比对变形能力起主要作用。随着梁截面高度比的减小，试件 UCCE-1、试件 UCCE-2 和试件 UCCE-3 的最大剪切承载力逐渐减小。试件 UCCE-1 的正向最大剪切承载力为 1 269kN，负向最大剪切承载力为-1 251kN。试件 UCCE-2 的正向最大剪切承载力为 1 141kN，负向最大剪切力承载力为-1 063kN，相比于试件 UCCE-1 分别降低了 10%和 18%。试件 UCCE-3 的正向和负向最大剪切承载力分别为 1 050kN 和 −1 063kN，相比 UCCE-1 分别降低了 17%和 15%。结果表明，梁截面高度比越小（梁截面高度差越大），整个节点域的剪切承载力越小。试件 UCCE-4 的负向最大剪切承载力为−1 109kN，试件 UCCE-3 的最大剪切承载力比试件 UCCE-4 的最大剪切承载力高 4.2%，这再次表明，加载方式对节点域的剪切能力几乎没有影响。

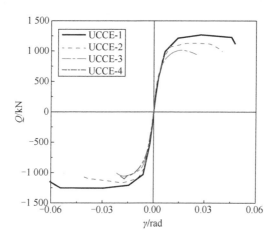

图 3.10　各试件的骨架曲线

所有试件节点域的剪切刚度、屈服点荷载和塑性点荷载见表 3.3。试件在正荷载作用下的剪切刚度大于负荷载作用下的剪切刚度。节点域的剪切刚度随着梁截面高度比的减小而增加。节点域的剪切刚度受钢管和填充混凝土的刚度、梁截面高度比和荷载方向等因素影响。随着梁截面高度比的增加，试件的屈服和塑性剪切承载力上升，整个节点域的屈服和塑性剪切变形角也上升。这表明，梁截面高度比是影响整个节点域的屈服和塑性剪切承载力和剪切变形角的最重要参数之一。

表 3.3　节点域的剪切刚度、屈服点荷载和塑性点荷载

试件	D_{b2}/D_{b1}	正向荷载					负向荷载				
		$K_{EXP}/$ （kN/rad）	$Q_{py,e}/$ kN	$\gamma_{py,e}/$ rad	$Q_{pp,e}/$ kN	$\gamma_{pp,e}/$ rad	$K_{EXP}/$ （kN/rad）	$Q_{py,e}/$ kN	$\gamma_{py,e}/$ rad	$Q_{pp,e}/$ kN	$\gamma_{pp,e}/$ rad
UCCE-1	1	221 000	1 007	0.006 32	1 119	0.008 41	−221 000	−967	−0.006 29	−1 087	−0.008 61
UCCE-2	0.75	280 000	823	0.003 81	1 033	0.007 21	−249 000	−848	−0.005 08	−997	−0.007 52
UCCE-3	0.5	317 000	698	0.003 14	918	0.006 45	−262 000	−754	−0.004 33	−914	−0.006 95
UCCE-4	0.5						−270 000	−694	−0.004 09	−859	−0.006 69

3.3.3 耗能能力

耗能能力根据滞回曲线与水平轴所围成的面积计算。各试件节点域在每个周期内的耗能 E-R 曲线见图 3.11，各试件节点域的累计耗能 E_a-R 曲线见图 3.12。当层间位移角小于 0.01rad 时，每个试件的耗能基本为 0。当加载过 0.02rad 时，所有试件在每个周期的能量耗散系数随着层间位移角的增加而增加。由于抗剪能力的下降，在相同的位移水平下，第二个循环的能耗略低于第一个循环的能耗。随着梁截面高度比减小，试件 UCCE-1～试件 UCCE-3 的耗能情况逐级递减。累计耗能主要与节点域区域的变形能力有关。

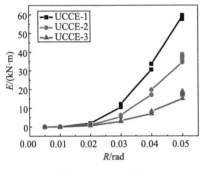
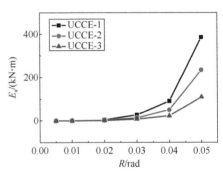

图 3.11　E-R 曲线　　　　　　　　　　图 3.12　E_a-R 曲线

目前，等效阻尼黏滞阻尼系数 ξ_{eq} 是组合结构工程领域通常用来作为评价结构耗能的指标，其计算如下式所示：

$$\xi_{eq} = \frac{1}{2\pi} \cdot \frac{S_{ABC} + S_{ADC}}{S_{OBE} + S_{ODF}} \tag{3.1}$$

式中：右侧分子 $S_{ABC} + S_{ADC}$ 表示滞回环所包围的面积；右侧分母 $S_{OBE} + S_{ODF}$ 表示三角形 OBE 和三角形 ODF 面积之和。等效黏滞阻尼系数计算见图 3.13。

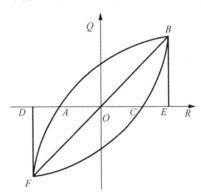

图 3.13　等效黏滞阻尼系数计算

各试件的等效黏滞阻尼系数见图 3.14。当层间位移角 $R<0.01\text{rad}$ 时，等效黏滞阻尼系数略有降低；当层间位移角 $R>0.01\text{rad}$ 时，等效黏滞阻尼系数随着层间位移角的增加而增大，但速率逐渐减小。试件 UCCE-1～试件 UCCE-3 节点域屈服点、塑性点和 $R=0.05\text{rad}$ 时的等效黏滞阻尼系数见表 3.4。所有试件在屈服点、塑性点和 $R=0.05\text{rad}$ 时的等效黏滞阻尼系数 ξ_{eq} 分别在 0.06～0.08、0.14～0.19 和 0.25～0.28 的区间内。随着梁截面高度比的减小，试件的等效黏滞阻尼系数也随之减小，即试件耗能能力下降。

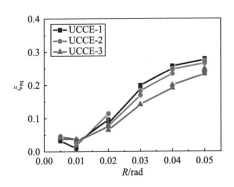

图 3.14　各试件的等效黏滞阻尼系数

表 3.4　等效黏滞阻尼系数

试件	$\xi_{eq,y}$	$\xi_{eq,m}$	$\xi_{eq,0.05}$
UCCE-1	0.08	0.19	0.28
UCCE-2	0.07	0.17	0.27
UCCE-3	0.06	0.14	0.25

3.3.4　刚度退化

在循环往复加载过程中，由于构件在加载的过程中会有损伤积累，造成构件节点域的剪切刚度降低。为了研究该不等高梁柱组合节点的剪切滞回行为的计算模型，对刚度退化的研究是必不可少的。根据循环往复加载过程中的剪切刚度可以评估试件节点域的整体剪切刚度，其中循环刚度的计算公式与式（2.9）一致。

在循环加载的整个过程中，各试件节点域的 K_j-R 曲线见图 3.15。加载初始阶段（$R<0.01\text{rad}$），节点域的剪切刚度在正负荷载作用下不相同，其原因是在加载的初始阶段时加载位移较小，可能试验装置与试件之间的空隙产生了一定的测

量误差，从而影响了剪切刚度的准确度。当层间位移角 $R>0.02\mathrm{rad}$ 时，各试件的正负向剪切刚度几乎相同。

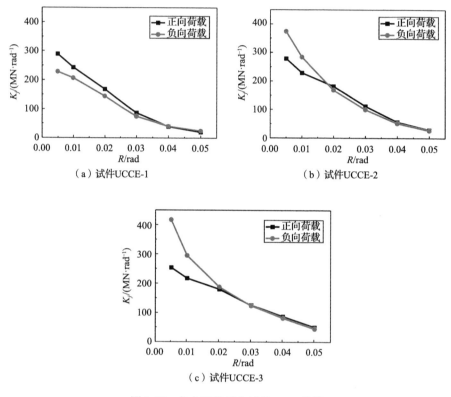

图 3.15　各个试件节点域的 K_j-R 曲线

节点域弹性剪切刚度可由式（3.2）计算，其中假设方形钢管节点域和混凝土节点域的变形量相同。

$$K_0 = \cfrac{1}{\cfrac{d_\mathrm{p}^2}{12(EI)_\mathrm{p}} + \cfrac{k_\mathrm{s}}{(GA)_\mathrm{p}}} \qquad (3.2)$$

式中：$(EI)_\mathrm{p}$ 为节点域的弹性转动刚度之和；$(GA)_\mathrm{p}$ 表示组合截面的弹性剪切刚度，其值为方形钢管节点域和混凝土节点域的弹性剪切刚度之和；对于正方形截面，k_s 取 9/8。

正向荷载下各试件节点域的 K/K_0-R 曲线见图 3.16。当加载至层间位移角 $R=0.01\mathrm{rad}$ 时，各试件节点域的剪切刚度在相应弹性刚度的 37%～52%。随着梁截面高度比的降低，各试件节点域的刚度退化速度降低明显。加载初期，刚度退化主要是因为内置混凝土开裂造成的，但随着层间位移角的增加，试件 UCCE-2 和试件 UCCE-3 的刚度退化速度较试件 UCCE-1 更快。这与试件节点域变形情况一致。

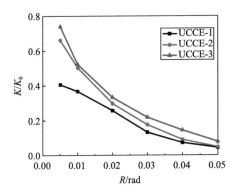

图 3.16　正向荷载下各试件节点域的 K/K_0-R 曲线

各试件节点域塑性点和屈服点剪切刚度及其比值 K_p/K_y 和 $R = 0.05$rad 点与屈服点剪切刚度比值 $K_{0.05\text{rad}}/K_y$ 见表 3.5。各试件节点域的 K_p/K_y 为 $0.51 \sim 0.70$，$K_{0.05\text{rad}}/K_y$ 为 $0.12 \sim 0.28$。随着梁截面高度比的减小，K_p/K_y 和 $K_{0.05\text{rad}}/K_y$ 值显著增加。

表 3.5　K_p/K_y 和 $K_{0.05\text{rad}}/K_y$

试件	加载方向	K_p/K_y	$K_{0.05\text{rad}}/K_y$
UCCE-1	正向加载	0.52	0.13
	负向加载	0.51	0.12
UCCE-2	正向加载	0.59	0.16
	负向加载	0.61	0.16
UCCE-3	正向加载	0.66	0.24
	负向加载	0.70	0.28

3.3.5　剪切承载力退化

当加载至恒定的层间位移角时，整个节点域的剪切承载力从一个循环降低到下一循环，这就是剪切承载力的退化，承载力退化系数与第 2 章一致。

各试件节点域的承载力退化系数随加载历程的变化情况，即 η_j-R 曲线见图 3.17，所有试件的节点域的剪切承载力退化系数彼此接近。在加载过程中，剪切承载力退化系数随着层间位移角的增加而减小，主要是节点域混凝土的裂缝扩展所致。

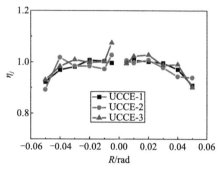

图 3.17 试件的 η_j-R 曲线

不同加载阶段的承载力退化系数见表 3.6。在屈服点之前，承载力退化系数的范围为 0.99～1.08。节点域的承载力下降可以忽略不计。从屈服点到塑性点，试件的剪切承载力退化系数的范围为 0.97～1.00。从塑性阶段到最大变形阶段，剪切承载力明显下降，剪切承载力退化系数的范围为 0.89～0.94。

表 3.6 不同加载阶段的承载力退化系数

试件	η_j		
	$Q \leqslant Q_y$	$Q_y < Q \leqslant Q_p$	$Q_p < Q \leqslant Q_{0.05}$
UCCE-1	0.99～1.01	0.98～1.00	0.90～0.92
UCCE-2	1.00～1.08	0.97～0.98	0.89～0.94
UCCE-3	0.99～1.08	0.98～0.99	0.90～0.93

注：$Q_{0.05}$ 为层间位移角在 0.05rad 时节点域承载力。

3.3.6 应变分析

1. 节点域剪切变形

为了分析节点域 1 和节点域 2 对整体节点的破坏模式影响作用，根据试验时在节点域 1 和节点域 2 处放置的应变花测得各阶段的应变数据，所得节点域剪切变形角和剪切力可绘制各试件节点域 1 和节点域 2 的骨架曲线见图 3.18。

结果表明，试件在循环载荷下或者在单调荷载下，节点域的剪切变形都集中在节点域 1 中。与节点域 1 的剪切应变相比，节点域 2 的变形非常有限。在加载过程中，节点域 2 的剪切应变范围为-0.013 1～0.014 6。

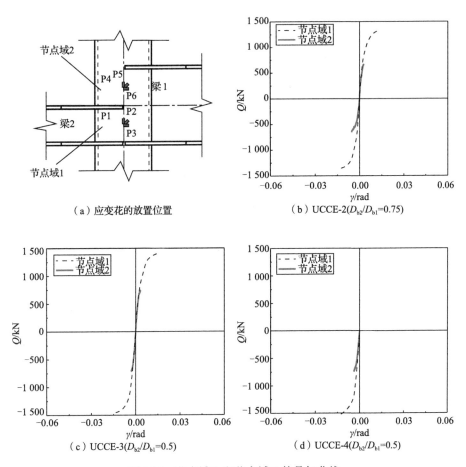

（a）应变花的放置位置　　　　　　　（b）UCCE-2(D_{b2}/D_{b1}=0.75)

（c）UCCE-3(D_{b2}/D_{b1}=0.5)　　　　　　（d）UCCE-4(D_{b2}/D_{b1}=0.5)

图 3.18　节点域 1 和节点域 2 的骨架曲线

2. 方形钢管柱壁翼缘面外变形

应变花位置和钢管应变分布见图 3.19。纵轴表示应变计的位置，横轴表示方形钢管柱的应变（ε_c）。方形钢管柱的拉伸应变远大于压缩应变。这是因为填充的混凝土限制了方形钢管柱在压缩侧的变形。对于试件 UCCE-1，方形钢管柱两侧的应变近似对称。对于试件 UCCE-2 和试件 UCCE-3，在抗拉侧的方形钢管柱翼缘中会产生较大的应变。因此，在结构设计中不应忽略方形钢管柱翼缘面外变形对整体节点域剪切承载力的贡献。

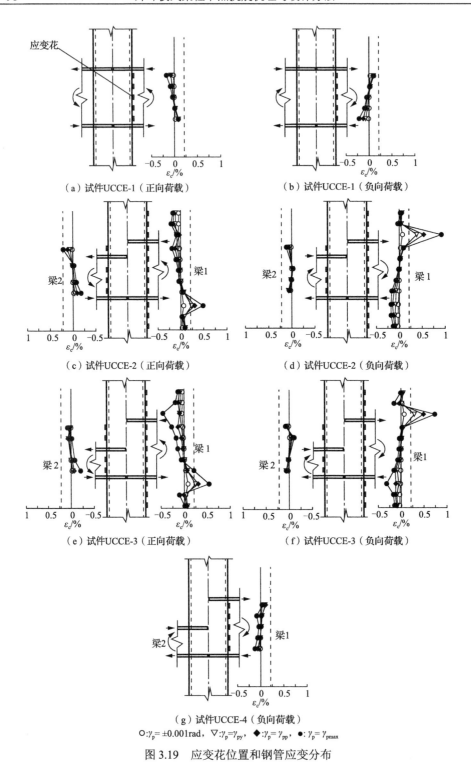

(a) 试件UCCE-1（正向荷载）   (b) 试件UCCE-1（负向荷载）

(c) 试件UCCE-2（正向荷载）   (d) 试件UCCE-2（负向荷载）

(e) 试件UCCE-3（正向荷载）   (f) 试件UCCE-3（负向荷载）

(g) 试件UCCE-4（负向荷载）

$\bigcirc$:γ_p= ±0.001rad，$\bigtriangledown$:γ_p=γ_{py}，$\blacklozenge$:γ_p= γ_{pp}，$\bullet$: γ_p = γ_{pmax}

图 3.19   应变花位置和钢管应变分布

3. 外环板变形

图 3.20 分别给出了各试件到达各级循环峰值荷载时，外环板的上部和下部应变分布值。图 3.20 中纵坐标代表应变花布置的位置，横坐标表示外环板测量部位的应变值。外环板的屈服应变为 0.002 15。对于外环板，拉伸应变远大于压缩应变。由于方形钢管柱较小的平面外变形，外环板的压缩应变沿宽度方向均匀分布。

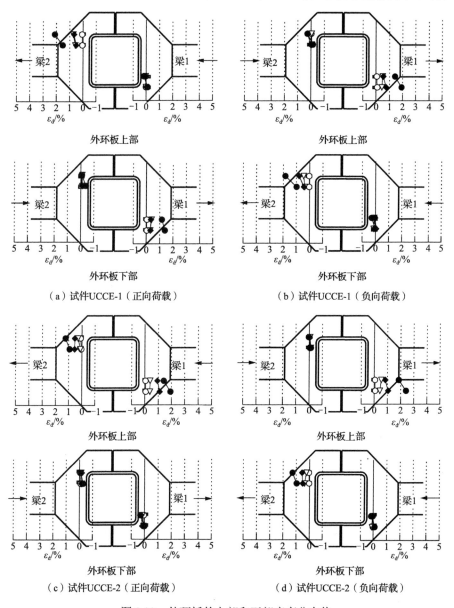

图 3.20　外环板的上部和下部应变分布值

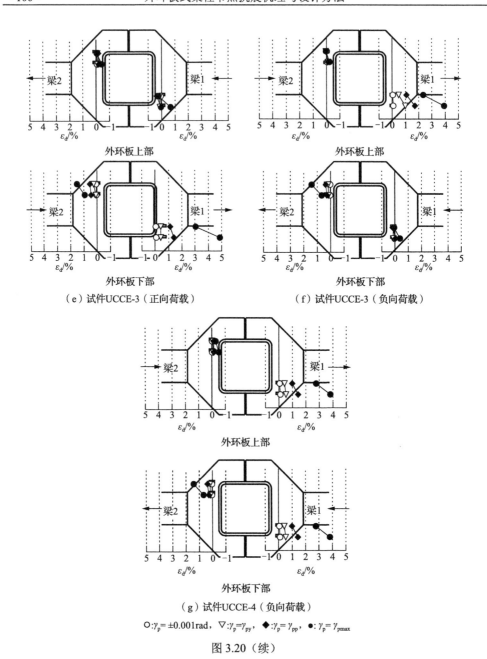

（e）试件UCCE-3（正向荷载）　　　（f）试件UCCE-3（负向荷载）

（g）试件UCCE-4（负向荷载）

○:$\gamma_p = \pm0.001$rad, ▽:$\gamma_p = \gamma_{py}$, ◆:$\gamma_p = \gamma_{pp}$, ●:$\gamma_p = \gamma_{pmax}$

图3.20（续）

　　试件 UCCE-1 两侧梁高度相同，外环板两侧的应变是对称的。但是，对于两侧梁高度不相等的试件 UCCE-2～试件 UCCE-4，梁 1 侧的外环板的应变大于梁 2 侧的应变。显然，当整个节点域的剪切变形大于屈服点时，外环板的拉伸应变大于屈服应变（图3.20）。因此，应考虑梁 1 侧的外环板对整体节点域的剪切承载力的影响。

3.4　有限元分析

本节基于已完成的外环板式方形钢管混凝土柱-不等高 H 型钢梁组合节点拟静力试验，采用有限元分析软件 MSC.Marc 2012 对该节点建立了 1∶1 比例尺寸的有限元分析模型，通过数值模拟发现各模型的计算分析结果与试验结果高度吻合，确定了该节点的建模方法的合理性和精确性。为了更深入地了解外环板式方形钢管混凝土柱-不等高 H 型钢梁组合节点的工作机制,进一步补充和完善试验研究的不足。本节继续通过有限元参数详细分析构件的尺寸效应、方形柱截面宽厚比、节点域高宽比、轴压比、梁翼缘宽度与方形柱截面宽度比、梁翼缘宽厚比、梁腹板宽厚比共七个参数下外环板式方形钢管混凝土柱-不等高 H 型钢梁组合节点抗震性能的影响。

3.4.1　有限元模型的建立

本章选用 MSC.Marc 2012 有限元分析软件建立了与实际试验尺寸相同的精细化的三维实体模型，进行循环往复加载与 push-over 分析，模型建立过程中包括以下步骤，即几何和网格、几何属性定义、材料属性定义、接触定义、连接单元定义、边界条件定义、工况定义、作业定义和提交作业分析等。

3.4.2　材料属性

在建完模型后，首先是对钢材部分赋予材料属性，钢材的泊松比选取 0.3，根据拉伸试验来测定钢材的弹性模量，将钢材在拉伸试验所得的名义应力、名义应变根据式（3.3）和式（3.4）转换为真实应力和对数应变。在模拟分析过程中遵循 vons Mise 屈服准则。外环板、方形钢管柱、H 型钢梁翼缘、角焊缝及 H 型钢梁腹板真实应力-应变曲线见图 3.21（a）。

$$\varepsilon = \ln(1 + \varepsilon_{nom}) \tag{3.3}$$

$$\sigma = \sigma_{nom}(1 + \varepsilon_{nom}) \tag{3.4}$$

式中：ε 表示对数应变；σ 表示真实应力；ε_{nom} 表示名义应变；σ_{nom} 表示名义应力。

然后对混凝土赋予材料属性，混凝土的泊松比选取为 0.2，混凝土的弹性模量由立方体压缩试验来确定，图 3.21（b）为混凝土应力-应变曲线。选取 MSC.Marc 中的开裂模型来模拟试验中观察到的混凝土损伤，抗拉强度取混凝土抗压强度的 1/10，剪力传递系数取 0.5，软化模量取 0.2。表 3.7 为各部件钢材材料属性的具体取值，表 3.8 为混凝土材料属性的具体取值。

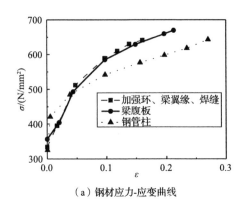
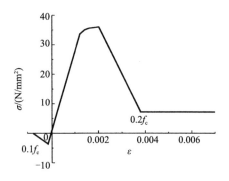

（a）钢材应力-应变曲线　　　　　　　（b）混凝土应力-应变曲线

图 3.21　钢材与混凝土本构关系

表 3.7　钢材材料属性的具体取值

部件	厚度/mm	弹性模量/（N/mm²）	屈服应力/（N/mm²）
H 型钢梁腹板	6.2	201 700	399
H 型钢梁翼缘	11.9	207 240	351
外环板	11.9	207 240	351
角焊缝	11.9	207 240	351
方形钢管柱	9.0	192 300	371

表 3.8　混凝土材料属性的具体取值

试件	弹性模量/（N/mm²）	抗压强度/（N/mm²）
UCCE-1	27 500	36.0
UCCE-2	29 300	36.5
UCCE-3	28 200	37.9
UCCE-4	30 000	36.8

3.4.3　接触作用

　　该试验在低周往复荷载作用下，会使方形钢管柱的内壁与内部核心混凝土之间产生挤压。为了更加真实地模拟实际情况，需要对混凝土与方形钢管柱之间的接触行为进行定义和模拟，由于该试验下只有混凝土的外层和方形钢管柱的内层存在相互作用，也只需要定义混凝土外层和方形钢管柱内壁为可变形接触体即可，从而使计算结果更加准确。图 3.22 为接触单元定义，即设定方形钢管柱与混凝土相互接触，接触变形在三维变形体系下为面面接触，允许相互分离但不可穿透。设定容差为 MSC.Marc 2012 的默认值，不超过最小单元格的 1/20。

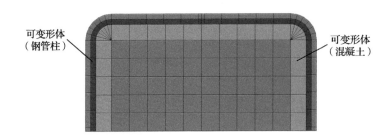

图 3.22　接触单元定义

3.4.4　边界条件及加载方式

模型的边界条件示意图如图 3.23 所示，在柱顶和柱底分别设置一块刚性板，通过刚性板对柱施加边界条件，以确保模拟试验的真实性。为了模拟柱顶的滑动铰支座，对构件 x、y 方向的平移和 x、z 方向的转动进行了约束。此外，还需要约束 x、y、z 方向的平移和 x、z 方向的转动，以模拟柱底的固定铰支座。在梁端设置耦合点来模拟梁端的位移加载点，耦合点设置在距梁端 50mm 处。将梁 1 向上施加荷载、梁 2 向下施加荷载定义为正方向；反之为负方向。

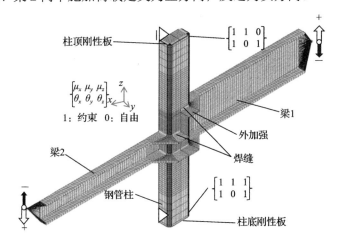

图 3.23　模型边界条件示意图

3.4.5　定义网格模型

有限元模型由 H 型钢梁、方形钢管柱、外环板、角焊缝及混凝土等部件组成。本节选择的单元类型为具有缩减积分的三维 8 节点实体单元（Type 7）。首先对整个模型大致按尺寸设置单元，然后在节点域处设置密集单元。这不仅能够确保研究的精度，同时也提高了计算分析的速率。试件 UCCE-3 节点域网格划分见图 3.24。

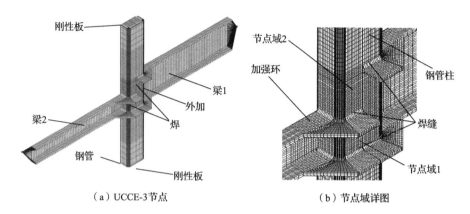

（a）UCCE-3节点　　　　　　　　　（b）节点域详图

图 3.24　UCCE-3 节点域网格划分

3.4.6　有限元与试验滞回曲线对比

通过对上述建立的有限元模型进行模拟得到了循环加载下的滞回曲线，并将该曲线与试验所得滞回曲线进行对比，主要指标为滞回曲线、骨架曲线、剪切刚度、屈服剪切承载力及塑性剪切承载力。整体节点域剪力-剪切变形角曲线见图 3.25。有限元模拟与试验结果的骨架曲线对比见图 3.26。总体而言，有限元滞回曲线和骨架曲线与试验结果非常吻合。有限元滞回曲线较试验曲线更加饱满，同时有限元骨架曲线后期剪切力略大于试验结果，并且无明显下降段，这可能是因为有限元模拟过程中未考虑试验过程中存在的焊接残余应力，以及节点域混凝土的压溃所致。另外，试验过程中测量存在误差也是两个结果出现偏差的重要因素。

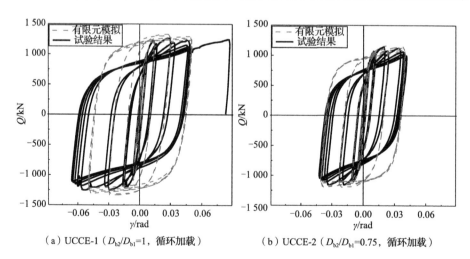

（a）UCCE-1（$D_{b2}/D_{b1}=1$，循环加载）　　　　（b）UCCE-2（$D_{b2}/D_{b1}=0.75$，循环加载）

图 3.25　整体节点域剪力-剪切变形角曲线

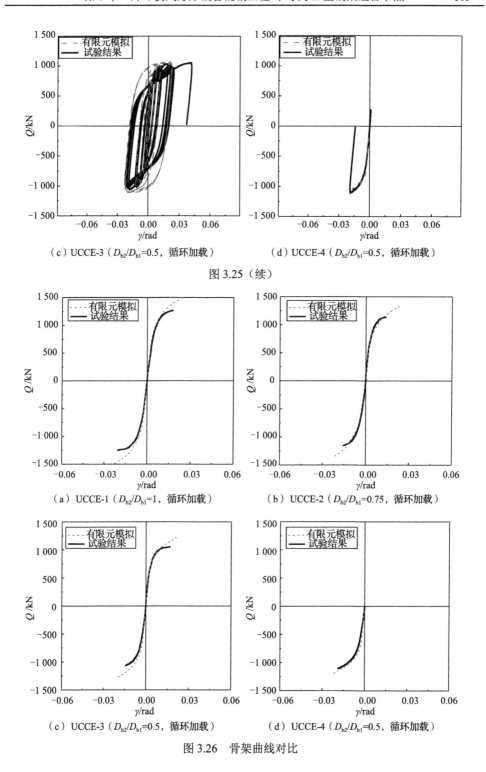

（c）UCCE-3（D_{b2}/D_{b1}=0.5，循环加载）　　　（d）UCCE-4（D_{b2}/D_{b1}=0.5，循环加载）

图 3.25（续）

（a）UCCE-1（D_{b2}/D_{b1}=1，循环加载）　　　（b）UCCE-2（D_{b2}/D_{b1}=0.75，循环加载）

（c）UCCE-3（D_{b2}/D_{b1}=0.5，循环加载）　　　（d）UCCE-4（D_{b2}/D_{b1}=0.5，循环加载）

图 3.26　骨架曲线对比

对节点域剪切刚度以及主要性能点模拟的准确程度也是验证有限元分析计算是否可靠的一个重要指标，表 3.9 为有限元与试验条件下在节点域剪切刚度、屈服点及塑性点承载力对比。其中有限元分析结果的剪切刚度、屈服点承载力以及塑性点承载力分别为试验结果的 95%～107%、93%～103% 和 94%～108%。可以看出，有限元计算分析与试验结果的数值很相近，由此说明有限元分析精确度满足要求，该有限元模型计算所得结果可靠。

表 3.9　有限元与试验条件下在节点域剪切刚度、屈服点和塑性点承载力对比

试件	加载方向	剪切刚度			屈服剪切承载力			塑性剪切承载力		
		K_{EXP} /(kN/rad)	K_{FEM} /(kN/rad)	K_{FEM} /K_{EXP}	$Q_{py,e}$ /kN	$Q_{py,FEM}$ /kN	$Q_{py,FEM}$ /$Q_{py,e}$	$Q_{pp,e}$ /kN	$Q_{pp,FEM}$ /kN	$Q_{pp,FEM}$ /$Q_{pp,e}$
UCCE-1	正向	250 000	265 351	1.06	910	966	0.16	1 053	1 095	1.04
	负向	251 000	265 351	1.06	967	966	1.00	1 087	1 095	1.01
UCCE-2	正向	280 000	264 892	0.95	823	818	0.99	1 033	1 006	0.97
	负向	249 000	267 000	1.08	781	830	1.06	960	1 008	1.05
UCCE-3	正向	290 000	275 537	0.95	698	715	1.02	918	941	1.03
	负向	262 000	274 505	1.04	754	758	1.01	944	994	1.05
UCCE-4	正向									
	负向	270 000	275 000	1.02	694	717	1.03	859	910	1.06

3.4.7　有限元与试验节点域钢管破坏形态对比

有限元与试验节点域钢管破坏形态对比见图 3.27。从图 3.27 可以看出，节点的破坏形态基本一致，各节点域的破坏模式可以分为两类：一类是节点域整体剪切破坏，如等高梁柱节点试件 UCCE-1 主要表现为整体剪切破坏；一类是不等高梁柱节点试件 UCCE-2～试件 UCCE-4，主要表现为部分节点域变形，也就是节点域 1 的剪切破坏，节点域 2 变形较小，未发生破坏。从各节点的应力云图可以观

（a）UCCE-1　　　　　　　　（b）UCCE-1　　　　　　　　（c）UCCE-1
（D_{b2}/D_{b1}=1，负向加载）　　（D_{b2}/D_{b1}=1，循环加载）　　（D_{b2}/D_{b1}=1，正向加载）

图 3.27　节点域钢管破坏形态对比

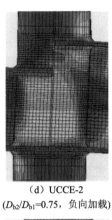

（d）UCCE-2　　　　　　　　　（e）UCCE-2　　　　　　　　　（f）UCCE-2
（D_{b2}/D_{b1}=0.75，负向加载）　　　（D_{b2}/D_{b1}=0.75，循环加载）　　　（D_{b2}/D_{b1}=0.75，正向加载）

（g）UCCE-3　　　　　　　　　（h）UCCE-3　　　　　　　　　（i）UCCE-3
（D_{b2}/D_{b1}=0.5，负向加载）　　　（D_{b2}/D_{b1}=0.5，循环加载）　　　（D_{b2}/D_{b1}=0.5，正向加载）

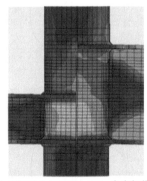

（j）UCCE-4（D_{b2}/D_{b1}=0.5，负向加载）　　　　　（k）UCCE-4（D_{b2}/D_{b1}=0.5，单调负向加载）

图 3.27（续）

察到，试件 UCCE-1 整个节点域均为淡黄色，表明节点区域具有较高的应力分布，并且也可代表节点区域有较大的应变，而对于试件 UCCE-2～试件 UCCE-4，仅仅在节点域 1 处为黄色，节点域 2 大部分为红色或是其他代表应力更淡的颜色，均未达到屈服强度，其相应的剪切变形也较小。

3.4.8 有限元与试验混凝土破坏形态对比

通过塑性点应力分布情况来分析有限元中节点域内置混凝土的破坏形态，有限元与试验条件下内置混凝土的破坏形态对比见图 3.28。由图 3.28 可知，有限元分析与试验下钢管内置混凝土的破坏形态基本保持一致，节点域对角线区域呈黄色，即高应力带主要集中在节点域对角线处，表明节点域混凝土产生对角斜裂缝，但是正向加载与负向加载作用下的混凝土开裂破坏区域也不同。对于节点域两侧梁截面高度不同的试件，混凝土会出现两条长度不同的对角线斜裂缝，在正向荷载作用下，混凝土裂缝贯穿整个节点域，在负向荷载作用下，仅节点域 1 出现斜对角裂缝，节点域 2 处混凝土几乎无开裂现象，所以加载方向会影响内置混凝土的破坏形态。试件 UCCE-3 与试件 UCCE-2 破坏形态相似，正向荷载下的裂缝高度相同，但负向荷载下试件 UCCE-3 形成裂缝的高度小于试件 UCCE-2，这是因为试件 UCCE-3 的梁 2 截面高度小于试件 UCCE-2 的梁 2 截面高度，试件 UCCE-4 的内置混凝土破坏形态与试件 UCCE-3 在负向荷载作用下的破坏形态一致，故内置混凝土的破坏形态与加载方式无关。混凝土破坏形态受节点域两侧截面高度比的影响，说明剪切力通过外环板翼缘传递至内填混凝土上。

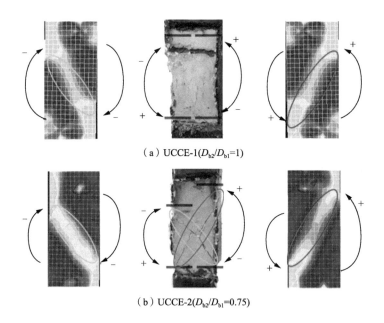

（a）UCCE-1(D_{b2}/D_{b1}=1)

（b）UCCE-2(D_{b2}/D_{b1}=0.75)

图 3.28　有限元与试验条件下内置混凝土的破坏形态对比

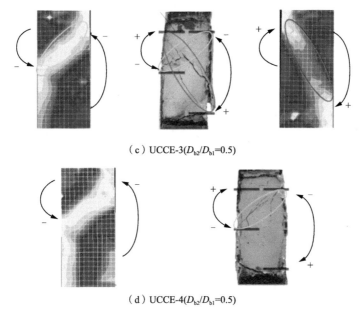

（c）UCCE-3($D_{b2}/D_{b1}=0.5$)

（d）UCCE-4($D_{b2}/D_{b1}=0.5$)

图 3.28（续）

通过有限元分析所得节点域钢管的变形特征与破坏模式以及节点域内核心混凝土的破坏形态和试验结果高度吻合，所以可以采用 MSC.Marc 有限元对外环板式不等高 H 型钢梁柱组合节点的模拟分析，可利用该模型做进一步分析。

3.5　参　数　分　析

为了更好地研究该节点的受力性能，在前面有限元模型建立的基础上，对外环板式不等高 H 型钢梁柱组合节点的共计 7 个参数、40 个有限元节点模型的抗震性能进行了参数分析研究，其中各参数的具体取值如下所述。

（1）尺寸效应［梁宽（D_b）］：400mm、300mm 和 200mm。

（2）钢管柱宽厚比（D/t）：22、25、29、33、40 和 50。

（3）节点域高宽比（D_{b1}/D）：1.5、1.75 和 2。

（4）轴压比（n）：0.2、0.4 和 0.6。

（5）梁柱宽度比（B_f/D）：0.6、0.75 和 1。

（6）梁翼缘宽厚比（B_f/t_f）：12、10 和 8。

（7）梁腹板高宽比（h_w/t_w）：46、35 和 28。

外环板式不等高 H 型钢梁柱节点参数分析中的外环板尺寸，以及试件各参数含义见图 3.29，图中 D 为钢管柱宽，t 为钢管壁厚，H 为梁高，B_f 为梁翼缘宽度，

t_f 为梁翼缘厚度，h_w 为梁腹板高度，t_w 为梁腹板厚度，B_d 为外环板宽度，B_f 为梁翼缘宽度，t_d 为外环板厚度。试件具体参数取值见表 3.10。

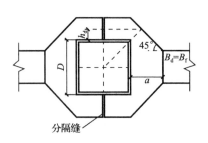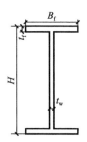

图 3.29　试件各参数含义

表 3.10　试件具体参数取值

UCCE	钢管混凝土柱*	梁 1*	梁 2*	D_{b2}/D_{b1}	D/t	D_{b1}/D	n	B_f/D	B_f/t_f	h_w/t_w
1	200×200×9	300×120×6×12	300×120×6×12	1.00	22	1.5		0.6	10	46
2	200×200×9	300×120×6×12	225×120×6×12	0.75	22	1.5		0.6	10	46
3(4)	200×200×9	300×120×6×12	150×120×6×12	0.50	22	1.5		0.6	10	46
5	400×400×16	600×250×12×24	600×250×12×24	1.00	25	1.5		0.6	10	46
6	400×400×16	600×250×12×24	450×250×12×24	0.75	25	1.5		0.6	10	46
7	400×400×16	600×250×12×24	300×250×12×24	0.50	25	1.5		0.6	10	46
8	300×300×12	450×180×8×18	450×180×8×18	1.00	25	1.5		0.6	10	46
9	300×300×12	450×180×8×18	350×180×8×18	0.75	25	1.5		0.6	10	46
10	300×300×12	450×180×9×18	225×180×9×18	0.50	25	1.5		0.6	10	46
11	200×200×8	300×120×6×12	300×120×6×12	1.00	25	1.5		0.6	10	46
12	200×200×8	300×120×6×12	225×120×6×12	0.75	25	1.5		0.6	10	46
13	200×200×8	300×120×6×12	150×120×6×12	0.50	25	1.5		0.6	10	46
14	200×200×7	300×120×6×12	300×120×6×12	1.00	29	1.5		0.6	10	46
15	200×200×7	300×120×6×12	225×120×6×12	0.75	29	1.5		0.6	10	46
16	200×200×7	300×120×6×12	150×120×6×12	0.50	29	1.5		0.6	10	46
17	200×200×6	300×120×6×12	300×120×6×12	1.00	33	1.5		0.6	10	46
18	200×200×6	300×120×6×12	225×120×6×12	0.75	33	1.5		0.6	10	46
19	200×200×6	300×120×6×12	150×120×6×12	0.50	33	1.5		0.6	10	46
20	200×200×5	300×120×6×12	300×120×6×12	1.00	40	1.5		0.6	10	46
21	200×200×5	300×120×6×12	225×120×6×12	0.75	40	1.5		0.6	10	46
22	200×200×5	300×120×6×12	150×120×6×12	0.50	40	1.5		0.6	10	46
23	200×200×4	300×120×6×12	300×120×6×12	1.00	50	1.5		0.6	10	46

续表

UCCE	钢管混凝土柱*	梁 1*	梁 2*	D_{b2}/D_{b1}	D/t	D_{b1}/D	n	B_f/D	B_f/t_f	h_w/t_w
24	200×200×4	300×120×6×12	225×120×6×12	0.75	50	1.5		0.6	10	46
25	200×200×4	300×120×6×12	150×120×6×12	0.50	50	1.5		0.6	10	46
26	200×200×9	350×120×6×12	350×120×6×12	1.00	22	1.75		0.6	10	46
27	200×200×9	350×120×6×12	260×120×6×12	0.75	22	1.75		0.6	10	46
28	200×200×9	350×120×6×12	175×120×6×12	0.50	22	1.75		0.6	10	46
29	200×200×9	400×120×6×12	400×120×6×12	1.00	22	2		0.6	10	46
30	200×200×9	400×120×6×12	300×120×6×12	0.75	22	2		0.6	10	46
31	200×200×9	400×120×6×12	200×120×6×12	0.50	22	2		0.6	10	46
32	200×200×9	300×120×6×12	150×120×6×12	0.50	22	1.5	0.2	0.6	10	46
33	200×200×9	300×120×6×12	150×120×6×12	0.50	22	1.5	0.4	0.6	10	46
34	200×200×9	300×120×6×12	150×120×6×12	0.50	22	1.5	0.6	0.6	10	46
35	200×200×9	300×150×6×12	150×150×6×12	0.50	22	1.5		0.75	10	46
36	200×200×9	300×200×6×12	150×200×6×12	0.50	22	1.5		1.0	10	46
37	200×200×9	300×120×6×10	150×120×6×10	0.50	22	1.5		0.6	12	46
38	200×200×9	300×120×6×15	150×120×6×12	0.50	22	1.5		0.6	8	46
39	200×200×9	300×120×8×12	150×120×8×12	0.50	22	1.5		0.6	10	35
40	200×200×9	300×120×10×12	150×120×10×12	0.50	22	1.5		0.6	10	28

*本列中的数字单位均为 mm。

3.5.1　尺寸效应对节点域力学性能的影响

为了研究尺寸效应对节点域力学性能的影响,分别选择 D_{b1} 为 400、300 和 200 共三组进行有限元建模,同时控制其他部件尺寸相对比值不变,每组分别采用节点域两侧梁截面高度比 D_{b2}/D_{b1} 为 1、0.75 和 0.5 的试件,试件具体尺寸参数见表 3.10 中试件 UCCE-5～试件 UCCE-13。本节通过有限元模拟分析来进行不同尺寸条件下外环板式不等高 H 型钢梁柱节点的剪切力变化情况及其破坏模式的对比研究分析。

1. 节点域剪切承载力分析

不同尺寸条件下各节点域剪切承载力-剪切变形角关系曲线见图 3.30。由图 3.30 可知,同一尺寸比例下各试件骨架曲线几乎重合,随着梁截面高度比的增大,节点域的剪切承载力也随之增大,但增大幅度很小。对于不同尺寸比例的节点,各模型的骨架曲线相差较大,尺寸越大,节点域的初始剪切刚度及剪切承载力也越大。

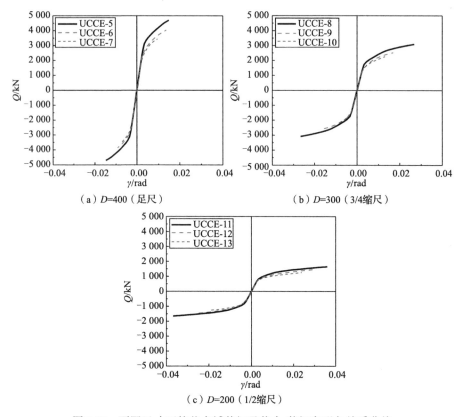

（a）D=400（足尺）　　　　　　　　（b）D=300（3/4缩尺）

（c）D=200（1/2缩尺）

图3.30　不同尺寸下的节点域剪切承载力-剪切变形角关系曲线

　　不同尺寸比例下节点域主要性能如表3.11所示。随着截面尺寸比例的增大，刚度及承载力也会随之增大，但屈服点以及塑性点的剪切变形角无明显变化趋势，大致相同。在同一尺寸比例下，各模型节点域的屈服点及塑性点的剪切变形角相差不大，对于节点域两侧梁截面高度相同的试件，其在正向荷载与负向荷载作用下的屈服点与塑性点的剪切变形角相等，但是对于节点域两侧梁截面高度不等的模型，正向加载下屈服点和塑性点的剪切变形角均小于负向加载下的剪切变形角。

表3.11　不同尺寸比例下节点域主要性能

	试件		$K/$ （kN/rad）	$\gamma_y/$ rad	$Q_{py}/$ kN	$\gamma_p/$ rad	$Q_{pp}/$ kN
$D=400\text{mm}$ （足尺）	UCCE-5 （$D_{b2}/D_{b1}=1$）	正向	984 609	0.003 907	3 250	0.007 506	3 888
		负向	984 609	0.003 673	3 241	0.007 437	3 897
	UCCE-6 （$D_{b2}/D_{b1}=0.75$）	正向	984 102	0.003 431	2 741	0.006 978	3 361
		负向	992 764	0.003 258	2 796	0.007 073	3 569
	UCCE-7 （$D_{b2}/D_{b1}=0.5$）	正向	1 009 590	0.002 877	2 369	0.006 554	3 077
		负向	991 406	0.003 119	2 658	0.006 995	3 449

续表

试件			K / （kN/rad）	γ_{y} / rad	Q_{py} / kN	γ_{p} / rad	Q_{pp} / kN
D=300mm （3/4 缩尺）	UCCE-8 （$D_{\mathrm{b2}}/D_{\mathrm{b1}}$=1）	正向	561 123	0.003 967	1 828	0.007 35	2 172
		负向	561 123	0.003 673	1 810	0.007 437	2 207
	UCCE-9 （$D_{\mathrm{b2}}/D_{\mathrm{b1}}$=0.75）	正向	553 269	0.003 214	1 567	0.007 134	1 986
		负向	544 811	0.003 405	1 644	0.007 333	2 083
	UCCE-10 （$D_{\mathrm{b2}}/D_{\mathrm{b1}}$=0.5）	正向	563 890	0.003 223	1 456	0.006 805	1 880
		负向	554 669	0.003 249	1 586	0.007 826	2 380
D=200mm （1/2 缩尺）	UCCE-11 （$D_{\mathrm{b2}}/D_{\mathrm{b1}}$=1）	正向	269 000	0.004 142	899	0.007 524	1 095
		负向	270 760	0.004 196	897	0.007 575	1 096
	UCCE-12 （$D_{\mathrm{b2}}/D_{\mathrm{b1}}$=0.75）	正向	263 090	0.004 036	842	0.007 344	1 005
		负向	278 000	0.003 173	851	0.007 012	1 012
	UCCE-13 （$D_{\mathrm{b2}}/D_{\mathrm{b1}}$=0.5）	正向	251 189	0.003 108	626	0.006 749	826
		负向	249 610	0.003 268	676	0.007 028	878

注：K 为剪切刚度；γ_{y} 为屈服点的剪切变形角；γ_{p} 为塑性点的剪切变形角；Q_{py} 为屈服点的剪切承载力；Q_{pp} 为塑性点的剪切承载力。下同。

由于不同缩尺比例的节点试件的尺寸不同，不能直接根据各节点的剪切承载力大小来进行对比分析，表 3.12 引入了节点域柱截面单位面积与剪切承载力比值，能够准确地分析判断尺寸效应对节点域剪切承载力的影响。其中，Q_{34} 表示单位面积下 D=400 的节点构件的剪切承载力与 D 为 300 的节点构件的剪切承载力的比值。Q_{24} 与 Q_{23} 的计算方法与上述相同，不再赘述。观察表中数据可知，除了梁截面高度比为 0.5，并处于塑性点时 Q_{34} 略大于 1，其他所有 Q_{34}、Q_{24}、Q_{23} 的值均小于 1，即大尺寸节点试件的相对承载力要小于小尺寸节点。因此，节点的相对剪切承载力随着构件截面尺寸的增大而减小。这可能是因为构件的截面尺寸越小，钢管的相对占比越高，进而使得钢管对核心混凝土的套箍作用更明显。

表 3.12　不同比例下各节点的节点域单位面积剪切承载力比值

梁高比（$D_{\mathrm{b2}}/D_{\mathrm{b1}}$）	单位面积 承载力比值	正向荷载		负向荷载	
		屈服点	塑性点	屈服点	塑性点
1	Q_{34}	0.98	0.99	0.99	0.97
	Q_{24}	0.89	0.87	0.89	0.87
	Q_{23}	0.90	0.88	0.90	0.89
0.75	Q_{34}	0.96	0.93	0.94	0.94
	Q_{24}	0.80	0.82	0.80	0.86
	Q_{23}	0.83	0.88	0.86	0.91
0.5	Q_{34}	0.95	1.01	0.98	1.03
	Q_{24}	0.93	0.91	0.96	0.93
	Q_{23}	0.98	0.91	0.99	0.91

注：$Q_{34}=(Q_4/A_4)/(Q_3/A_3)$，$Q_{24}=(Q_4/A_4)/(Q_2/A_2)$，$Q_{23}=(Q_3/A_3)/(Q_2/A_2)$。$Q_4$、$A_4$ 为柱宽 D 为 400mm 时所对应的节点域剪切承载力与柱截面单位面积的比值；Q_3、A_3 为柱宽 D 为 300mm 时所对应的节点域剪切承载力与柱截面单位面积的比值；Q_2、A_2 为柱宽 D 为 200mm 时所对应的节点域剪切承载力与柱截面单位面积的比值。

但是，所有 Q_{34}、Q_{24} 和 Q_{23} 的值都接近于 1，这表明构件的尺寸对节点域的承载力的影响极小，因此可忽略外环板式不等高 H 型钢梁-钢管混凝土柱组合节点域的剪切承载力的尺寸效应。

2. 节点域变形与应力分布

不同尺寸条件下各节点域在其屈服点节点域钢管应力分布云图见图 3.31。由图 3.31 可知，梁截面高度比越大，节点域中的高应力区（达到屈服点的区域）的面积占比也越高；对于不等高梁的节点，在节点域 1 存在大面积的高应力区，而节点域 2 几乎整个区域都未达到屈服强度，即节点域的大部分区域都在弹性阶段，说明节点域 1 为该节点的主要受力区，而节点域 2 承担的剪切力较小，同时可以看出节点域 2 在负向加载时的应力值较正向荷载作用时更大。但是无论正负荷载作用，随着尺寸比例的减小，即节点域 1 和节点域 2 的应力均有略微提升。

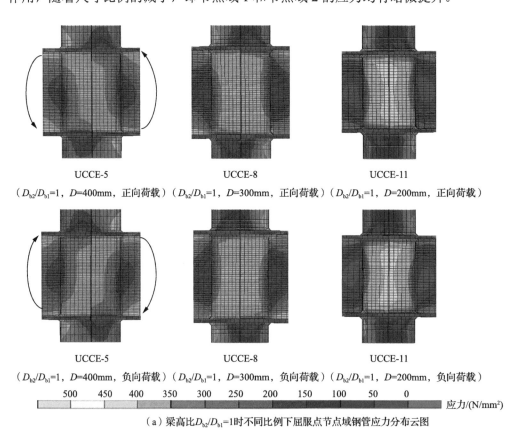

UCCE-5　　　　　　　　UCCE-8　　　　　　　　UCCE-11
（D_{b2}/D_{b1}=1，D=400mm，正向荷载）（D_{b2}/D_{b1}=1，D=300mm，正向荷载）（D_{b2}/D_{b1}=1，D=200mm，正向荷载）

UCCE-5　　　　　　　　UCCE-8　　　　　　　　UCCE-11
（D_{b2}/D_{b1}=1，D=400mm，负向荷载）（D_{b2}/D_{b1}=1，D=300mm，负向荷载）（D_{b2}/D_{b1}=1，D=200mm，负向荷载）

500　450　400　350　300　250　200　150　100　50　0

应力/(N/mm²)

（a）梁高比 D_{b2}/D_{b1}=1 时不同比例下屈服点节点域钢管应力分布云图

图 3.31　屈服点节点域钢管应力分布云图

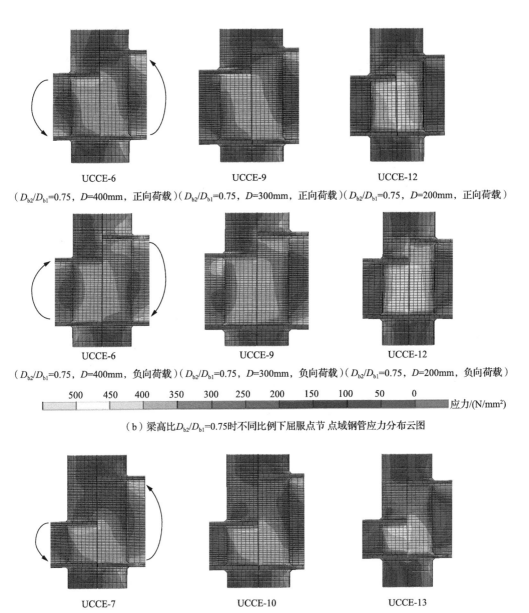

UCCE-6　　　　　　　　　UCCE-9　　　　　　　　　UCCE-12

（D_{b2}/D_{b1}=0.75，D=400mm，正向荷载）（D_{b2}/D_{b1}=0.75，D=300mm，正向荷载）（D_{b2}/D_{b1}=0.75，D=200mm，正向荷载）

UCCE-6　　　　　　　　　UCCE-9　　　　　　　　　UCCE-12

（D_{b2}/D_{b1}=0.75，D=400mm，负向荷载）（D_{b2}/D_{b1}=0.75，D=300mm，负向荷载）（D_{b2}/D_{b1}=0.75，D=200mm，负向荷载）

500　450　400　350　300　250　200　150　100　50　0

应力/(N/mm²)

（b）梁高比D_{b2}/D_{b1}=0.75时不同比例下屈服点节点域钢管应力分布云图

UCCE-7　　　　　　　　　UCCE-10　　　　　　　　　UCCE-13

（D_{b2}/D_{b1}=0.5，D=400mm，正向荷载）（D_{b2}/D_{b1}=0.5，D=300mm，正向荷载）（D_{b2}/D_{b1}=0.5，D=200mm，正向荷载）

图 3.31（续）

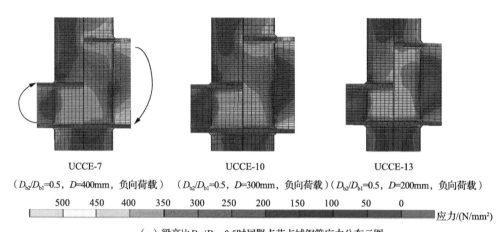

| UCCE-7 | UCCE-10 | UCCE-13 |

（D_{b2}/D_{b1}=0.5，D=400mm，负向荷载）　（D_{b2}/D_{b1}=0.5，D=300mm，负向荷载）（D_{b2}/D_{b1}=0.5，D=200mm，负向荷载）

　500　　450　　400　　350　　300　　250　　200　　150　　100　　50　　　0

应力/(N/mm²)

（c）梁高比D_{b2}/D_{b1}=0.5时屈服点节点域钢管应力分布云图

图 3.31（续）

各节点域在其塑性点时钢管应力分布云图见图 3.32。通过观察各组不同尺寸比例下的节点域在屈服点的应力云图可知，共出现有两种屈服模式，一种是整个节点域屈服，其中节点域两侧梁截面高度相等的节点（D_{b2}/D_{b1}=1）属于这种情况，另一种是部分节点域屈服，主要表现为仅节点域 1 屈服，节点域 2 处应力未达到屈服强度，其中节点域两侧梁截面高度不等的节点（D_{b2}/D_{b1} 为 0.75、0.5）属于这种情况。梁截面高度比更大的构件，相应的高应力区的范围也越大，对于梁截面高度不等的节点，在正向荷载作用下，高应力区依然出现在节点域 1 处，而在负向荷载作用下，高应力区不仅仅集中在节点域 1 处，同时高应力区已经开始向节点域 2 处发展，其屈服部分主要分布在与梁 1 相连的区域，即此时节点域 1 和节点域 2 共同承担节点域的剪切力。

塑性点节点域混凝土应力分布云图见图 3.33。由图 3.33 可知，对于节点域两侧梁截面高度相等的节点，其在正向与负向荷载作用下，节点域的两对角线区域的应力最大，形成两条对角线斜裂缝，而对于两侧梁截面高度不等的节点域，会形成两条不同高度的交叉斜向裂缝，正向荷载作用下斜向裂缝的长度更长，连接了整个节点域的两对角，负向荷载作用下，斜裂缝的高度较短些，贯穿了节点域 1 的两对角。但无论正负荷载，节点域 1 的高应力区面积随着构件尺寸比例的减小而逐渐减小，即裂缝宽度也逐渐减小。

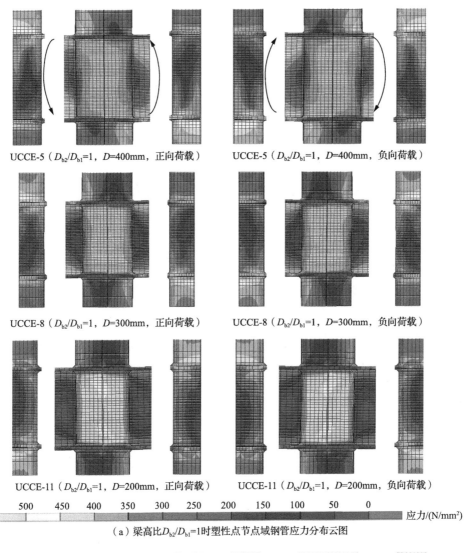

UCCE-5（D_{b2}/D_{b1}=1，D=400mm，正向荷载）　　UCCE-5（D_{b2}/D_{b1}=1，D=400mm，负向荷载）

UCCE-8（D_{b2}/D_{b1}=1，D=300mm，正向荷载）　　UCCE-8（D_{b2}/D_{b1}=1，D=300mm，负向荷载）

UCCE-11（D_{b2}/D_{b1}=1，D=200mm，正向荷载）　　UCCE-11（D_{b2}/D_{b1}=1，D=200mm，负向荷载）

| 500 | 450 | 400 | 350 | 300 | 250 | 200 | 150 | 100 | 50 | 0 |

应力/(N/mm²)

（a）梁高比D_{b2}/D_{b1}=1时塑性点节点域钢管应力分布云图

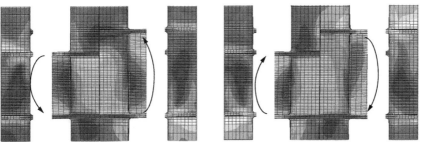

UCCE-6（D_{b2}/D_{b1}=0.75，D=200mm，正向荷载）　　UCCE-6（D_{b2}/D_{b1}=0.75，D=200mm，负向荷载）

图 3.32　塑性点节点域钢管应力分布云图

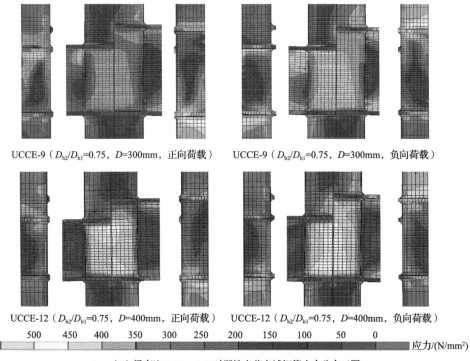

UCCE-9（D_{b2}/D_{b1}=0.75，D=300mm，正向荷载）　　　UCCE-9（D_{b2}/D_{b1}=0.75，D=300mm，负向荷载）

UCCE-12（D_{b2}/D_{b1}=0.75，D=400mm，正向荷载）　　　UCCE-12（D_{b2}/D_{b1}=0.75，D=400mm，负向荷载）

500　　450　　400　　350　　300　　250　　200　　150　　100　　50　　0

应力/(N/mm²)

（b）梁高比D_{b2}/D_{b1}=0.75时塑性点节点域钢管应力分布云图

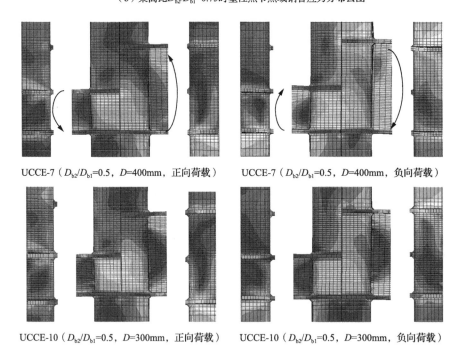

UCCE-7（D_{b2}/D_{b1}=0.5，D=400mm，正向荷载）　　　UCCE-7（D_{b2}/D_{b1}=0.5，D=400mm，负向荷载）

UCCE-10（D_{b2}/D_{b1}=0.5，D=300mm，正向荷载）　　　UCCE-10（D_{b2}/D_{b1}=0.5，D=300mm，负向荷载）

图 3.32（续）

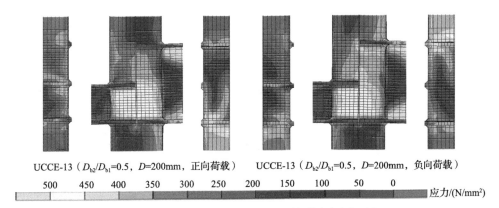

UCCE-13（D_{b2}/D_{b1}=0.5，D=200mm，正向荷载）　　　UCCE-13（D_{b2}/D_{b1}=0.5，D=200mm，负向荷载）

| 500 | 450 | 400 | 350 | 300 | 250 | 200 | 150 | 100 | 50 | 0 | 应力/(N/mm²) |

（c）梁高比D_{b2}/D_{b1}=0.5时塑性点节点域钢管应力分布云图

图 3.32（续）

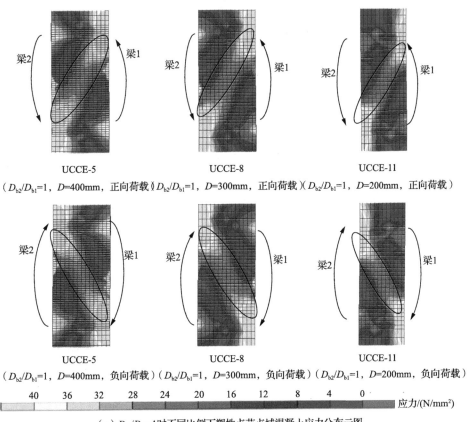

UCCE-5　　　　　　　　UCCE-8　　　　　　　　UCCE-11

（D_{b2}/D_{b1}=1，D=400mm，正向荷载）（D_{b2}/D_{b1}=1，D=300mm，正向荷载）（D_{b2}/D_{b1}=1，D=200mm，正向荷载）

UCCE-5　　　　　　　　UCCE-8　　　　　　　　UCCE-11

（D_{b2}/D_{b1}=1，D=400mm，负向荷载）（D_{b2}/D_{b1}=1，D=300mm，负向荷载）（D_{b2}/D_{b1}=1，D=200mm，负向荷载）

| 40 | 36 | 32 | 28 | 24 | 20 | 16 | 12 | 8 | 4 | 0 | 应力/(N/mm²) |

（a）D_{b2}/D_{b1}=1时不同比例下塑性点节点域混凝土应力分布云图

图 3.33　塑性点节点域混凝土应力分布云图

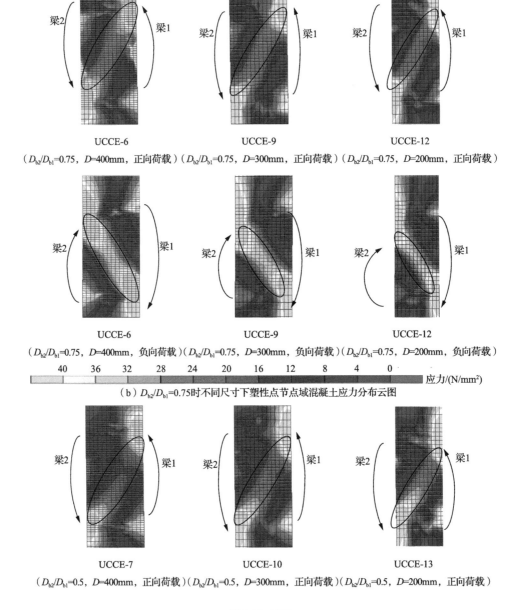

UCCE-6　　　　　　UCCE-9　　　　　　UCCE-12

（D_{b2}/D_{b1}=0.75，D=400mm，正向荷载）（D_{b2}/D_{b1}=0.75，D=300mm，正向荷载）（D_{b2}/D_{b1}=0.75，D=200mm，正向荷载）

UCCE-6　　　　　　UCCE-9　　　　　　UCCE-12

（D_{b2}/D_{b1}=0.75，D=400mm，负向荷载）（D_{b2}/D_{b1}=0.75，D=300mm，负向荷载）（D_{b2}/D_{b1}=0.75，D=200mm，负向荷载）

40　36　32　28　24　20　16　12　8　4　0　应力/(N/mm²)

（b）D_{b2}/D_{b1}=0.75时不同尺寸下塑性点节点域混凝土应力分布云图

UCCE-7　　　　　　UCCE-10　　　　　　UCCE-13

（D_{b2}/D_{b1}=0.5，D=400mm，正向荷载）（D_{b2}/D_{b1}=0.5，D=300mm，正向荷载）（D_{b2}/D_{b1}=0.5，D=200mm，正向荷载）

图 3.33（续）

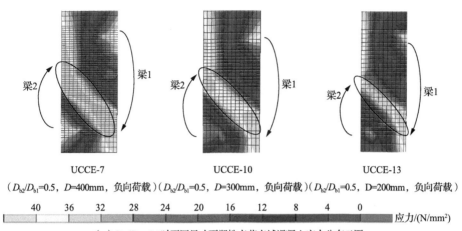

UCCE-7 UCCE-10 UCCE-13

（D_{b2}/D_{b1}=0.5，D=400mm，负向荷载）（D_{b2}/D_{b1}=0.5，D=300mm，负向荷载）（D_{b2}/D_{b1}=0.5，D=200mm，负向荷载）

| 40 | 36 | 32 | 28 | 24 | 20 | 16 | 12 | 8 | 4 | 0 |

应力/(N/mm²)

（c）D_{b2}/D_{b1}=0.5时不同尺寸下塑性点节点域混凝土应力分布云图

图 3.33（续）

　　节点域处钢管与混凝土的法向接触力云图见图 3.34。在正向荷载作用下，各节点域的内置混凝土法向接触力分布情况相似，在节点域的受压两侧的法向接触力最大，而在负向荷载作用下，各节点域的内置混凝土法向接触力略有不同，区别在于高应力带的位置高度不同，在节点域 2 的受压两侧出现高应力区，即正向荷载作用下内置核心混凝土受到整体节点域的对角处的法向接触作用，而负向荷载作用下法向接触作用主要在节点域 2 的对角处。同时，对于试件 UCCE-6 和试件 UCCE-7（D=400）在高应力区的应力值最大，而试件 UCCE-12 和试件 UCCE-13（D=200）的高应力区的应力值最小，但相差不大。这表明，尺寸比例的减小会略微减小内置混凝土受压两侧的接触法向力，前述中验证了尺寸效应会影响节点域的剪切承载力，即尺寸比例越小，节点的剪切承载力越小，从而降低了钢管与混凝土的相互作用。

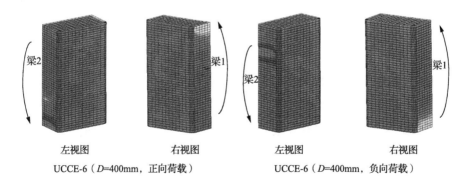

左视图　　　　　右视图　　　　　　　左视图　　　　　右视图

UCCE-6（D=400mm，正向荷载）　　　　UCCE-6（D=400mm，负向荷载）

图 3.34　钢管与混凝土间法向接触力

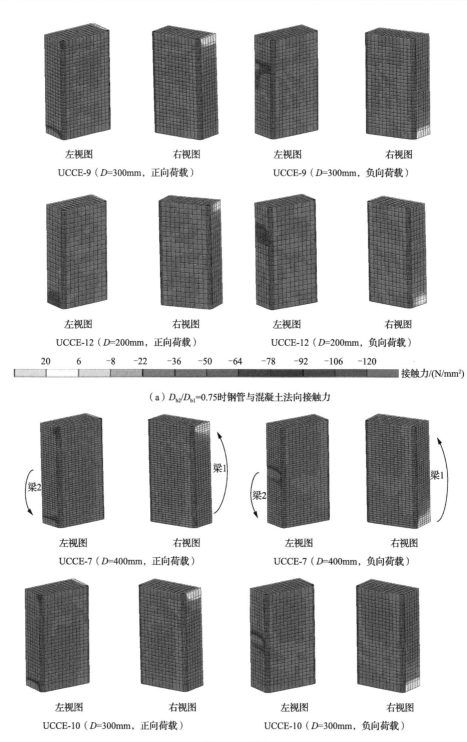

左视图　　　　　右视图　　　　　左视图　　　　　右视图
UCCE-9（*D*=300mm，正向荷载）　　　UCCE-9（*D*=300mm，负向荷载）

左视图　　　　　右视图　　　　　左视图　　　　　右视图
UCCE-12（*D*=200mm，正向荷载）　　　UCCE-12（*D*=200mm，负向荷载）

| 20 | 6 | −8 | −22 | −36 | −50 | −64 | −78 | −92 | −106 | −120 |

接触力/(N/mm²)

（a）D_{b2}/D_{b1}=0.75时钢管与混凝土法向接触力

梁2　　　　　　　梁1　　　　　梁2　　　　　　　梁1

左视图　　　　　右视图　　　　　左视图　　　　　右视图
UCCE-7（*D*=400mm，正向荷载）　　　UCCE-7（*D*=400mm，负向荷载）

左视图　　　　　右视图　　　　　左视图　　　　　右视图
UCCE-10（*D*=300mm，正向荷载）　　　UCCE-10（*D*=300mm，负向荷载）

图 3.34（续）

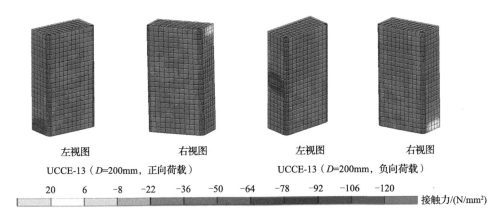

左视图　　　　　右视图　　　　　　　左视图　　　　　右视图

UCCE-13（*D*=200mm，正向荷载）　　　　UCCE-13（*D*=200mm，负向荷载）

20　　6　　－8　　－22　　－36　　－50　　－64　　－78　　－92　　－106　　－120

接触力/(N/mm²)

（b）D_{b2}/D_{b1}=0.5时钢管与混凝土间法向接触力

图 3.34（续）

　　各构件的节点域内置混凝土分别在正负荷载作用下的主应力情况见图 3.35。正向荷载作用下的各节点域两侧受压区为蓝色，主应力在 120 N/mm² 左右，即高应力区出现在节点域对角线上，从高应力边缘到中间应力逐渐减小，这表明混凝土受压侧高应力区沿对角线方向传递应力，主应力主要分布在整体节点域的对角线上；在负向荷载作用下，对于不等高梁柱节点，高应力区出现在节点域 2 的对角线两端，并且由于节点域两侧梁截面高度比的不同，相应的高应力区的位置的高度也不同，主应力主要沿着节点域 2 的对角线传递，即负向荷载下的剪切变形主要出现在节点域 2 上。

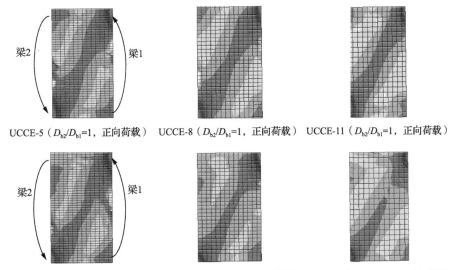

梁2　　　梁1

UCCE-5（D_{b2}/D_{b1}=1，正向荷载）　　UCCE-8（D_{b2}/D_{b1}=1，正向荷载）　　UCCE-11（D_{b2}/D_{b1}=1，正向荷载）

梁2　　　梁1

UCCE-6（D_{b2}/D_{b1}=0.75，正向荷载）　　UCCE-9（D_{b2}/D_{b1}=0.75，正向荷载）　　UCCE-12（D_{b2}/D_{b1}=0.75，正向荷载）

图 3.35　节点域混凝土主应力分布

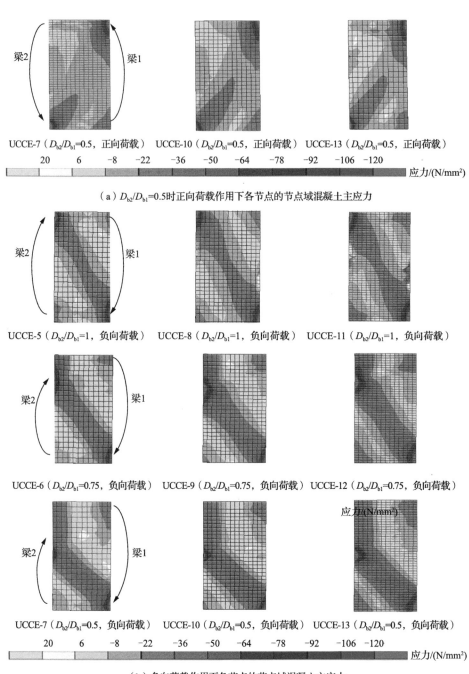

UCCE-7（D_{b2}/D_{b1}=0.5，正向荷载）　UCCE-10（D_{b2}/D_{b1}=0.5，正向荷载）　UCCE-13（D_{b2}/D_{b1}=0.5，正向荷载）

| 20 | 6 | −8 | −22 | −36 | −50 | −64 | −78 | −92 | −106 | −120 | 应力/(N/mm²) |

（a）D_{b2}/D_{b1}=0.5时正向荷载作用下各节点的节点域混凝土主应力

UCCE-5（D_{b2}/D_{b1}=1，负向荷载）　UCCE-8（D_{b2}/D_{b1}=1，负向荷载）　UCCE-11（D_{b2}/D_{b1}=1，负向荷载）

UCCE-6（D_{b2}/D_{b1}=0.75，负向荷载）　UCCE-9（D_{b2}/D_{b1}=0.75，负向荷载）　UCCE-12（D_{b2}/D_{b1}=0.75，负向荷载）

应力/(N/mm²)

UCCE-7（D_{b2}/D_{b1}=0.5，负向荷载）　UCCE-10（D_{b2}/D_{b1}=0.5，负向荷载）　UCCE-13（D_{b2}/D_{b1}=0.5，负向荷载）

| 20 | 6 | −8 | −22 | −36 | −50 | −64 | −78 | −92 | −106 | −120 | 应力/(N/mm²) |

（b）负向荷载作用下各节点的节点域混凝土主应力

图 3.35（续）

3.5.2　方形柱截面宽厚比对节点域力学性能的影响

将方形柱截面宽厚比（D/t 为 22、25、29、33、40 和 50）作为参数进行有限元数值仿真建模，相应的钢管壁厚度为 16mm、9mm、8mm、7mm、6mm、5mm和 4mm，同时控制各构件其余参数不变，通过有限元模拟分析，来分析不同宽厚比下外环板式不等高 H 型钢梁柱节点的剪切力变化情况。

1. 节点域剪切承载力分析

图 3.36 选取梁截面高度比分别为 0.75 和 0.5 的不同方形柱截面宽厚比节点域剪切承载力-剪切变形角关系曲线。由图 3.36 可知，在同一宽厚比下，在初始加载过程中不同梁截面高度比的各试件的骨架曲线基本重合，表明梁截面高度比对该节点在屈服前承载力的影响很小，但随着加载进行，骨架曲线开始逐渐分离，随着梁截面高度比的增大，节点域的剪切承载力也随之增大，但增大幅度较小。对于不等高梁节点试件（D_{b2}/D_{b1} 为 0.75 和 0.5），柱宽厚比越大，它们的骨架曲线越接近吻合，这说明柱宽厚比对不等高梁节点的承载力影响程度与柱宽厚比的大小有关，其值越大，那么影响程度越小。

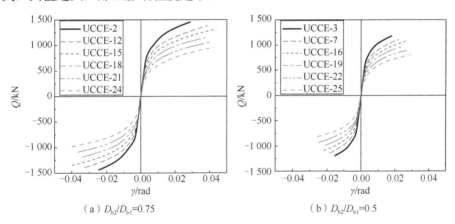

（a）$D_{b2}/D_{b1}=0.75$　　　　　　（b）$D_{b2}/D_{b1}=0.5$

图 3.36　不同宽厚比节点域剪切承载力-剪切变形角关系曲线

表 3.13 列出了不同方形柱截面宽厚比节点域主要性能。由表 3.13 可知，对于同一柱宽厚比的等高梁节点构件，无论是正负荷载作用，其剪切承载力值一定，这表明等高梁节点的承载能力与加载方向无关；而对于梁截面高度不等的节点域，正向荷载作用下屈服点和塑性点的剪切承载力均大于负向荷载作用下的剪切承载力，这表明加载方向的不同会影响到节点域的剪切承载力，负向荷载对节点承载力有促进作用。与试件 UCCE-2（$D/t=22$）相比，正向荷载作用下试件 UCCE-15（$D/t=29$）、试件 UCCE-18（$D/t=33$）、试件 UCCE-21（$D/t=40$）、试件 UCCE-24（$D/t=50$）的

屈服剪切力分别下降了 21.5%、30.0%、38.3%和 47.2%，塑性剪切力分别下降了 19.9%、28.5%、36.6%和 45.9%，观察数据可以看出随着柱宽厚比的增大，不等高节点下降幅度更大，故无论是梁截面高度相等或是不等的节点构件，其剪切承载力都会随着钢管混凝土柱宽厚比的增大而有着明显的降低趋势，即柱宽厚比对节点的承载力有着明显的影响。

表 3.13　不同方形柱截面宽厚比节点域主要性能

	试件		K / （kN/rad）	γ_y / rad	Q_{py} / kN	γ_p / rad	Q_{pp} / kN
$(D_{b2}/D_{b1}=0.75)$	UCCE-2 $(D/t=22)$	正向	264 892	0.003 798	818	0.007 368	1 006
		负向	267 000	0.003 649	831	0.007 432	1 032
	UCCE-12 $(D/t=25)$	正向	263 090	0.004 036	842	0.007 344	1 005
		负向	278 000	0.003 173	851	0.007 012	1 012
	UCCE-15 $(D/t=29)$	正向	213 721	0.003 656	642	0.007 32	806
		负向	227 796	0.003 483	670	0.007 218	843
	UCCE-18 $(D/t=33)$	正向	198 668	0.003 751	572	0.007 225	719
		负向	203 997	0.003 435	595	0.007 266	765
	UCCE-21 $(D/t=40)$	正向	175 421	0.003 703	505	0.007 13	638
		负向	176 213	0.003 578	528	0.007 361	674
	UCCE-24 $(D/t=50)$	正向	149 422	0.003 846	432	0.007 177	544
		负向	150 538	0.003 649	454	0.007 361	581
$(D_{b2}/D_{b1}=0.5)$	UCCE-3 $(D/t=22)$	正向	275 537	0.003 166	715	0.006 921	941
		负向	274 505	0.003 045	758	0.007 047	994
	UCCE-13 $(D/t=25)$	正向	251 189	0.003 108	626	0.006 749	826
		负向	249 610	0.003 268	676	0.007 028	878
	UCCE-16 $(D/t=29)$	正向	224 634	0.003 370	577	0.006 868	760
		负向	232 622	0.003 173	616	0.007 004	804
	UCCE-19 $(D/t=33)$	正向	206 974	0.003 346	522	0.006 796	685
		负向	208 709	0.003 101	556	0.007 004	727
	UCCE-22 $(D/t=40)$	正向	183 881	0.003 370	461	0.007 130	608
		负向	186 000	0.003 054	486	0.006 957	638
	UCCE-25 $(D/t=50)$	正向	156 053	0.003 893	418	0.006 773	523
		负向	156 538	0.003 149	441	0.007 123	553

同时可以看出，节点域两侧梁截面高度比越大，对应的屈服点与塑性点的剪切变形角也越大。

2. 节点域变形应力分布

不同方形柱截面宽厚比节点域在其屈服点钢管应力分布云图见图 3.37。观察应力分布云图可知，对于梁截面高度不等的节点域，在节点域 1 中均存在大面积的高应力区，而节点域 2 几乎整个区域都未达到屈服强度，即节点域 2 的大部分区域都在弹性阶段，表明节点域 1 为节点的主要受力区，而节点域 2 承担的剪切力较小，同时发现节点域 2 在负向加载时的应力值较正向荷载作用时更大。试件 UCCE-25 在负向荷载作用下节点域 2 也出现大面积的高应力区，这表明在负向荷载作用下，随着柱宽厚比的增加，节点域 2 所承担的整体节点域的剪切力和剪切变形逐渐增加，当柱宽厚比达到一定值（$D/t=50$）时，节点域发生整体剪切破坏。

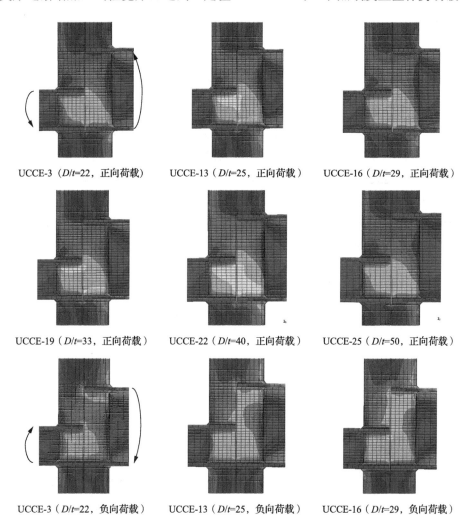

UCCE-3（$D/t=22$，正向荷载）　　UCCE-13（$D/t=25$，正向荷载）　　UCCE-16（$D/t=29$，正向荷载）

UCCE-19（$D/t=33$，正向荷载）　　UCCE-22（$D/t=40$，正向荷载）　　UCCE-25（$D/t=50$，正向荷载）

UCCE-3（$D/t=22$，负向荷载）　　UCCE-13（$D/t=25$，负向荷载）　　UCCE-16（$D/t=29$，负向荷载）

图 3.37　不同方形柱截面宽厚比节点域屈服点钢管应力分布云图

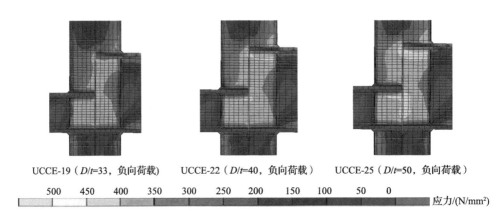

UCCE-19（D/t=33，负向荷载）　　UCCE-22（D/t=40，负向荷载）　　UCCE-25（D/t=50，负向荷载）

500　450　400　350　300　250　200　150　100　50　0　　应力/(N/mm²)

图 3.37（续）

　　不同方形柱截面宽厚比节点域在其塑性点钢管应力分布云图见图 3.38。从图 3.38 可见，通过各组不同柱宽厚比的节点域在屈服点的应力云图可知，在正向荷载作用下共出现有两种屈服模式，一种为仅仅在节点域 1 发生屈服，节点域 2 只有部分区域达到屈服应力，其中试件 UCCE-3、试件 UCCE-13、试件 UCCE-16、试件 UCCE-19 属于这种屈服模式，另一种为整体节点域均发生屈服，其中试件 UCCE-22、试件 UCCE-25 属于该情况，由此可发现，在正向荷载作用下，柱宽厚比越大，节点域 2 承担的剪切力也越大，当柱宽厚比到达某一值（D/t=40）时，节点域 1 和节点域 2 均达到了屈服强度，来共同承担整体节点域的受力；在负向荷载作用下，节点域处高应力区面积比正向荷载时的更大，与正向荷载作用相似，随着柱宽厚比的增大，节点域 2 的高应力区面积更大，也就是说节点域 2 更容易达到屈服强度，观察发现，当柱宽厚比达到 33 时，此时的节点域 2 几乎整体屈服。

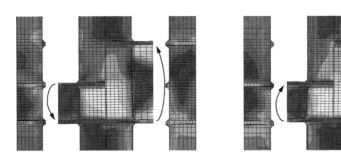

UCCE-3（D/t=22，正向荷载）　　　　　UCCE-3（D/t=22，负向荷载）

图 3.38　不同方形柱截面宽厚比塑性点钢管应力分布云图

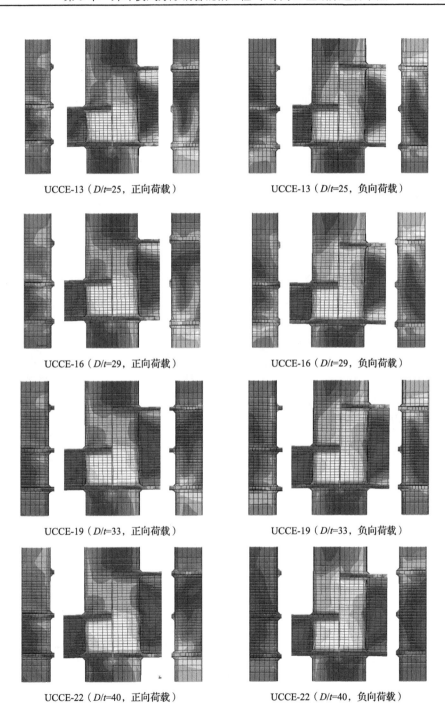

UCCE-13（D/t=25，正向荷载）　　　　　　UCCE-13（D/t=25，负向荷载）

UCCE-16（D/t=29，正向荷载）　　　　　　UCCE-16（D/t=29，负向荷载）

UCCE-19（D/t=33，正向荷载）　　　　　　UCCE-19（D/t=33，负向荷载）

UCCE-22（D/t=40，正向荷载）　　　　　　UCCE-22（D/t=40，负向荷载）

图 3.38（续）

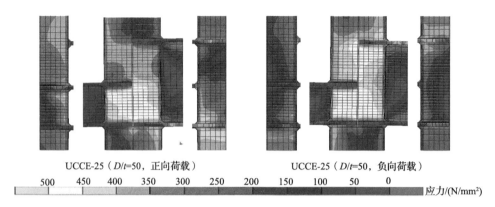

UCCE-25（D/t=50，正向荷载）　　　　UCCE-25（D/t=50，负向荷载）

500　450　400　350　300　250　200　150　100　50　0

应力/(N/mm²)

图3.38（续）

节点到达塑性点时节点域内核心混凝土应力分布云图见图 3.39。从图 3.39 可见，整体节点域形成两条高度不同的对角线斜裂缝，其中正荷载作用下斜裂缝贯穿了整体节点域，负向荷载作用下斜裂缝贯穿了节点域 1，并且可观察到在负向

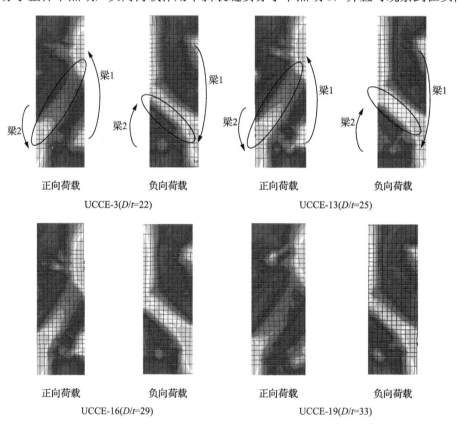

图3.39　塑性点时节点域内核心混凝土应力分布云图

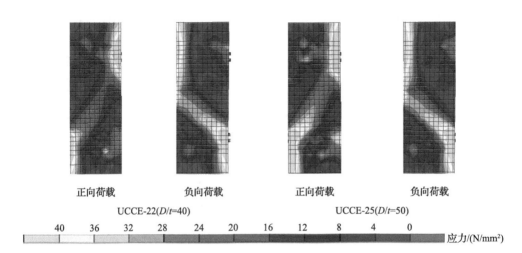

正向荷载　　　　负向荷载　　　　正向荷载　　　　负向荷载

UCCE-22(*D/t*=40)　　　　　　　　UCCE-25(*D/t*=50)

40　　36　　32　　28　　24　　20　　16　　12　　8　　4　　0

应力/(N/mm²)

图 3.39（续）

荷载作用下对角线裂缝处的应力要大于正向荷载下对角线裂缝的应力，各不同柱宽厚比节点的应力云图无明显区别，即柱宽厚比对节点域内置混凝土的破坏变形影响不大。

各节点钢管与混凝土的法向接触力见图 3.40。从图 3.40 可见，正向荷载作用下各节点的法向接触力分布情况基本一致，均在节点域的对角线端部出现应力最大值，负向荷载作用下，混凝土的法向接触力主要集中在节点域 2 对角受压处，因为梁截面高度比不同，各节点的高应力区的高度也有所不同，同时，柱宽厚比的变化对法向接触力的影响极不明显。

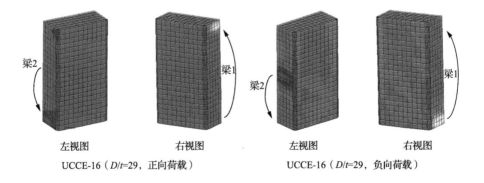

梁2　　　　　　　　　　　梁1　　　梁2　　　　　　　　　　　梁1

左视图　　　　右视图　　　　　　左视图　　　　右视图

UCCE-16（*D/t*=29，正向荷载）　　　UCCE-16（*D/t*=29，负向荷载）

图 3.40　各节点钢管与混凝土的法向接触力

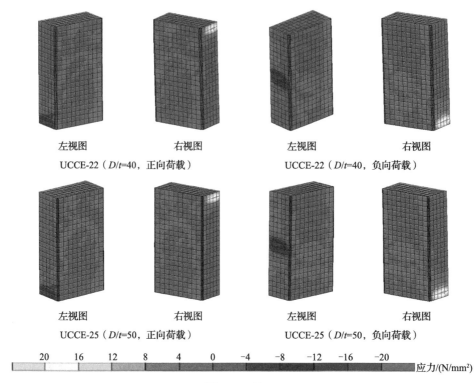

图 3.40（续）

　　不同方形柱截面宽厚比条件下节点域内置混凝土主应力分布云图见图 3.41。从图 3.41 可见，在正向荷载作用下，与梁 1 相连混凝土顶部主应力和与梁 2 相连混凝土底部主应力最大，即受压侧混凝土出现高应力区，并且根据图 3.41 可知，高应力区沿其对角线方向传递主应力，应力值逐渐减小，从而产生对角线斜裂缝，在负向荷载作用下，各节点主应力分布情况基本一致，高应力区集中在节点域 2 的对角线两侧，同时，无论正负荷载作用，随着柱宽厚比的增大，主应力数值都略有增大。

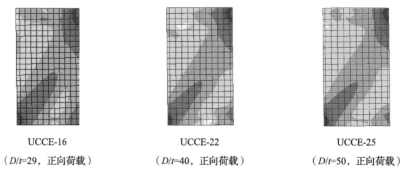

图 3.41　不同方形柱截面宽厚比条件下节点域内置混凝土主应力分布云图

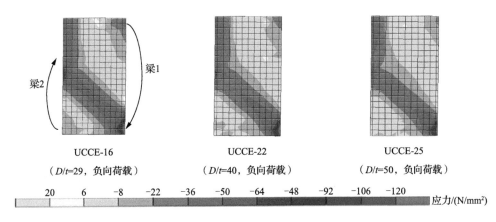

UCCE-16

（D/t=29，负向荷载）

UCCE-22

（D/t=40，负向荷载）

UCCE-25

（D/t=50，负向荷载）

| 20 | 6 | -8 | -22 | -36 | -50 | -64 | -48 | -92 | -106 | -120 | 应力/(N/mm²) |

图 3.41（续）

3.5.3　节点域高宽比对节点域力学性能的影响

以试件 UCCE-3 为基准模型，将节点域高宽比（D_{b1}/D 为 1.5、1.75、2）作为参数，分别选择梁高为 300mm、350mm 和 400mm 共三组进行有限元数值仿真建模。通过有限元模拟分析，进行不同节点域高宽比下的外环板式不等高 H 型钢梁柱节点的剪切承载力变化情况的对比研究。

1.　节点域剪切承载力分析

图 3.42 选取梁截面不同高宽比节点域剪切承载力-剪切变形角关系曲线。图 3.42（a）和（b）的骨架曲线基本相似，试验初期曲线基本呈线性上升，构件总体为弹性变形，此时的刚度较大，随着剪切变形角的增大，曲线逐渐变缓，刚度逐渐变小。在节点域两侧梁截面高度比一定时，随着节点域高宽比加大，其剪切承载力会随之降低，但是降低幅度不明显。

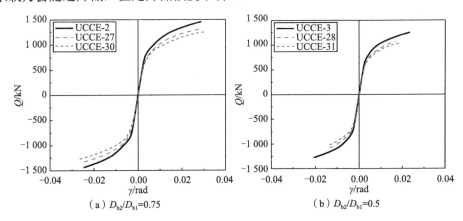

（a）D_{b2}/D_{b1}=0.75

（b）D_{b2}/D_{b1}=0.5

图 3.42　不同高宽比节点域剪切承载力-剪切变形角关系曲线

　　表 3.14 列出不同高宽比节点域主要性能。由表中数据可知，节点域高宽比一定时，不同节点域梁截面高度比的各主要性能点的数值相差不大。对于节点域两侧梁截面高度相等的构件，无论正负荷载作用，各主要性能点的值相差极小，而对于节点域两侧梁截面高度不等的构件，节点域的剪切力会受到加载方向的影响。与试件 UCCE-2（D_{b1}/D=1.5）相比，正向荷载作用下，试件 UCCE-27（D_{b1}/D=1.75）和试件 UCCE-30（D_{b1}/D=2）的屈服剪切切力分别降低了 9.7% 和 12.1%，相应的塑性剪切力分别下降了 8.6% 和 11.3%。表 3.14 中其他梁截面高度比相同，但节点域高宽比不等的节点域构件主要性能点数值同样相差极小，即节点域的宽厚比对节点域的剪切承载力影响可忽略。

表 3.14　不同高宽比节点域主要性能

试件		K/ （kN/rad）	γ_y/ rad	Q_{py}/ kN	γ_p/ rad	Q_{pp}/ kN
UCCE-2 （H/D=1.5）	正向	264 892	0.003 798	818	0.007 368	1 006
	负向	267 000	0.003 649	831	0.007 432	1 032
D_{b2}/D_{b1}=0.75　　UCCE-27 （H/D=1.75）	正向	250 978	0.003 608	739	0.007 153	919
	负向	252 497	0.003 435	765	0.007 313	965
UCCE-30 （H/D=2）	正向	229 732	0.003 751	719	0.007 439	892
	负向	234 182	0.003 625	744	0.007 432	919
UCCE-3 （H/D=1.5）	正向	275 537	0.003 166	715	0.006 921	941
	负向	274 505	0.003 045	758	0.007 047	994
D_{b2}/D_{b1}=0.5　　UCCE-28 （H/D=1.75）	正向	258 120	0.003 18	667	0.006 844	862
	负向	259 862	0.003 173	708	0.007 052	916
UCCE-31 （H/D=2）	正向	234 933	0.003 227	644	0.006 987	821
	负向	237 952	0.003 149	673	0.007 147	868

2. 节点域变形与应力分布

　　图 3.43 为节点域两侧梁截面高度比 D_{b2}/D_{b1}=0.5 时，节点域在其屈服点钢管应力分布云图。由图 3.43 发现，正向荷载下应力云图几乎一致，节点域 1 中存在大面积的高应力区，而节点域 2 的大部分区域都在弹性阶段；负向荷载时，节点域 1 和节点域 2 的应力略高于正向荷载作用，应力分布情况与正向荷载时相似。同时，还可以看出节点域高宽比对该节点的屈服区域无明显影响。

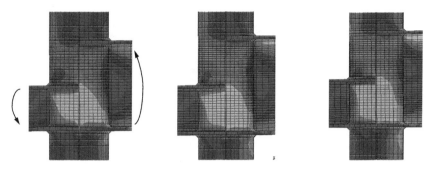

UCCE-3（D_{b1}/D=1.5，正向荷载）UCCE-28（D_{b1}/D=1.75，正向荷载）　UCCE-31（D_{b1}/D=2，正向荷载）

（a）D_{b2}/D_{b1}=0.5时正向荷载作用下屈服点钢管应力分布云图

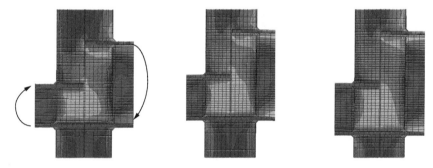

UCCE-3（D_{b1}/D=1.5，负向荷载）UCCE-28（D_{b1}/D=1.75，负向荷载）　UCCE-31（D_{b1}/D=2，负向荷载）

（b）D_{b2}/D_{b1}=0.5时负向荷载作用下屈服点钢管应力分布云图

图 3.43　不同高宽比节点域屈服点钢管应力分布云图

不同高宽比节点域在其塑性点时钢管应力分布云图见图 3.44。从图 3.44 中可见，塑性点的应力分布与屈服点的较为相似，但整体的应力更大，在正向荷载作用下，高应力区还是集中在节点域 1，节点域 2 只有在靠近节点域 1 的极小部分发生屈服。在负向荷载作用下共出现两种屈服模式，一种为仅仅在节点域 1 发生屈服，节点域 2 只有部分区域达到屈服应力，其中试件 UCCE-3（D_{b1}/D=1.5）和试件 UCCE-28（D_{b1}/D=1.75）属于这种情况；另一种为整个节点域发生屈服，其中试件 UCCE-31（D_{b1}/D=2）属于该情况。由此发现，在负向荷载作用下，节点域高宽比越大，节点域 2 承担的剪力也越大；当节点域高宽比 H/D=2 时，就会发生整体剪切破坏。

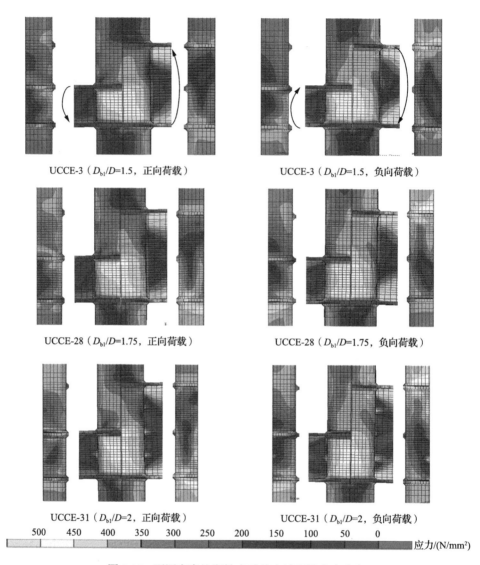

UCCE-3（D_{b1}/D=1.5，正向荷载）　　　　　UCCE-3（D_{b1}/D=1.5，负向荷载）

UCCE-28（D_{b1}/D=1.75，正向荷载）　　　　UCCE-28（D_{b1}/D=1.75，负向荷载）

UCCE-31（D_{b1}/D=2，正向荷载）　　　　　UCCE-31（D_{b1}/D=2，负向荷载）

| 500 | 450 | 400 | 350 | 300 | 250 | 200 | 150 | 100 | 50 | 0 |

应力/(N/mm²)

图 3.44　不同高宽比塑性点时节点域钢管应力分布

　　不同高宽比塑性点节点域内核心混凝土的应力分布云图见图 3.45。从图 3.45 中可见，各节点在正负荷载作用下分别产生两条高度不等的对角线斜裂缝，其中在正荷载作用下斜裂缝贯穿整个节点域，在负向荷载作用下，斜裂缝出现在节点域 1 的两对角连线区域，并且观察到在负向荷载作用下的裂缝处应力要大于正向荷载时的应力，同时，随着节点域高宽比的增大，可以发现对角线裂缝处的应力也随之增大，并且高应力区的宽度也逐渐增大，即相应的裂缝宽度增大。

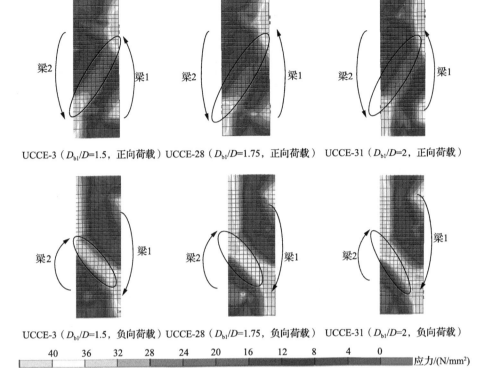

UCCE-3（D_{b1}/D=1.5，正向荷载）UCCE-28（D_{b1}/D=1.75，正向荷载）　UCCE-31（D_{b1}/D=2，正向荷载）

UCCE-3（D_{b1}/D=1.5，负向荷载）UCCE-28（D_{b1}/D=1.75，负向荷载）　UCCE-31（D_{b1}/D=2，负向荷载）

| 40 | 36 | 32 | 28 | 24 | 20 | 16 | 12 | 8 | 4 | 0 |

应力/(N/mm²)

图 3.45　不同高宽比塑性点节点域内核心混凝土应力分布云图

　　不同高宽比条件下节点域钢管与混凝土法向接触力云图见图 3.46。从图 3.46 中可见，无论正负荷载作用，高应力区都集中在与受压侧梁相连的混凝土部分，不同之处在于，在正向荷载作用下各节点域的法向接触力分布情况基本一致，均在节点域的对角线端部出现应力最大值，在负向荷载作用下，混凝土的法向接触力主要集中在节点域 2 的对角受压处，同时，节点域高宽比的增大会引起高应力区的应力值略微增大，但极不明显，可忽略。

　　不同高宽比条件下各节点域混凝土主应力分布云图见图 3.47。从图 3.47 中可见，节点域内核心混凝土的尺寸不同，这是因为节点域高宽比的差异所致。各节点内核心混凝土的主应力最大值均集中在受压侧混凝土上，在负向荷载作用下主应力沿节点域 2 的对角线传递，而在正向荷载作用下主应力沿整体节点域的对角线传递，但在正向荷载下对角线中间区域的应力传递不明显，相应的应力值较小。

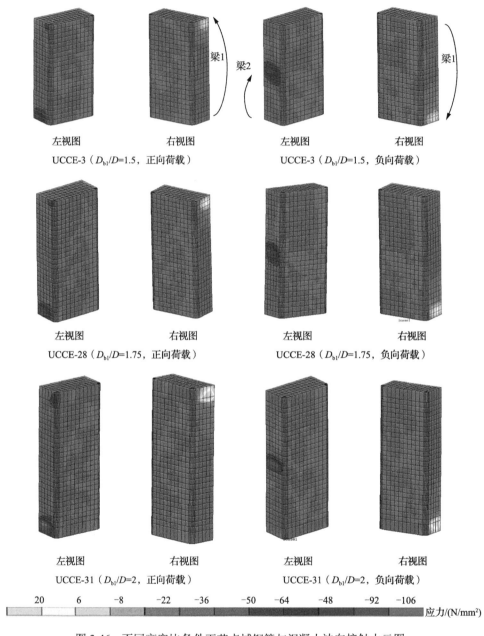

左视图　　　　　　右视图　　　　　　　　左视图　　　　　　右视图

UCCE-3（D_{b1}/D=1.5，正向荷载）　　　　　UCCE-3（D_{b1}/D=1.5，负向荷载）

左视图　　　　　　右视图　　　　　　　　左视图　　　　　　右视图

UCCE-28（D_{b1}/D=1.75，正向荷载）　　　　UCCE-28（D_{b1}/D=1.75，负向荷载）

左视图　　　　　　右视图　　　　　　　　左视图　　　　　　右视图

UCCE-31（D_{b1}/D=2，正向荷载）　　　　　UCCE-31（D_{b1}/D=2，负向荷载）

20　　6　　−8　　−22　　−36　　−50　　−64　　−48　　−92　　−106

应力/(N/mm²)

图 3.46　不同高宽比条件下节点域钢管与混凝土法向接触力云图

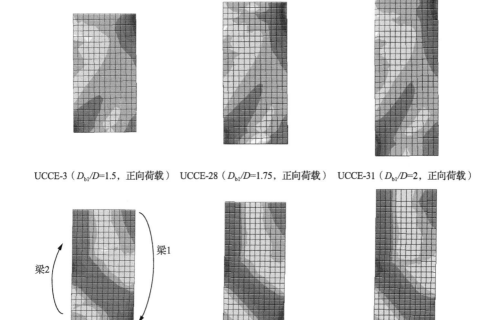

UCCE-3（D_{b1}/D=1.5，正向荷载）　UCCE-28（D_{b1}/D=1.75，正向荷载）　UCCE-31（D_{b1}/D=2，正向荷载）

UCCE-3（D_{b1}/D=1.5，负向荷载）　UCCE-28（D_{b1}/D=1.75，负向荷载）　UCCE-31（D_{b1}/D=2，负向荷载）

| 20 | 6 | −8 | −22 | −36 | −50 | −64 | −48 | −92 | −106 |

应力/(N/mm²)

图 3.47　不同高宽比条件下节点域混凝土主应力分布云图

3.5.4　轴压比对节点域力学性能的影响

为了研究轴压比对节点域力学性能的影响，基于试件 UCCE-3，分别选择轴压比为 0.2、0.4 和 0.6 共三组进行有限元数值仿真建模。通过有限元模拟分析，进行不同轴压比下外加强式不等高 H 型钢梁柱节点的剪切承载力变化情况对比研究。以下为轴压比的计算公式（不考虑钢管对混凝土的约束而引起的增强混凝土强度作用）：

$$n = \frac{N_0}{f_c \cdot A_c + f_y \cdot A_y} \tag{3.5}$$

1. 节点域剪切承载力分析

梁截面高度比为 0.5 时的不同轴压比节点域剪切承载力-剪切变形角关系曲线见图 3.48。从图中可以看出，试验初期曲线基本呈线性上升，节点域总体为弹性变形，此时剪切刚度较大，随着试验进行，剪切变形角的增大，曲线逐渐变缓，剪切刚度逐渐减小，直到节点域屈服。由图 3.48 可知，当剪切变形角为正值时，即正向荷载作用时，轴压比为 0.2，0.4 和 0.6 的三个节点域的剪切力-剪切变形角曲线基本吻合，而在负向荷载作用下的加载前期，轴压比越大，相应的节点域剪切承载力越小，这是因为轴压比越大，钢管对内置混凝土的套箍作用越强，使混凝土三向受压作用更为显著，从而实现略微提升节点域的剪切承载力。但到了加载后期，试件 UCCE-34（轴压比 n=0.6）剪切承载力逐渐低于试件 UCCE-33（轴压比 n=0.6）的剪切承载力，这表明当轴压比过大时，会使得加载末期节点域的剪切力有所降低。

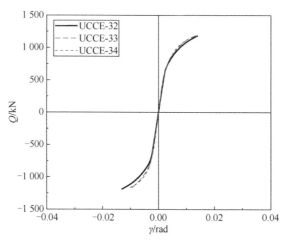

图 3.48　不同轴压比节点域剪切承载力-剪切变形角关系曲线

　　表 3.15 列出了梁截面高度比为 0.5 时各节点域主要性能。由表 3.15 中数据可知，表中主要性能点值相差较小，表明轴压比对该节点力学性能的影响有限。相比于试件 UCCE-32（n=0.2），在正向荷载作用下试件 UCCE-33（n=0.4）和试件 UCCE-34（n=0.6）的屈服剪切力分别提升了 2.8% 和 5.5%，塑性剪切力分别提升了 2.0% 和 3.8%，在负向荷载作用下其相应提升幅度也差不多。由此可以看出，随着轴压比的增大，节点的剪切承载力提升幅度极小，故轴压比对节点域剪切承载力的影响可忽略。

表 3.15　不同轴压比下节点域主要性能

	试件		$K/$ （kN/rad）	$\gamma_y/$ rad	$Q_{py}/$ kN	$\gamma_p/$ rad	$Q_{pp}/$ kN
D_{b2}/D_{b1}=0.5	UCCE-32 （n=0.2）	正向	279 035	0.003 275	743	0.007 082	969
		负向	271 074	0.003 292	782	0.007 242	1 010
	UCCE-33 （n=0.4）	正向	290 089	0.003 299	764	0.006 868	988
		负向	286 689	0.003 744	807	0.007 290	1 077
	UCCE-34 （n=0.6）	正向	295 466	0.003 346	784	0.006 963	1 006
		负向	293 886	0.003 030	812	0.007 218	1 086

2. 节点域变形与应力分布

不同轴压比节点域屈服点应力分布云图见图 3.49。由图 3.49 可知，各节点域的应力状态相似，在正荷载作用下的节点域 1 已经出现大片区域屈服情况，而节点域 2 处于弹性阶段，均未发生屈服，在负向荷载作用下，高应力区依然主要集中在节点域 1，但节点域 2 的小部分区域已达到屈服应力，不再是弹性阶段，但轴压比的变化对节点域的应力几乎无影响，综上所述，在负向荷载作用下可提高节点域 2 的应力。

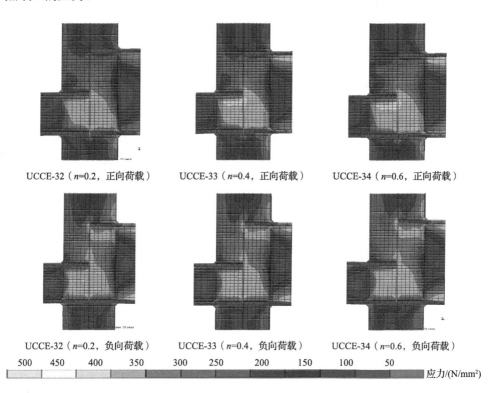

UCCE-32（n=0.2，正向荷载）　　UCCE-33（n=0.4，正向荷载）　　UCCE-34（n=0.6，正向荷载）

UCCE-32（n=0.2，负向荷载）　　UCCE-33（n=0.4，负向荷载）　　UCCE-34（n=0.6，负向荷载）

500　　450　　400　　350　　300　　250　　200　　150　　100　　50

应力/(N/mm²)

图 3.49　不同轴压比节点域屈服点钢管应力分布云图

不同轴压比节点域塑性点钢管应力分布云图见图 3.50。通过各组不同轴压比的节点域在屈服点的应力云图可知，在正向荷载作用下，两节点域依然表现出不同的屈服状态，节点域 1 几乎整个区域发生屈服，而节点域 2 只存在部分高应力区；而在负向荷载作用下共出现两种屈服模式，一种为仅仅节点域 1 发生屈服，节点域 2 只有部分区域达到屈服应力，其中试件 UCCE-32 和试件 UCCE-33 属于这种情况；另一种为整个节点域均发生屈服，其中试件 UCCE-34 属于该情况。随着轴压比的增大，节点域 2 的高应力区域面积占比也越大，也就是说节点域 2 容易达到屈服强度，当轴压比达到一定值（$n=0.6$）时，会发生整体剪切破坏。

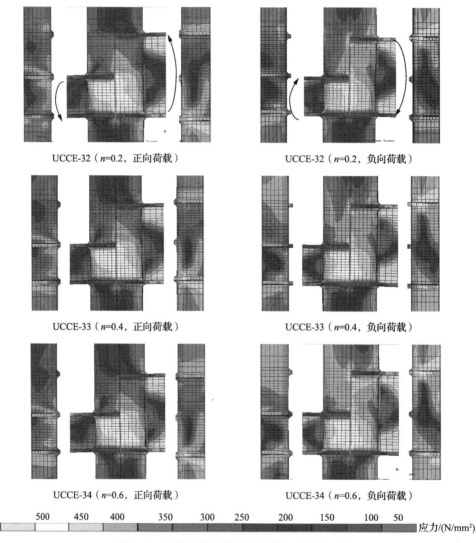

UCCE-32（$n=0.2$，正向荷载）　　　　　　UCCE-32（$n=0.2$，负向荷载）

UCCE-33（$n=0.4$，正向荷载）　　　　　　UCCE-33（$n=0.4$，负向荷载）

UCCE-34（$n=0.6$，正向荷载）　　　　　　UCCE-34（$n=0.6$，负向荷载）

500　450　400　350　300　250　200　150　100　50

应力/(N/mm²)

图 3.50　不同轴压比塑性点钢管应力分布云图

节点域塑性点钢管内混凝土应力分布云图见图 3.51。由图 3.51 可知，在正向荷载作用下在节点域的两对角之间出现一条高应力区域，即斜向长裂缝，在裂缝端部的应力最大；在负向荷载作用下，另一侧产生一条与正向荷载下交叉的斜裂缝，该裂缝的两端部在节点域 1 的对角处，并且该裂缝区域的应力要大于正向荷载下裂缝区域的应力，同时，随着轴压比的增大，该裂缝的高应力带的宽度也逐渐增大，即斜裂缝宽度增大。

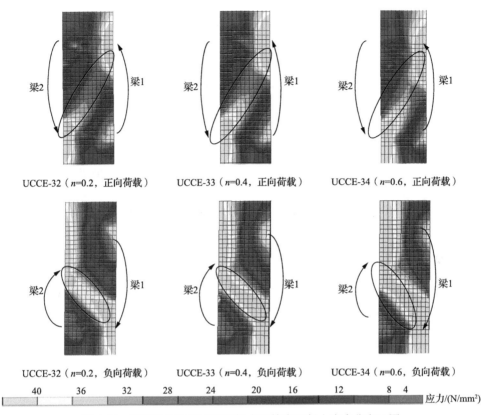

UCCE-32（n=0.2，正向荷载）　　UCCE-33（n=0.4，正向荷载）　　UCCE-34（n=0.6，正向荷载）

UCCE-32（n=0.2，负向荷载）　　UCCE-33（n=0.4，负向荷载）　　UCCE-34（n=0.6，负向荷载）

| 40 | 36 | 32 | 28 | 24 | 20 | 16 | 12 | 8 | 4 | 应力/(N/mm²) |

图 3.51　不同轴压比节点域塑性点钢管内混凝土应力分布云图

不同轴压比条件下各节点域钢管与混凝土间的法向接触力分布云图见图 3.52。从图 3.52 中可以看出，与前面参数分析下的法向接触力相似，在正向荷载作用下，节点域混凝土对角线端部（受压侧混凝土）出现法向接触力的高应力区，而在负向荷载作用下，节点域 2 的受压两侧出现法向接触力最大值，所以无论正负荷载，在混凝土的受压侧会出现相应的接触作用。

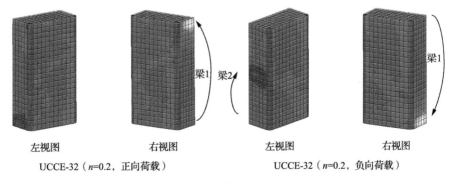

左视图　　　　　右视图　　　　　左视图　　　　　右视图

UCCE-32（n=0.2，正向荷载）　　　　　UCCE-32（n=0.2，负向荷载）

图 3.52　不同轴压比条件下各节点域钢管与混凝土间的法向力接触力分布云图

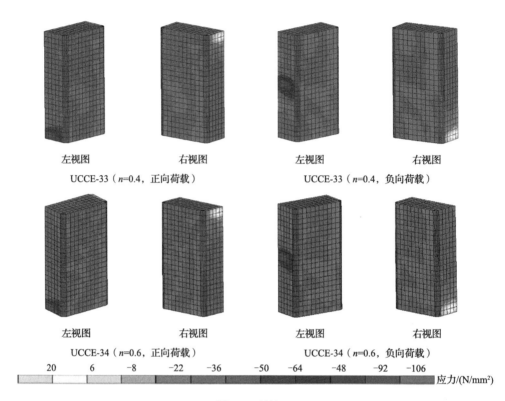

左视图　　　　　　右视图　　　　　　　　左视图　　　　　　右视图

UCCE-33（n=0.4，正向荷载）　　　　　　UCCE-33（n=0.4，负向荷载）

左视图　　　　　　右视图　　　　　　　　左视图　　　　　　右视图

UCCE-34（n=0.6，正向荷载）　　　　　　UCCE-34（n=0.6，负向荷载）

| 20 | 6 | −8 | −22 | −36 | −50 | −64 | −48 | −92 | −106 |

应力/(N/mm²)

图 3.52（续）

不同轴压比条件下各节点域混凝土主应力分布云图见图 3.53。从图 3.53 中可以看出，各节点内核心混凝土的主应力最大值均集中在受压侧混凝土上，在负向荷载作用下主应力沿节点域 2 的对角线传递，而在正向荷载作用下主应力沿整体节点域的对角线传递，但正向荷载下对角线中间区域的应力传递不明显，相应的应力值较小。

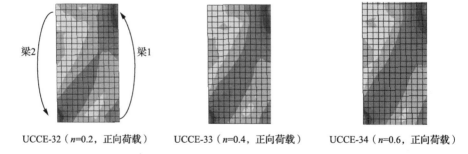

梁2　　　　梁1

UCCE-32（n=0.2，正向荷载）　　　UCCE-33（n=0.4，正向荷载）　　　UCCE-34（n=0.6，正向荷载）

图 3.53　不同轴压比条件下各节点域混凝土主应力分布云图

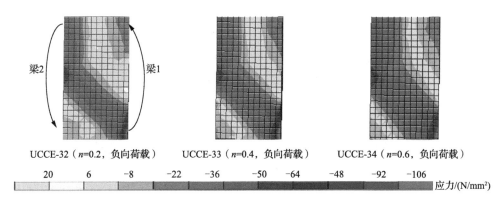

UCCE-32（n=0.2，负向荷载）　　UCCE-33（n=0.4，负向荷载）　　UCCE-34（n=0.6，负向荷载）

| 20 | 6 | −8 | −22 | −36 | −50 | −64 | −48 | −92 | −106 |

应力/(N/mm²)

图 3.53（续）

3.5.5　梁翼缘宽度与方形柱截面宽度比对节点域力学性能的影响

基于试件 UCCE-3，将梁翼缘宽度与方形柱截面宽度比（B_f/D 为 0.6、0.75、1）作为参数进行有限元数值仿真建模，各节点试件钢管柱宽均为 200mm，梁翼缘宽度分别为 120mm、150mm 和 200mm。通过有限元模拟分析，来进行不同梁柱宽度比下外环板式不等高 H 型钢梁柱节点的剪切承载力变化情况的对比研究。

1. 节点域剪切承载力分析

节点域两侧梁截面高度比为 0.5 时，不同梁翼缘宽度与方形柱截面宽度比（后面简称梁柱宽度比）条件下的节点域剪切承载力-剪切变形关系曲线见图 3.54。从图中可见，试验初期各曲线基本呈线性上升，构件总体为弹性变形，随着剪切变形角的增大，曲线逐渐变缓，刚度逐渐较小，直到节点域屈服。由图 3.54 可知，

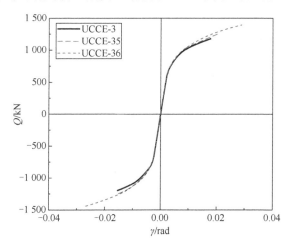

图 3.54　不同梁柱宽度比节点域剪切承载力-剪切变形关系曲线

在相同梁截面高度比下，随着梁柱宽度比的增加，节点域的剪切承载力也随之略有提升，并且由图可观察到试件 UCCE-3（$B_f/D=0.6$）的最大剪切变形角小于 0.02rad，而试件 UCCE-36（$B_f/D=1$）的最大剪切变形角已经达到了 0.03rad，由此可知，可以通过增加梁柱宽度比来提高节点域的塑性变形。

表 3.16 列出各节点域主要性能，如剪切刚度、屈服点及塑性点的具体取值，由表 3.16 中数据可知，各节点域的剪切刚度、屈服点和塑性点的剪切变形角相差较小，即梁柱宽度比对节点域的剪切刚度和剪切变形的影响可忽略。相比于试件 UCCE-3（$B_f/D=0.6$），正向荷载作用下试件 UCCE-35（$B_f/D=0.75$）和试件 UCCE-36（$B_f/D=1$）的屈服点剪切力分别提升了 7.0% 和 8.0%，塑性点时的剪切承载力分别提升了 3.0% 和 3.4%；而在负向荷载作用下，屈服剪切力分别提升了 6.0% 和 7.5%，塑性剪切力提升了 3.0% 和 3.5%，由此发现梁柱宽度比 B_f/D 在 0.6~0.75 时，节点相应的承载力随梁柱宽度比的增加略有提升，而当梁柱宽度比 B_f/D 超过 0.75 之后，节点的承载力基本持平不变，故在一定范围内，节点域的承载力随着梁柱宽度比的增大而略有所提升，但梁柱宽度比较大时，梁柱宽度比对节点域的承载力几乎无影响。

表 3.16 各节点域主要性能

试件		$K/$ （kN/rad）	$\gamma_y/$ rad	$Q_{py}/$ kN	$\gamma_p/$ rad	$Q_{pp}/$ kN
UCCE-3 （B_f/D=0.6）	正向	275 537	0.003 166	715	0.006 921	941
	负向	274 505	0.003 045	758	0.007 047	994
UCCE-35 （B_f/D=0.75）	正向	273 974	0.003 513	765	0.006 987	969
	负向	274 565	0.003 435	804	0.007 218	1 026
UCCE-36 （B_f/D=1）	正向	274 974	0.003 679	772	0.007 082	973
	负向	274 343	0.003 435	815	0.007 313	1 029

注：$D_{b2}/D_{b1}=0.5$

2. 节点域变形与应力分布

不同梁柱比在屈服点时节点域钢管应力分布云图见图 3.55。由图 3.55 可知，不管是正向荷载还是负向荷载作用，节点域 1 中始终存在大范围的高应力区，节点域 2 有小部分区域达到屈服应力，并且节点域 2 范围内的高应力区面积会随着梁柱宽度比的增大而逐渐增加，相应的应力值也会有所增加，但节点域始终未发生整体剪切破坏。三个节点的应力云图几乎无明显差异，这说明梁柱宽度比的增大对各节点域受力情况影响极小。

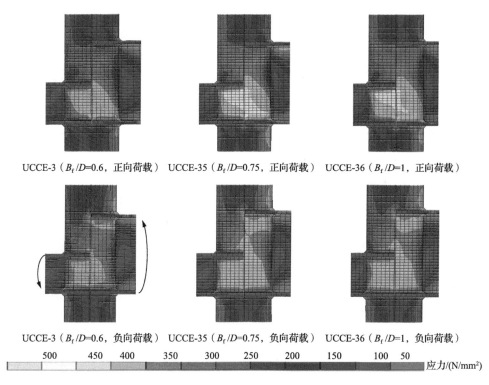

UCCE-3（B_f/D=0.6，正向荷载）　UCCE-35（B_f/D=0.75，正向荷载）　UCCE-36（B_f/D=1，正向荷载）

UCCE-3（B_f/D=0.6，负向荷载）　UCCE-35（B_f/D=0.75，负向荷载）　UCCE-36（B_f/D=1，负向荷载）

500　　450　400　　　350　　300　250　200　　150　　100　50

应力/(N/mm²)

图 3.55　不同梁柱比在屈服点时节点域钢管应力分布云图

不同梁柱比在在塑性点时节点域钢管应力分布云图见图 3.56。由图 3.56 中可见，在正向荷载作用下两节点域的屈服形态有所不同，节点域 1 表现为几乎整体屈服，而节点域 2 只有部分区域达到屈服应力；而在负向荷载作用下共出现两种屈服模式，一种为仅在节点域 1 发生屈服，节点域 2 只有部分区域达到屈服应力，这与正向荷载下的屈服形态相似，其中试件 UCCE-3（B_f/D =0.6）和试件

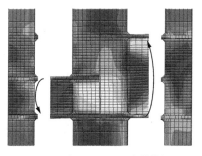

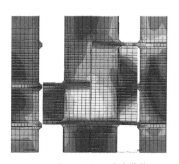

UCCE-3（B_f/D=0.6，正向荷载）　　　　　UCCE-3（B_f/D=0.6，负向荷载）

图 3.56　不同梁柱比在塑性点时节点域钢管应力分布云图

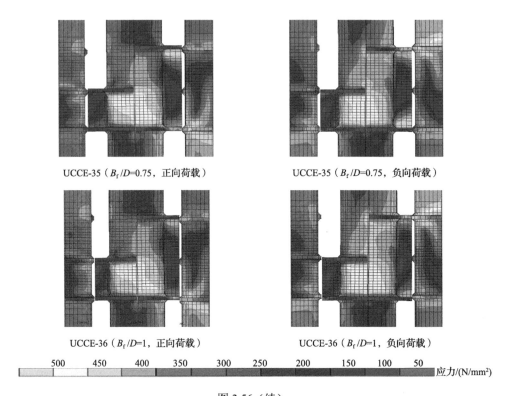

UCCE-35（B_f/D=0.75，正向荷载）　　　　　UCCE-35（B_f/D=0.75，负向荷载）

UCCE-36（B_f/D=1，正向荷载）　　　　　　UCCE-36（B_f/D=1，负向荷载）

| 500 | 450 | 400 | 350 | 300 | 250 | 200 | 150 | 100 | 50 | 应力/(N/mm²) |

图 3.56（续）

UCCE-35（B_f/D=0.75）属于这种情况，但后者的应力更大；另一种为整体节点域均发生屈服，其中试件 UCCE-36（B_f/D=1）属于这种情况，由此可发现，在负向荷载作用下，梁柱宽度比越大，节点域 2 承担的剪切力也越大，当增大到一定值时，节点域 1 和节点域 2 共同承担整个节点域的受力，破坏模式为整体剪切破坏。

　　不同梁柱比在塑性点时节点域内核心混凝土主应力分布云图见图 3.57。由图 3.57 可见，在正向荷载作用下，混凝土的裂缝经过节点域的两对角而穿过整个节点域，沿该斜裂缝区域大部分为红色，均为高应力带，在裂缝的梁端为黄色，应力最大，而在负向荷载作用下，在另一侧产生了贯穿节点域 1 的对角线斜裂缝，沿裂缝区域呈黄色，以及该裂缝区域的应力要大于正向荷载下裂缝区域的应力，并且负向荷载下裂缝的宽度要大于正向荷载下裂缝的宽度。由于梁截面高度比为 0.5，两对角线斜裂缝的高度不同，同时随着梁柱宽度比的增大，高应力区域的宽度也逐渐增大，即裂缝的宽度随之增大。

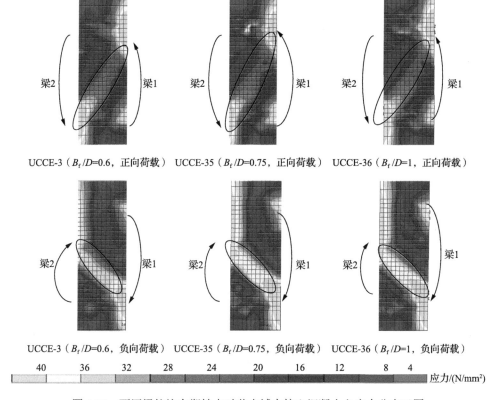

UCCE-3（B_f/D=0.6，正向荷载）　UCCE-35（B_f/D=0.75，正向荷载）　UCCE-36（B_f/D=1，正向荷载）

UCCE-3（B_f/D=0.6，负向荷载）　UCCE-35（B_f/D=0.75，负向荷载）　UCCE-36（B_f/D=1，负向荷载）

图 3.57　不同梁柱比在塑性点时节点域内核心混凝土主应力分布云图

在该参数（梁柱宽度比 B_f/D）变化条件下，各节点域的钢管与混凝土的接触法向力云图，以及塑性点时节点域内置混凝土主应力分布情况与前面所述的变化参数情况相似，这里不再赘述。

3.5.6　梁翼缘宽厚比对节点域力学性能的影响

为研究梁翼缘宽厚比对节点域力学性能的影响，基于试件 UCCE-3，分别选择梁翼缘宽厚比为 12、10 和 8 共三组进行有限元数值仿真建模。通过有限元模拟分析，来进行不同梁翼缘宽厚比条件下外环板式不等高 H 型钢梁柱节点的剪切承载力变化情况对比研究。

1. 节点域剪切承载力分析

梁截面高度比 D_{b2}/D_{b1}=0.5 时，在不同梁翼缘宽厚比条件下的节点域剪切承载力-剪切变形曲线如图 3.58 所示，试验初期曲线基本重合，各曲线呈线性上升，构件总体为弹性变形，此时刚度较大。随着试验的进行，剪切变形角增大，各骨架曲线逐渐分离、变缓，刚度逐渐减小，直至节点域屈服。由图 3.58 可知，在梁截面高度比一定时，随着梁翼缘宽厚比的减小，节点域的剪切承载力随之增大，可以观察到梁翼缘宽厚比 B_f/t_f=12 时，节点域的最大剪切变形角为 0.01rad，当梁翼缘宽厚比 B_f/t_f=10 时，节点域的最大剪切变形角在 0.015～0.02rad，当梁翼缘宽厚比 B_f/t_f=12 时，节点域最大变形角超过 0.02rad，故梁翼缘宽厚比的增大会增加节点域的塑性变形。

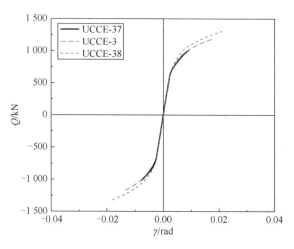

图 3.58　不同 B_f/t_f 对节点域剪切承载力-剪切变形曲线的影响

不同梁翼缘宽厚比条件下节点域的主要性能（初始剪切刚度、屈服点及塑性点剪切承载力）见表 3.17。从表 3.17 中数据可知，各节点的剪切刚度集中在 265 000～276 000 kN/rad，无明显变化，同时屈服点及塑性点的剪切变形角都较为接近，故不同梁翼缘宽度比对节点域的剪切刚度、屈服点及塑性点的剪切变形角的影响可忽略。在节点域两侧梁截面高度比一定情况下，随着梁翼缘宽厚比的增大，节点域的屈服点及塑性点的剪切承载力均有所下降，但其下降幅度逐渐减小。

表 3.17　不同梁翼缘宽厚比条件下节点域主要性能

	试件		$K/$ (kN/rad)	$\gamma_y/$ rad	$Q_{py}/$ kN	$\gamma_p/$ rad	$Q_{pp}/$ kN
D_{b2}/D_{b1}=0.5	UCCE-37 (B_f/t_f=12)	正向	271 317	0.002 847	685	0.006 844	923
		负向	265 440	0.003 078	750	0.007 313	997
	UCCE-3 (B_f/t_f=10)	正向	275 537	0.003 166	715	0.006 921	941
		负向	274 505	0.003 045	758	0.007 047	994
	UCCE-38 (B_f/t_f=8)	正向	274 731	0.003 965	804	0.007 058	989
		负向	275 487	0.003 364	827	0.007 361	1 048

2. 节点域变形与应力分布

不同梁翼缘宽厚比条件下屈服点时节点域钢管应力分布云图见图 3.59。从图 3.59 可知，在节点域 1 中存在大面积的高应力区，而节点域 2 的大部分区域都在弹性阶段。三个应力云图基本一致，即在正向荷载下梁翼缘宽厚比对应力分布情况的影响极小，而在负向荷载作用下，节点域 1 的颜色大部分为黄色，节点域 2 的颜色大部分为红色，即高应力区依然集中在节点域 1，节点域 2 有小部分区域已经达到屈服强度，并且梁翼缘宽厚比越大，节点域 2 的应力也越大，同时节点域 2 的高应力带也随之增大，屈服范围逐渐增加，但节点域的破坏类型依然为局部剪切破坏。

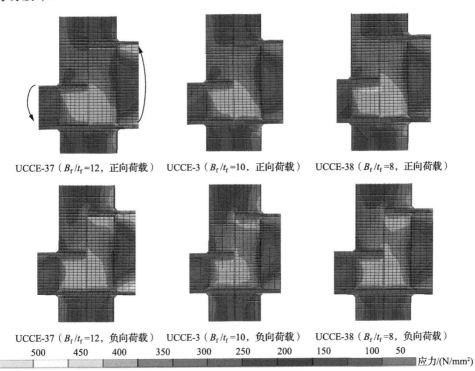

UCCE-37（B_f/t_f=12，正向荷载）　UCCE-3（B_f/t_f=10，正向荷载）　UCCE-38（B_f/t_f=8，正向荷载）

UCCE-37（B_f/t_f=12，负向荷载）　UCCE-3（B_f/t_f=10，负向荷载）　UCCE-38（B_f/t_f=8，负向荷载）

| 500 | 450 | 400 | 350 | 300 | 250 | 200 | 150 | 100 | 50 |

应力/(N/mm²)

图 3.59　不同梁翼缘宽厚比条件下屈服点时节点域钢管应力分布云图

不同梁翼缘宽厚比条件下节点域在其塑性点时钢管应力分布云图见图 3.60，在正向荷载作用下两节点域的破坏模式不同，节点域 1 出现大面积占比的高应力区，节点域 2 只有部分区域达到屈服应力；在负向荷载下应力分布情况相似，虽然梁翼缘宽厚比的增加会促进节点域 2 应力的增大，但节点域 1 的应力值始终大于节点域 2，同时剪切变形由节点域 1 和节点域 2 共同承担，且节点域 1 占主导地位。

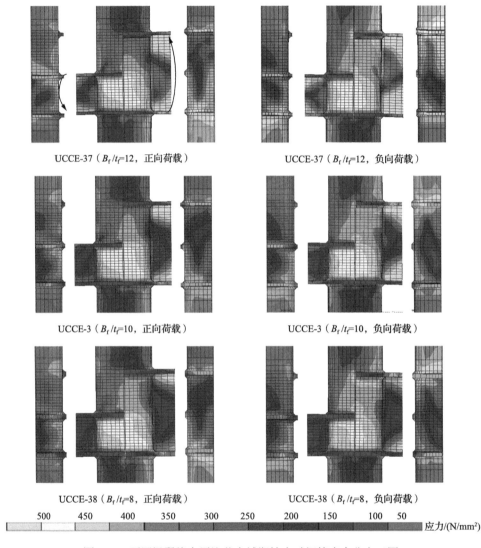

图 3.60　不同梁翼缘宽厚比节点域塑性点时钢管应力分布云图

　　不同梁翼缘宽厚比条件下塑性点时节点域内核心混凝土的应力分布云图情况见图 3.61。由图 3.61 可知,在正向荷载作用下,各节点域均产生贯穿整体节点域的对角线斜裂缝,沿该斜裂缝区域大部分为红色,均为高应力带,在裂缝的梁端为黄色,应力最大,而在负向荷载作用下,在另一侧产生了贯穿节点域 1 的对角线斜裂缝,沿裂缝区域均呈黄色。该裂缝区域的应力要大于正向荷载下裂缝区域的应力,并且负向荷载下裂缝的宽度要大于正向荷载下裂缝的宽度。由于梁截面高度比不等,两对角线斜裂缝的高度也不同,这表明节点域内核心混凝土的剪切力是通过外环板传递的，同时，随着梁翼缘宽厚比的增大，裂缝的高应力区域的宽度也逐渐增大，即裂缝的宽度随之增大。

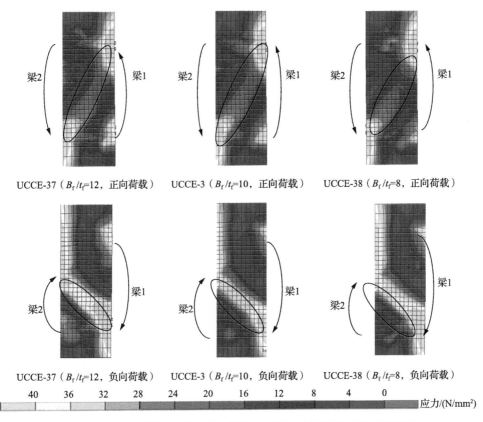

UCCE-37（B_f/t_f=12，正向荷载）　　UCCE-3（B_f/t_f=10，正向荷载）　　UCCE-38（B_f/t_f=8，正向荷载）

UCCE-37（B_f/t_f=12，负向荷载）　　UCCE-3（B_f/t_f=10，负向荷载）　　UCCE-38（B_f/t_f=8，负向荷载）

| 40 | 36 | 32 | 28 | 24 | 20 | 16 | 12 | 8 | 4 | 0 |

应力/(N/mm²)

图 3.61　不同梁翼缘宽厚比条件下塑性点时节点域混凝土应力分布云图

在该参数（梁翼缘宽厚比 B_f/t_f）变化条件下，各节点域的钢管与混凝土的接触法向力云图，以及塑性点时钢管内混凝土主应力分布情况与上述的变化参数情况相似，这里不再赘述。

3.5.7　梁腹板高宽比对节点域力学性能的影响

以试件 UCCE-3 为基础，将梁腹板高宽比（h_w/t_w 为 46、35、28）作为参数进行有限元数值仿真模拟，相应的梁腹板厚度分别为 6mm、8mm 和 10mm。通过有限元模拟分析，来进行不同梁腹板高宽比下外环板式不等高 H 型钢梁柱节点的剪切承载力变化情况对比研究。

1. 节点域剪切承载力分析

不同梁腹板高宽比条件下节点域剪切承载力-剪切变形关系曲线见图 3.62。由图可知，三条曲线基本吻合，试验初期曲线基本呈线性上升，构件总体为弹性变形，此时刚度较大，随着试验的进行，曲线逐渐变缓，刚度逐渐减小，直到节点域屈服。

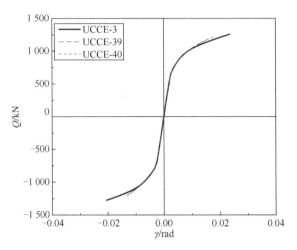

图 3.62　不同梁腹板高宽比节点域剪切承载力-剪切变形关系曲线

这表明不等高梁节点的承载力受梁腹板高宽比的影响程度较小，梁腹板高宽比的增大可以极小地提升节点试件的承载能力。

不同梁腹板高宽比条件下节点域剪切刚度、屈服点荷载及塑性点荷载见表 3.18。从表 3.18 中看出，随着梁腹板高宽比的增加，节点域的屈服点及塑性点的剪切承载力均有所降低，但降低趋势不明显。同时，负向荷载作用下的剪切承载力均大于正向荷载下的剪切承载力。在正向荷载作用下，相比于试件 UCCE-3，试件 UCCE-39、试件 UCCE-40 的屈服剪力分别提升了 5.4% 和 4.9%，塑性剪力分别提升了 2.2% 和 2.4%；在负向荷载作用下，相应的屈服剪力分别提升了 3.3% 和 4.9%，塑性剪力分别提升了 2.2% 和 3.4%，可发现提升幅度极小，因此可忽略梁腹板高宽比对节点承载能力的影响。

表 3.18　不同梁腹板高宽比条件下节点域的剪切刚度、屈服点荷载及塑性点的荷载

	试件		$K/$（kN/rad）	$\gamma_y/$rad	$Q_{py}/$kN	$\gamma_p/$rad	$Q_{pp}/$kN
$D_{b2}/D_{b1}=0.5$	UCCE-3 ($h_w/t_w=46$)	正向	275 537	0.003 166	715	0.006 921	941
		负向	274 505	0.003 045	758	0.007 047	994
	UCCE-39 ($h_w/t_w=35$)	正向	275 696	0.003 465	756	0.006 939	962
		负向	276 479	0.003 240	783	0.007 266	1 022
	UCCE-40 ($h_w/t_w=28$)	正向	276 085	0.003 370	750	0.006 963	964
		负向	273 705	0.003 316	795	0.007 313	1 028

2. 节点域变形与应力分布

节点域屈服点时钢管应力分布云图见图 3.63。由图 3.63 可见,在正向荷载作用下,节点域 1 大部分区域为黄色,几乎整体屈服,节点域 2 整体为红色,均未达到屈服强度,尚且处于弹性阶段,三个节点的应力云图无明显差别,即正向荷载下梁腹板高宽比对应力分布情况的影响可忽略。在负向荷载作用下,节点域 1 的几乎整体为黄色,节点域 2 依然大部分为红色,即高应力区依然集中在节点域 1,节点域 2 有小部分区域已经达到屈服强度,并且随着梁腹板宽厚比的增大,节点域 2 的应力明显增大,同时节点域 2 的黄色范围随之增加,即屈服范围逐渐增加,但节点域依然为局部剪切破坏。

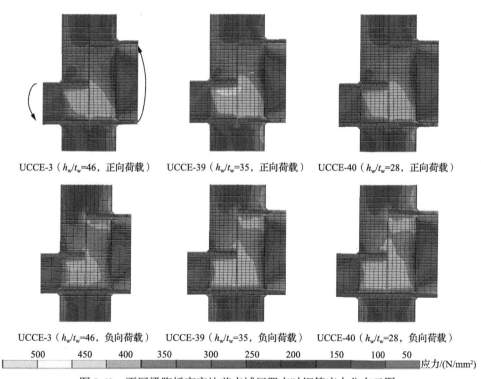

图 3.63 不同梁腹板高宽比节点域屈服点时钢管应力分布云图

不同梁腹板高宽比条件下节点域塑性点时钢管应力分布云图见图 3.64。由图 3.64 可见,在正向荷载作用下与负向荷载作用下的应力分布情况相似,但是后者的应力及高应力区的范围更大,节点域 1 的整体应力极高,形成高应力区域,节点域 2 部分屈服。

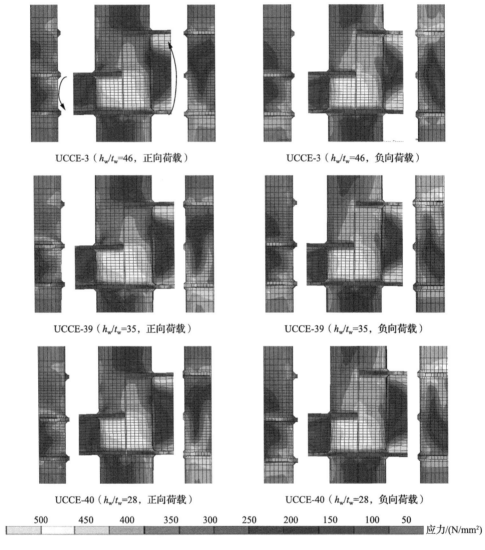

UCCE-3（h_w/t_w=46，正向荷载）　　　　UCCE-3（h_w/t_w=46，负向荷载）

UCCE-39（h_w/t_w=35，正向荷载）　　　　UCCE-39（h_w/t_w=35，负向荷载）

UCCE-40（h_w/t_w=28，正向荷载）　　　　UCCE-40（h_w/t_w=28，负向荷载）

| 500 | 450 | 400 | 350 | 300 | 250 | 200 | 150 | 100 | 50 |

应力/(N/mm²)

图 3.64　不同梁腹板高宽比节点域塑性点时钢管应力分布云图

　　不同梁腹板高宽比节点域塑性点时混凝土的应力分布云图见图 3.65。由图 3.65 可以看出，整个节点域形成两条高度不同的对角线斜裂缝，在正向荷载作用下，节点域的对角线区域的颜色为红色，为高应力带，即产生的裂缝贯穿节点域；在负向荷载作用下，节点域 1 的对角线区域的颜色为黄色，产生贯穿节点域 1 的对角线斜裂缝，并且裂缝宽度较正向荷载时更大。

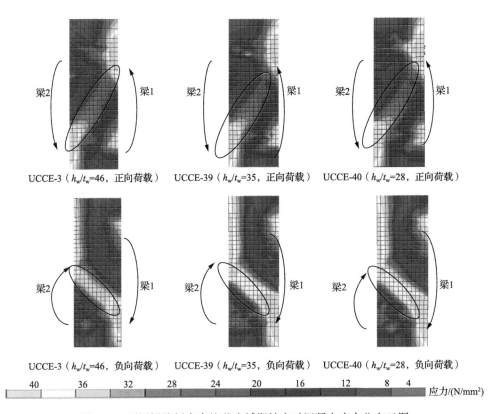

图 3.65　不同梁腹板高宽比节点域塑性点时混凝土应力分布云图

在该参数（梁腹板高宽比 h_w/t_w）变化条件下，各节点的钢管与混凝土的接触法向力云图及塑性点时节点域内置混凝土主应力分布情况与上述变化参数情况类似，这里不再赘述。

第4章　考虑楼板作用的外环板式方形柱-组合梁连接节点

4.1　引　　言

钢结构框架结构在遭受大震作用后[144-146]，脆性破坏集中发生在节点与钢梁下翼缘连接处，其脆性破坏的原因主要有两个方面：一方面，现场焊接质量不稳定，即夹渣、气孔等焊接缺陷形成应力集中，致使在地震作用下，梁柱节点区域产生裂缝并扩展，导致结构破坏甚至倒塌；另一方面，楼板与钢梁的组合效应未充分考虑。组合梁影响节点的受力特性，当组合梁受正弯矩作用时，混凝土楼板分担部分压力，使中性轴上移，在对梁上翼缘起到了保护作用的同时，削弱了下翼缘。可以看出，钢梁下翼缘成为节点过早失效的主要破坏位置。

4.2　试　验　研　究

本节主要研究了外环板式方形柱与组合梁连接节点的抗震性能，目前对 4 个 T 形外环板式方形柱与组合梁连接节点试件进行了循环荷载作用下的试验研究。其中主要从应变分布、滞回耗能、破坏模式和刚度退化几个指标量化外环板式方形柱与组合梁连接节点的抗震性能。试验结果表明：楼板与钢梁的组合效应显著提高了钢梁上翼缘的稳定性；外环板式方形柱与 H 型钢梁的连接方式可以实现塑性铰外移，降低了节点域附近的焊缝断裂的可能性，但增加了外环板处发生断裂的可能性。

4.2.1　试验体设计

本试验以考虑楼板影响的外环板式梁柱节点为研究对象。试验参数要考虑楼板组合作用、方钢管柱内是否有混凝土填充。试验共设计了 4 个 T 形试件，试件尺寸详图和主要参数如图 4.1 和表 4.1 所示。试件采用高度为 1 400mm 的方形钢管柱，截面尺寸（长度×宽度×厚度）为 200mm×200mm×9mm，宽厚比（D/t）为 22。钢梁采用 H 型钢，钢梁长度均为 1 500mm，腹板宽度为 300mm，翼缘宽度为 120mm；翼缘和腹板厚度分别为 12mm 和 6mm。

1 号试件为标准试件，是无楼板组合作用的纯钢梁-钢管柱节点框架模型。2 号

试件于 1 号试件相比较，2 试件在钢梁上方安装了钢筋混凝土楼板。3 号试件与 1 号
试件相比较，3 号试件在钢管柱中填充混凝土。4 号试件与 3 号试件相比较，4 号
试件钢梁上方安装了钢筋混凝土楼板。

　　3 号试件和 4 号试件中的楼板采用钢筋混凝土组合楼板，楼板基本参数见表4.2。
梁上翼缘设计抗剪栓钉与钢筋混凝土楼板连接，抗剪栓钉间距 100mm，钢筋混凝
土楼板厚度为 85mm。

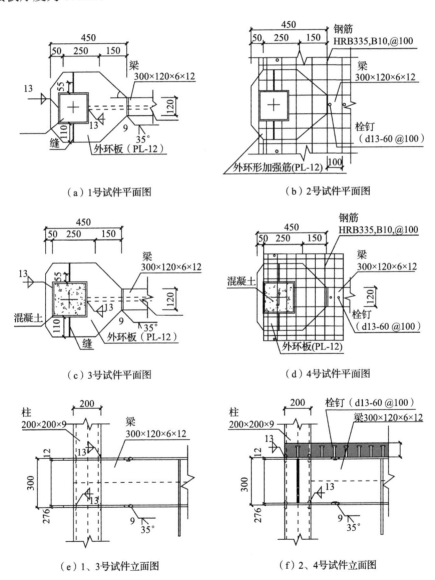

图 4.1　试件尺寸详图（单位：mm）

表 4.1　试件主要参数

试件	方钢管柱 (Q390)	梁	有无楼板	柱	填充混凝土抗压强度/ （N/mm²）
1			无	中空	—
2			有	中空	—
3	200mm×200mm×9mm	BH300mm×120mm×6mm×12mm	无	填充	40.2
4			有	填充	40.6

表 4.2　楼板基本参数

试件	抗压强度/MPa	厚度/mm	宽/mm	长/mm	钢筋	栓钉
2	34	85	1 000	1 450	B 10@100	d13-60 @100×11
4	21					

　　本试验中所有试件均采用外加强环式梁柱连接方式，外环板通过角焊与方钢管柱进行连接，角焊缝宽13mm。图 4.2 为焊缝细部图，外环板详细尺寸见图 4.3。外加强环对塑性铰形成的重新定位起着重要作用。方钢管表面到外加强环边缘的距离 a 可由式（4.1）计算。

$$a = \frac{4h_d + D - B_d}{2} \tag{4.1}$$

式中：h_d 为外加强环的深度；D 为方钢管柱的宽度；B_d 为外加强环端部宽度。

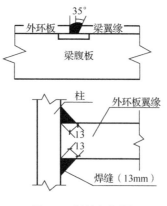

图 4.2　焊缝细部图

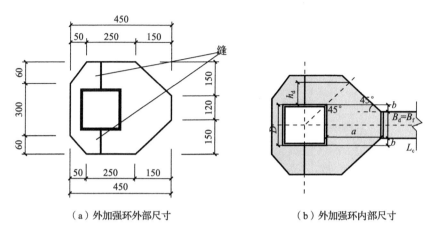

（a）外加强环外部尺寸　　　　　　　　（b）外加强环内部尺寸

图 4.3　外环板详细尺寸（单位：mm）

4.2.2　材料性能

根据 JIS Z2241[147]的要求进行试片试验获得了钢的材料性能。通过在一台 20t 的试验机对 12.1mm、9.1mm 和 6.2mm 厚度的 3 个相同的试样进行测试，钢材材料性能见表 4.3。由试验数据得出的屈服强度为较低的屈服点。弹性模量为对应于屈服强度的 1/3 到屈服强度的 2/3 的应力的点之间的割线刚度。

表 4.3　钢材材料性能

部位	板厚/mm	弹性模量/MPa	屈服强度/MPa	抗拉强度/MPa	屈强比/%	伸长率/%
外环板、梁翼缘	12.1	193 000	398	529	75	21
梁翼缘	13.2	205 000	406	533	76	16
梁腹板	6.2	200 000	398	546	73	22
方钢管	9.1	197 000	408	532	77	24
钢筋		184 000	341	442	77	21

混凝土的抗压强度是根据 JIS A1108[148]测试混凝土立方体获得的。在单轴抗压强度测试机中测试了三个相同的混凝土立方体。在测试之前，将混凝土混合物倒入圆柱标准模具中，在脱模后固化 28d 来制备立方体样品。

4.2.3　试验装置和加载方案

试验加载装置如图 4.4 所示。试验加载装置主要由反力架、50t 作动器、滑动铰支座、固定铰支座及面外约束装置等部分组成。试件上柱与滑动铰支座连接，该支座限制组合柱上部两个方向的水平位移，但可发生竖向移动；试件下柱与转动铰支座连接，该支座限制组合柱底部三个方向位移，但允许其转动。采用梁端位移加载模式,加载架上部安装有 1 个 50 t 作动器,与梁端部加载点的圆孔连接,提供低周期循环荷载。规定作动器向上拉起为正向荷载,向下推出为正向荷载。

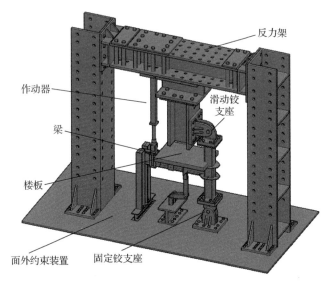

（a）加载装置三维图

（b）加载装置

图 4.4　加载装置示意图

试验中,在节点试件加载平面设置限制面外变形的侧向支撑,支撑内侧设置滑轮,降低支撑与加载梁的摩擦力,最大限度降低外部因素对试验精度的影响。

试验以层间位移控制,采用拟静力加载方式。图 4.5 为试验的加载历程曲线。按层间位移角分别为 ±0.005rad、±0.01rad、±0.02rad、±0.03rad、±0.04rad 和 ±0.05rad 加载,每级各循环 2 次;随后按层间位移角为 0.05rad 加载,加载循环多次,直到试件破坏,试验停止。

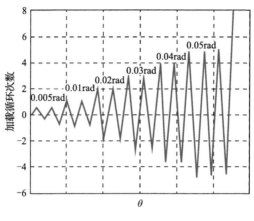

图 4.5 加载历程曲线

试验中，试件柱顶和柱底会出现水平移动，试验过程中的层间位移角需要用式（4.2）进行修正。图 4.6 为层间位移角示意图。

$$R = \frac{V_1}{L_b} - \frac{\delta_U - \delta_L}{L_c} \qquad (4.2)$$

式中：V_1 为梁端竖向位移；L_b 为从方钢管柱中心线到加载点的距离；δ_U 为上柱的水平变形；δ_L 为下柱的水平变形；L_c 为滑动铰支座到固定铰支座的距离。

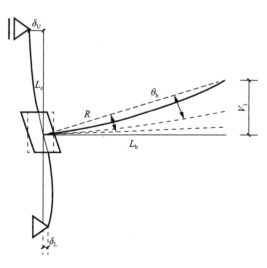

图 4.6 层间位移角示意图

4.2.4　计测方法和量测内容

图 4.7 介绍了位移计测点分布图。测量的主要变形包括钢管水平位移、梁端竖向位移、楼板水平位移、节点域剪切变形以及加载点的竖向位移。梁端层间位移角由式（4.3）计算。

$$\theta_b = \frac{V_1 - V_2}{L_t} - \frac{U_1 - U_u}{h_t} \tag{4.3}$$

式中：V_1 为加载点竖向位移；V_2 为节点域竖向平均位移；L_t 为 V_1 与 V_2 测定点之间的距离；U_u 为节点域上部水平位移；U_1 为节点域下部水平位移；h_t 为 U_u 和 U_l 测定点之间的距离。

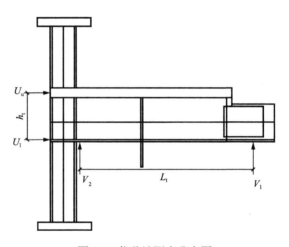

图 4.7　位移计测点分布图

4.2.5　弯矩曲率图中关键指标处的变形

试件的关键指标包括屈服弯曲点（M_y）、塑性弯曲点（M_p）、峰值弯曲点（M_m）和极限弯曲点（M_u），其主要性能点的定义如图 4.8 所示。刚度（K）是割线模量，即当层间位移角于 0.005rad 时对应于第一个周期中正峰值载荷的刚度。屈服点和塑性点可以通过斜率因子方法获得[149]，并确定为斜率分别为 1/3K 和 1/6K 的线的切线点。峰值弯曲点为最大弯曲点。取骨架曲线下降范围内，$0.85M_{max}$ 对应的点作为试件的极限状态点。

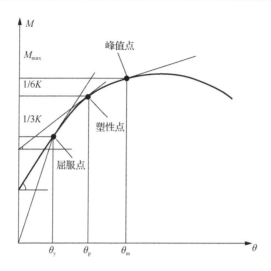

图 4.8　方形柱-组合梁连接节点主要性能点的定义

4.3　试　验　现　象

4.3.1　破坏模式

在层间位移角 $R=0.01\text{rad}$ 之前，所有试件都处于弹性阶段。层间位移角和弯曲力矩之间的滞回曲线是线性相关的。当层间位移角 $R=0.02\text{rad}$ 时，滞回曲线表现出明显的弯曲现象。所有试件进入塑性阶段。在层间位移角 $R=0.05\text{rad}$ 加载周期内，所有试件均发生脆性断裂。

1 号试件的最后阶段的破坏现象如图 4.9（a）所示。1 号试件在层间位移角 $R=0.05\text{rad}$ 的第一次循环时，在外加强环的上部开始局部屈曲 [图 4.9（b）]。随后在层间位移角 $R=0.05\text{rad}$ 第二个循环时，在外环板下部与方钢管柱之间的焊接接头处观察到脆性断裂 [图 4.9（c）]。在层间位移角 $R=0.05\text{rad}$ 的另外两个周期之后，梁下翼缘和外加强环之间的焊接接头出现裂纹。同时，外加强环发生撕裂破坏，如图 4.9（d）所示。1 号试件在正向加载和负向加载方向下的极限弯矩分别为 263kN·m 和 262kN·m。此时两个极限弯矩相差不大，表明加载方向对试件的弯矩承载力影响很小。

2 号试件的最后阶段的破坏现象如图 4.9（e）所示。在层间位移角 $R=0.01\text{rad}$ 第一次循环时，在方钢管柱周围的混凝土楼板中发生纵向裂缝。当在层间位移角 $R=0.03\text{rad}$ 时，混凝土楼板的纵向裂纹迅速扩展，并且在距方钢管柱表面约 35cm 处观察到横向裂纹 [图 4.9（f）]。外加强环下部发生局部屈曲。同时，柱翼缘出现凹形并发生压缩变形。在层间位移角 $R=0.05\text{rad}$ 第二次循环时，在外加强环下部与方钢管柱之间的焊接接头处观察到脆性断裂 [图 4.9（g）]。如图 4.9（h）所示，由于应力集中，在层间位移角 $R = 0.05\text{rad}$ 的第四次循环时，方钢管柱的角部开裂。2 号试件在正向加载和负向加载方向下的极限弯矩分别为 323kN·m 和 268kN·m。与 1 号试样相比，2 号试件中混凝土板引起的复合效应显著增加了试件的极限承载力。

3 号试件的最后阶段的破坏现象见图 4.9（i）。当层间位移角达到 0.03rad 时，梁上翼缘出现明显的局部屈曲，见图 4.9（j）。当加载到 $R = 0.05\text{rad}$ 第六次循环时，梁上翼缘与外环加强环连接处断裂。由于外加强环面外抗弯能力弱于梁翼缘，裂缝沿大约 45° 方向向外加强环侧延伸，见图 4.9（k）。同时，梁的腹板发生弯曲，见图 4.9（l）。3 号试件在正向加载和负向加载方向下的极限弯矩分别为 299kN·m 和 301kN·m。结果表明，填充混凝土钢管柱的试件的弯矩大于空心钢管柱试件的弯矩。

4 号试件的最后阶段的破坏现象见图 4.9（m）。由图 4.9（n）可见，当层间位移角 $R = 0.05\text{rad}$ 时，填充混凝土钢管柱与混凝土楼板之间的分隔距离为 18mm。在层间位移角 $R = 0.05\text{rad}$ 的第六次循环外加强环下侧发生断裂［图 4.9（j）］。这表明混凝土楼板提高了外加强环上侧的弯矩能力。4 号试件在正向加载和负向加载方向下的极限弯矩分别为 325kN·m 和 292kN·m。

（a）1 号试件最后阶段破坏现象

（b）1 号试件外加强环局部屈曲

（c）1 号试件焊接部位脆性断裂

（d）1 号试件外环板断裂

图 4.9　试件破坏现象图

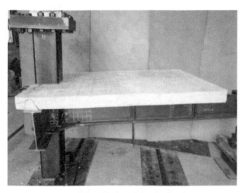

（e）2 号试件最后阶段破坏现象

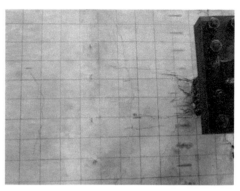

（f）2 号试件混凝土楼板破坏

（g）2 号试件焊接部位脆性破坏

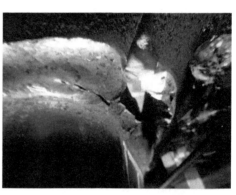

（h）2 号试件方钢管柱开裂破坏

（i）3 号试件最后阶段破坏现象

（j）3 号试件梁上翼缘局部屈曲

图 4.9（续）

（k）3号试件外加强环上侧断裂

（l）3号试件梁腹板屈曲

（m）4号试件最后阶段破坏现象

（n）4号试件梁柱连接处分离

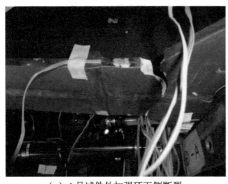

（o）4号试件外加强环下侧断裂

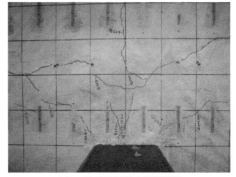

（p）4号试件混凝土楼板裂缝

图4.9（续）

4.3.2 滞回性能

外环板式方形柱-组合梁连接节点试件的梁端荷载-层间位移角滞回曲线图见图4.10，图中横坐标表示层间位移角，纵坐标表示相应的梁端荷载。由图4.10可知，当位移荷载小于0.005rad时，四个试件的梁端弯矩-层间位移角曲线均呈直线，表明4个试件处于弹性状态；当位移荷载超过0.01rad时，滞回曲线逐步出现弯折现象，试件逐渐进入塑性状态；在位移荷载到达 0.05rad 时，各试件出现不同形式的破坏。在整个加载过程中，所有试验节点均表现出优越的延性性能，梁端弯矩-层间位移角曲线均为饱满稳定的纺锤形。由于楼板与钢梁的组合效应，2 号和 4 号试件的正向荷载分别比负向荷载提高了 20.52% 和 11.70%。

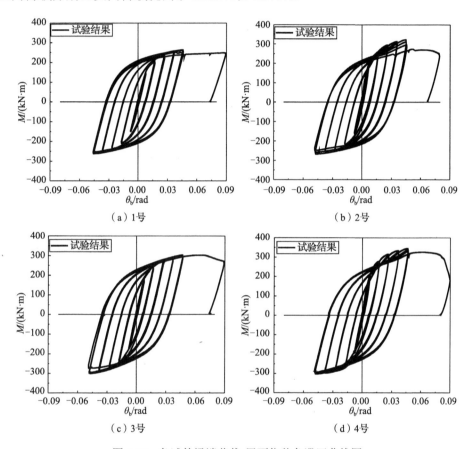

图 4.10　各试件梁端荷载-层面位移角滞回曲线图

4.3.3　骨架曲线及其主要性能点定义

图 4.11 示出骨架曲线对比；表 4.4 示出各试件节点域的剪切刚度（K_e）、屈服弯矩（M_y）、屈服弯矩变形角（θ_y）、塑性弯矩（M_p）、塑性弯矩变形角（θ_p）、峰值弯矩（M_m）和峰值转角（θ_m）。由于楼板与钢梁的组合效影响，2 号和 4 号试件的屈服弯矩、塑性弯矩和峰值弯矩总体上均高于 1 号和 3 号试件。由于混凝土与钢管之间的约束效应影响，3 号试件的屈服弯矩、塑性弯矩和峰值弯矩比 1 号试件分别提高了 21.34%、173.36% 和 14.29%；4 号试件的屈服弯矩、塑性弯矩和峰值弯矩比 2 号试件分别提高了 20.90%、13.76% 和 4.79%。

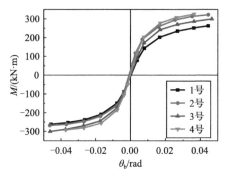

图 4.11 骨架曲线对比

表 4.4 构件的节点域的剪切刚度、主要性能点的弯矩和转角

试件编号	加载方向	$K_e/$ (kN·m/rad)	$M_y/$ (kN·m)	$\theta_y/$ rad	$M_p/$ (kN·m)	$\theta_p/$ rad	$M_m/$ (kN·m)	$\theta_m/$ rad	破坏形态
1	正向	20 000	170	0.012	209	0.023	263	0.045	外加强环与下翼缘连接处撕裂
	负向	24 000	159	0.010	212	0.019	262	0.046	
2	正向	42 000	186	0.006	236	0.013	323	0.044	外加强环下部与柱壁焊接处撕裂
	负向	25 000	167	0.010	216	0.018	268	0.047	
3	正向	25 000	203	0.012	250	0.020	299	0.047	外加强环与上翼缘连接处开裂
	负向	24 000	196	0.011	244	0.019	301	0.046	
4	正向	37 000	237	0.009	266	0.016	325	0.036	外加强环下部靠近梁端部位断裂
	负向	31 000	191	0.010	248	0.017	292	0.037	

4.3.4 刚度退化

试件刚度退化如式（4.4）计算。

$$K_j = \sum_{i=1}^{2} M_{i,j} \bigg/ \sum_{i=1}^{2} \theta_{i,j} \tag{4.4}$$

式中：K_j 为第 j 级加载的刚度；$M_{i,j}$ 为第 j 级加载的第 i 次循环的梁端的最大弯矩；$\theta_{i,j}$ 为 $M_{i,j}$ 对应的梁端转角。

图 4.12 为外环板式方形柱-组合梁连接节点试件的刚度退化规律 K-R 曲线。各试件的刚度退化均比较明显，前两个加载级尤为突出。由于加载初期，设备与试件连接间隙等各种因素影响，导致 1 号试件和 3 号试件的正负向刚度初期加载存在一定的差距。在位移荷载达到 0.02rad 之后，正负向刚度趋于相同。

由于楼板与钢梁的组合效应影响，2 号试件和 4 号试件的正向加载刚度远远超过负向加载刚度。在正向荷载作用时，钢筋混凝土板受压，与钢梁上翼缘协同工作，保护了梁上翼缘，共同抵抗压力；然而在负向荷载作用时，由于钢筋混凝土抗拉能力较弱，拉力基本由钢梁上翼缘承担。

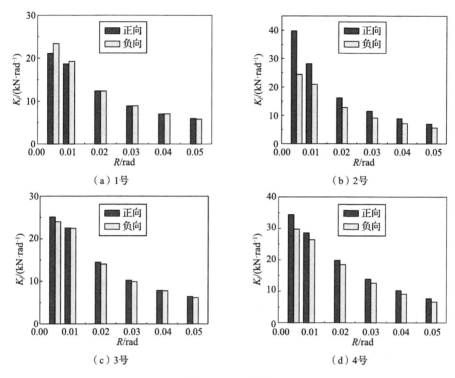

图 4.12　K-R 曲线

表 4.5 列出了塑性点与屈服点之间的刚度比（K_p/K_y）、峰值荷载点与屈服点之间的刚度比（K_m/K_y），以及 $R=0.05\text{rad}$ 的点和屈服弯曲点之间的刚度比（$K_{0.05\text{rad}}/K_y$）。所有试件的 $K_{0.05\text{rad}}/K_y$ 均在 $0.36\sim0.48$ 的范围内，但 2 号和 4 号试件的 K_p/K_y 和 K_m/K_y 与 1 号试件和 3 号试件相比差异很大。原因是存在楼板组合作用，在正向加载充分利用了楼板的抗压能力，使得正向加载刚度较负向加载的刚度要大。

表 4.5　K_p/K_y、K_m/K_y 与 $K_{0.05\text{rad}}/K_y$

试件编号.	加载方向	K_p/K_y	K_m/K_y	$K_{0.05\text{rad}}/K_y$
1	正向	0.64	0.41	0.42
	负向	0.70	0.36	0.37
2	正向	0.58	0.24	0.22
	负向	0.71	0.34	0.33
3	正向	0.74	0.38	0.38
	负向	0.72	0.37	0.35
4	正向	0.63	0.34	0.29
	负向	0.76	0.41	0.34

4.3.5　耗能能力

在低周反复荷载作用下，滞回曲线的面积代表所有试件在每个循环中的耗散能量。图 4.13 和图 4.14 分别显示了每个周期的耗能能力 E，并以此来度量构件在每个加载循环内累积耗能能力，对试件的耗能能力进行综合评价。

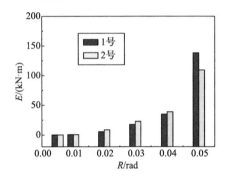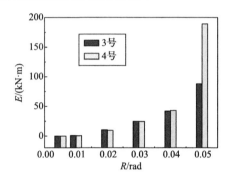

图 4.13　各试件的 E-R 曲线

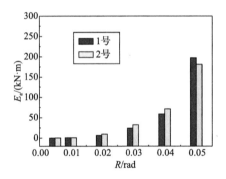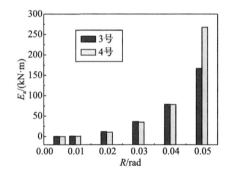

图 4.14　各试件的 E_a-R 曲线

当层间位移角小于 0.01rad 时，所有试件均在弹性范围内。没有观察到塑性变形，耗散能力几乎为零。当层间位移角达到 0.01rad 时，耗能能力缓慢增加。在层间位移角达到 0.04rad 之后，样品之间存在明显差异。混凝土填充钢管柱的耗能能力大于空心钢管柱。同时带有混凝土楼板板的试件的能量耗散能力比无混凝土板的标本的小。总能量消耗主要与试件的变形能力有关。

通过各试件的 E-R 曲线可以计算等效黏滞阻尼系数 ξ[150]，计算公式如下：

$$\xi = \frac{1}{2\pi} \cdot \frac{S_{ABC} + S_{CDA}}{S_{OBE} + S_{ODF}} \tag{4.5}$$

式中：S（$ABC+CDA$）为一个循环的滞回曲线面积；S（$OBE+ODF$）为相应的三角形面积，等效黏滞阻尼系数计算简图见图 4.15。

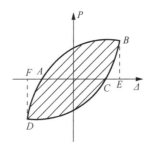

图 4.15　等效黏滞阻尼系数计算简图

各试件节点域的等效黏滞阻尼系数 ξ 随着加载过程的变化见图 4.16 和表 4.6。随着样本旋转角度的增加，等效黏滞阻尼系数 ξ 逐渐增加，但增加速度逐渐降低。表 4.6 列出了试件在屈服点、塑性点和层间位移角为 0.05rad 时的等效黏滞。1 号试件和 2 号试件屈服时的等效黏滞阻尼系数相近，分别为 0.138 和 0.152。加载到 0.05rad 时，混凝土楼板已经压碎，无法与钢梁协同工作。因此，各试件层间位移角为 0.05rad 时的 $\xi_{eq,0.05rad}$ 较为接近，为 0.222~0.229。

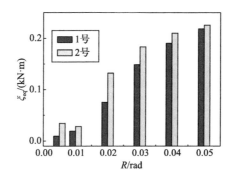

图 4.16　各试件的 ξ_{eq}-R 曲线

表 4.6　屈服点、塑性点和 0.05rad 的等效黏滞阻尼系数

试件编号	$\xi_{e,y}$	$\xi_{e,p}$	$\xi_{e,0.05rad}$
1	0.138	0.186	0.224
2	0.152	0.139	0.229
3	0.133	0.180	0.222
4	0.132	0.132	0.225

4.3.6　弯矩能力退化

对于给定的层间位移角，剪切能力随着循环次数的增加而降低。剪切能力退化通过以下公式计算：

$$\eta_j = \frac{M_{2,j}}{M_{1,j}} \tag{4.6}$$

式中：η_j 为 j 级加载下的剪切力退化因子；$M_{1,j}$ 为 j 级载荷下一次循环的最大弯矩；$M_{2,j}$ 为 j 级载荷下二次循环的最大弯矩。

所有试件的剪切力 η_j-R 曲线如图 4.17 所示。图 4.17 示出所有试件的剪切能力退化的变化趋势大致相同。剪切能力的退化系数随层间位移角的增加而减小。

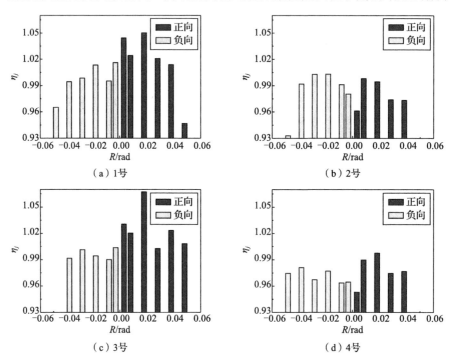

图 4.17　各试件剪切力 η_j-R 曲线

4.4　基于 MARC 的有限元分析

基于外环板式方形柱-组合梁连接节点循环荷载试验，本节主要采用 MSC. Marc 有限元软件进行有限元建模分析，全面了解外环板式方形柱-组合梁连接节点的工作机制，进一步补充完善试验研究在应变分布、力学机理等方面的不足。在此基础上，通过有限元参数分析，详细分析尺寸效应、楼板厚度、轴压比、柱宽厚比和楼板强度五个参数对外环板式方形柱-组合梁连接节点的梁端抗弯性能的影响。结果表明，尺寸效应、轴压比对梁端抗弯承载力及刚度的作用小到可以忽略；楼板厚度、楼板强度和柱宽厚比对梁端抗弯承载力有显著作用。结合屈服线理论和上界定理提出了考虑楼板作用的外环板式方形柱-组合梁连接节点梁端抗弯承载力计算公式，通过对比公式计算结果与试验、有限元分析结果可得，该计算公式可较好地计算考虑楼板作用的外环板式方形柱-组合梁连接节点梁端抗弯承载力。

4.4.1　有限元模型建立

本节采用有限元分析软件 MSC.Marc 建立了三维方形柱-组合梁连接节点有限元模型，并对方形柱-组合梁连接节点进行循环加载模拟分析。建模过程主要包括有限元单元选取 Type 7 单元和 Truss 单元）、网格划分与优化处理、材料本构定义（混凝土、钢筋、钢板、栓钉）、边界条件（滑动支座与铰支座）、单元接触与连接定义（钢筋与混凝土楼板、混凝土与钢管、栓钉与钢筋混凝土楼板、栓钉与钢梁）、荷载工况（循环荷载）等。三维方形柱-组合梁连接节点有限元模型按 1∶1 比例建立，并在应力梯度变化大的节点区域将网格细分化。有限元模型见图 4.18。图 4.18 中 u_x、u_y、u_z、θ_x、θ_y 和 θ_z 分别代表 X、Y、Z 方向上的平动和转动自由度。

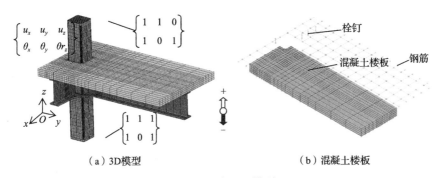

（a）3D模型　　　　　　　　（b）混凝土楼板

图 4.18　有限元模型

4.4.2　元素类型

混凝土楼板中钢筋采用 Truss 单元（2 节点线单元），其余部分采用 Type 7 单元（8 节点实体单元）。利用 MSC.Marc 程序中自带的 Insert 功能将钢筋（Truss 单元）嵌入到混凝土（Type 7 单元）中。所有三维方形柱-组合梁连接节点有限元模型均忽略几何缺陷及元素变形。

4.4.3　材料性能

假定钢板与钢筋服从 Mises 屈服准则，泊松比取 0.3，弹性模量根据拉伸试验测得，塑性应力-对数应变曲线通过式（4.7）和式（4.8）转换得到。

$$\sigma_{\text{ture}} = \sigma_{\text{eng}}(1 + \varepsilon_{\text{eng}}) \tag{4.7}$$

$$\varepsilon_{\text{ture}} = \ln(1 + \varepsilon_{\text{eng}}) \cdot \left(\frac{\sigma_{\text{ture}}}{E}\right) \tag{4.8}$$

试验中混凝土的泊松比的取值是 0.2，混凝土应力-应变关系曲线见图 4.19。

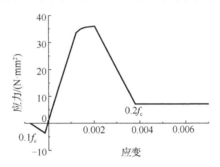

图 4.19　混凝土应力-应变关系曲线

MSC 中内置混凝土裂缝模型，Marc 用于模拟试验中观察到的混凝土损伤。如图 4.20 所示，在该模型中，需要输入一组关键参数，包括临界应力、拉伸软化模量、剪切保持系数和破碎应变，并确定如下：假定开裂应力为混凝土抗压强度的 1/10 时，压碎应变为默认的单位统一值，因为它已反映在先前输入的混凝土单轴应力-应变关系中，即剪力保持系数，即剪力的大小。骨料互锁的结果是裂纹在混凝土中的传递，等于 0.5，软化模量[151]可以用来模拟混凝土开裂时从混凝土到钢筋的卸载现象，可以根据式（4.9）确定：

$$E_{\text{cs}} = \frac{f_{\text{t}}^2 l_{\text{r}}}{2G_{\text{f}}} \tag{4.9}$$

式中：l_{r} 为模型的长度；G_{f} 为混凝土的断裂能；f_{t} 为混凝土抗拉强度。

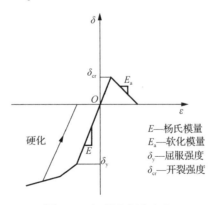

图 4.20　混凝土损伤定义

4.4.4　接触与连接

在 x、y 水平方向将混凝土楼板与钢梁的接触面设置约束，相对应的结点定义为弹簧连接（spring link）。弹簧两端分别连接在楼板和钢梁相对应的点位上面，弹簧单元具体形式如图 4.21 所示。将栓钉定义剪力-滑移曲线，表达式如式（4.10）所示，在 z 向采用绑定（tie）进行约束，并将每个栓钉设置受剪承载力。

$$V = V_u(1 - e^{-s_l})^{0.558} \tag{4.10}$$

$$V_u = 0.43 A_{st}\sqrt{E_c f_c} \leqslant 0.7 A_{st} f_u \quad (h_{stub}/d_{stub} \geqslant 4) \tag{4.11}$$

式中：V 为栓钉的截面剪力；V_u 为单个栓钉的承载力，计算公式按照《钢结构设计规范》（GB 50017—2014）中规定设计，算法如式（4.10）；s_l 为界面的相对滑移；A_{st} 为栓钉的钉杆截面面积；E_c 为混凝土楼板的弹性模量；f_u 为栓钉极限抗拉强度；h 和 d 分别为栓钉高度和直径。

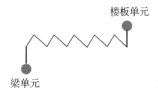

图 4.21　弹簧单元

4.4.5　边界条件

有限元模拟过程与试验加载过程相同，故在梁端 50mm 外设置耦合点进行模拟相同的加载方式。柱顶与一块刚性板连接，并限制了 x、y 水平运动和 x、z 旋动，而柱底与另一块刚性板连接，允许绕轴转动。在耦合点上施加和试验相同的位移加载方式，定义梁端上移为正向加载，下移为负向加载。

4.4.6　模型验证

滞回曲线可由循环加载试验得到，将有限元模型和试验所得的滞回曲线进行比较，主要指标是滞回曲线、骨架曲线、破坏模式、屈服弯曲点（M_y，θ_y）、初始刚度（K）和塑性弯曲点（M_p，θ_p）。图 4.22 和图 4.23 为试件的有限元和试验所得的滞回曲线和骨架曲线的对比。总体而言，由 3D 模型生成的滞回和骨架曲线与试验观察结果非常吻合。表 4.7 中将关键指标（K^{EXP}、M_y^{EXP} 和 M_p^{EXP}）与数值模拟获得的指标（K^{FEM}、M_y^{FEM} 和 M_p^{FEM}）进行了比较。K、M_y 和 M_p 分别为 5.06%、1.52% 和 2.01%。K、M_y 和 M_p 的标准偏差（MD）分别为 2.28%、0.75% 和 1.12%。从图中对比可发现，分别通过试验和有限元模拟得到的滞回曲线吻合度很高，证明有限元模型的准确度满足要求，可应用该模型进行更加深度的研究。

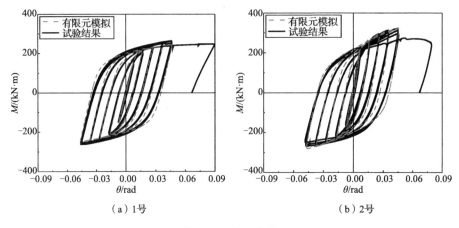

（a）1号　　　　　　　　（b）2号

图 4.22　滞回曲线

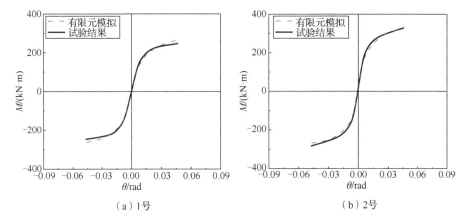

（a）1号　　　　　　　　（b）2号

图 4.23　骨架曲线

表 4.7　试验和有限元的初期刚度、屈服点和塑性点对比

试件编号	加载方向	初始刚度/（kN·m/rad）			屈服强度/（kN·m）			塑性强度/（kN·m）		
		K^{EXP}	K^{FEM}	偏差/%	M_y^{EXP}	M_y^{FEM}	偏差/%	M_p^{EXP}	M_p^{FEM}	偏差/%
ST-W/O	正向	20 605	21 200	2.81	179	176	1.27	212	210	0.85
	负向	23 527	21 744	8.20	−174	−179	2.12	−208	−211	1.27
ST-W	正向	41 737	43 577	4.22	190	194	2.11	233	239	2.58
	负向	24 717	26 024	5.02	−179	−178	0.56	−210	−217	3.33
MD				5.06			1.52			2.01
SD				2.28			0.75			1.12

注：K^{FEM}是有限元模型所得的初始刚度；M_y^{FEM}和M_p^{FEM}分别为有限元模型所得的屈服弯矩和塑性弯矩。

4.5　基于 MARC 的参数分析

基于第 3 章研究发现，本节提出的有限元模型可以很好地模拟带楼板的外环板式梁柱节点的抗弯承载力。为了进一步研究不同参数对组合节点的影响，本节重新设定参数，试件计算模型见表 4.8。考虑了五个参数对梁柱组合节点抗震性能的影响。每个参数的变化范围如下所述。

（1）尺寸效应［梁高（H）］：300mm、375mm、450mm 和 600mm。

（2）轴压比（n）：0.8、0.6、0.4、0.2 和 0（无轴向载荷）。

（3）楼板厚度（h_s）：0mm、60mm、85mm、100mm 和 120mm。

（4）混凝土抗压强度（f_c'）：16MPa、24MPa、32MPa、50MPa 和 70MPa。

（5）柱宽厚比（D/t）：22、25、29、33、40 和 50。

表 4.8　试件计算模型

试件编号	方钢管*	梁*	梁高 H/mm	轴压比 n	楼板厚度 h_s	楼板强度 f_c'/MPa	柱宽厚比 D/t	R_{CJB}
ST-W/O(1)	200×200×9	300×120×6×12	300	0	0	0	22	1.91
ST-W(2)	200×200×9	300×120×6×12	300	0	85	32	22	1.08
3	250×250×11.25	375×150×7.5×15	375	0	0	0	22	1.91
4	250×250×11.25	375×150×7.5×15	375	0	85	32	22	1.21
5	300×300×13.5	450×180×9×18	450	0	0	0	22	1.91
6	300×300×13.5	450×180×9×18	450	0	85	32	22	1.33
7	400×400×18	600×240×12×24	600	0	0	0	22	1.91
8	400×400×18	600×240×12×24	600	0	85	32	22	1.44
9	200×200×9	300×120×6×12	300	0.2	85	32	22	1.08
10	200×200×9	300×120×6×12	300	0.4	85	32	22	1.08
11	200×200×9	300×120×6×12	300	0.6	85	32	22	1.08
12	200×200×9	300×120×6×12	300	0.8	85	32	22	1.08
13	200×200×9	300×120×6×12	300	0	60	32	22	1.23
14	200×200×9	300×120×6×12	300	0	100	32	22	1.00
15	200×200×9	300×120×6×12	300	0	120	32	22	0.92
16	200×200×9	300×120×6×12	300	0	85	16	22	1.23
17	200×200×9	300×120×6×12	300	0	85	24	22	1.13
18	200×200×9	300×120×6×12	300	0	85	50	22	1.03

试件编号	方钢管*	梁*	梁高 H/mm	轴压比 n	楼板厚度 h_s	楼板强度 f_c'/MPa	柱宽/厚比 D/t	R_{CJB}
19	200×200×9	300×120×6×12	300	0	85	70	22	1.00
20	200×200×8	300×120×6×12	300	0	85	32	25	0.97
21	200×200×7	300×120×6×12	300	0	85	32	29	0.86
22	200×200×6	300×120×6×12	300	0	85	32	33	0.74
23	200×200×5	300×120×6×12	300	0	85	32	40	0.62
24	200×200×4	300×120×6×12	300	0	85	32	50	0.50

*本列数据单位为 mm。

通过对梁高的变化研究了梁柱组合节点的尺寸效应。梁柱节点的抗震性能可以通过柱梁强度比 R_{CJB} 来量化，由式（4.12）计算得出。

$$R_{CJB} = \frac{\sum M_{JC}}{\sum M_{JB}} \tag{4.12}$$

式中：$\sum M_{JC}$ 是方钢管柱上下极限弯矩之和；$\sum M_{JB}$ 是梁端极限弯矩之和。

4.5.1　尺寸效应

选用 H 为 300mm、375mm、450mm 和 600mm 的试件进行尺寸效应研究，分析了不同尺寸对梁端抗弯承载力的影响。不同尺寸影响下的骨架曲线、钢梁和组合梁弯矩对比见图 4.24 和图 4.25，梁端抗弯承载力见表 4.9。与钢梁 1 号试件、3 号试件、5 号试件和 7 号试件相比，其组合梁在正向荷载作用下的屈服弯矩为 2 号试件、4 号试件、6 号试件和 8 号试件的屈服弯矩分别增大了 12.1%、12.6%、18.6% 和 24.4%，并且正向加载下的塑性弯矩也有了明显的改善，分别为 18.9%、18.7%、11.7% 和 14.6%。但在正向荷载作用下，组合梁的屈服和塑性弯矩比钢梁略有提高。

表 4.9　不同尺寸试件在性能点的梁端抗弯承载力

	试件编号	加载方向	K^{FEM}/（kN/rad）	θ_y^{FEM}/rad	M_y^{FEM}/（kN·m）	θ_p^{FEM}/rad	M_p^{FEM}/（kN·m）
H=600mm	8	正向	336 867	0.004 9	1 621	0.009 0	1 859
		负向	197 502	0.006 0	1 456	0.009 5	−1 732
	7	正向	96 133	0.016 488 6	1 304	0.032 499	1 622
		负向	96 983	−0.016 989	−1 300	−0.032 479	−1 595
H=450mm	6	正向	141 683	0.005 537	671	0.009 343	754
		负向	87 631	0.008 762	609	0.014 158	675
	5	正向	45 914	0.015 849	569	0.027 608	675
		负向	52 125	−0.014 019	−559	−0.026 619	−666

试件编号		加载方向	K^{FEM}/（kN/rad）	θ_y^{FEM}/rad	M_y^{FEM}/（kN·m）	θ_p^{FEM}/rad	M_p^{FEM}/（kN·m）
H=375mm	4	正向	85 034	0.006 289	391	0.010 273	465
		负向	49 367	-0.009 031	-355	-0.015 126	-393
	3	正向	45 692	0.019 491	349	0.025 98	383
		负向	45 692	-0.019 83	-347	-0.026 89	-381
H=300mm	2	正向	44 729	0.005 794	203	0.008 789	232
		负向	25 407	-0.008 36	-182	-0.015 737	-205
	1	正向	27 431	0.008 929	174	0.012 538	195
		负向	21 780	-0.009 74	-179	-0.014 449	-202

注：θ_y^{FEM}、θ_p^{FEM} 分别代表有限元模型的对应屈服转角和塑性转角。

为了便于比较，由式（4.13a～4.13c）计算得到单位截面抗弯系数的梁端抗弯承载力。

$$S_{y,ij} = \frac{M_{y,j}/W_j}{M_{y,i}/W_i} \tag{4.13a}$$

$$S_{p,ij} = \frac{M_{p,j}/W_j}{M_{p,i}/W_i} \tag{4.13b}$$

$$W = \frac{BH^3 - (B-t_w)h^3}{12} \tag{4.13c}$$

式中：$S_{y,ij}$、$S_{p,ij}$ 分别为屈服点和塑性点所对应的梁端抗弯承载力；$M_{y,i}$、$M_{p,i}$ 分别为 i 号试件的屈服弯矩和塑性弯矩；$M_{y,j}$、$M_{p,j}$ 分别为 j 号试件的屈服弯矩和塑性弯矩；W、W_j 分别为 i 号试件和 j 号试件的柱抗弯截面系数；B 为梁翼缘宽度；H 为梁高；t_w 为梁腹板厚度；h 为梁腹板高度。

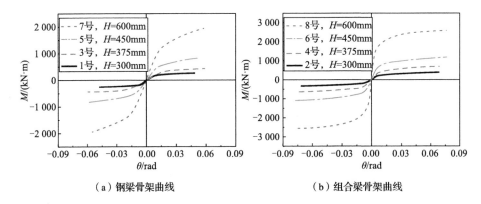

（a）钢梁骨架曲线　　　　　（b）组合梁骨架曲线

图 4.24　骨架曲线（尺寸效应）

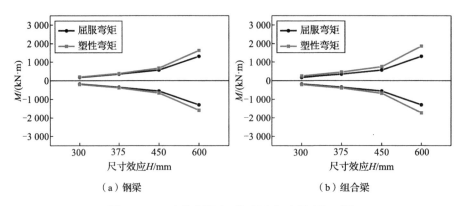

图 4.25　尺寸效应影响下钢梁和组合梁弯矩对比

不同尺寸影响下的单位截面抗弯系数的梁端抗弯承载力比值见表 4.10。组合梁的单位截面抗弯系数梁端抗弯承载力在 0.91～1.04。对于钢梁，单位截面抗弯系数梁端抗弯承载力为 0.96～1.06。平均单位截面抗弯系数梁端抗弯承载力系数为 0.99，接近于 1。结果表明，尺寸效应是影响组合梁或钢梁承载弯矩的主要参数之一。

表 4.10　不同尺寸下的单位截面抗弯系数的梁端抗弯承载力的比值

单位截面抗弯系数梁端抗弯承载力比值	正向加载		负向加载		有无楼板
	屈服点	塑性点	屈服点	塑性点	
S_{13}	1.03	1.01	0.99	0.97	无
S_{15}	0.97	1.03	0.93	0.98	无
S_{17}	0.94	1.04	0.91	0.99	无
S_{24}	0.99	1.03	1.02	1.00	有
S_{26}	0.98	0.96	0.99	0.98	无
S_{28}	1.00	1.00	1.00	1.06	无

4.5.2　轴压比

以轴压比（n 为 0、0.2、0.4、0.6 和 0.8）（表 4.11）为控制参数，选择 2 号试件进行对照。轴压比 n 可以从以下公式求得：

$$n = \frac{N_0}{\sigma_y \cdot A_y} \tag{4.14}$$

式中：σ_y 是方钢管柱屈服应力；A_y 是方钢管柱截面面积；N_0 是轴向荷载。

表 4.11　轴压比

轴压比 n	0.0	0.2	0.4	0.6	0.8
轴向荷载/kN	0	578	1 095	1 643	2 190

通过对上述参数模型模拟分析，可得不同轴压比作用下的骨架曲线和组合梁端弯矩对比，见图 4.26 和图 4.27。与 2 号试件（$n=0.0$）相比，正向加载下 9 号试件（$n=0.2$）、10 号试件（$n=0.4$）、11 号试件（$n=0.6$）和 12 号试件（$n=0.8$）屈服弯矩分别提高了 0.1%、0.3%、0.6%和 0.8%。9 号试件～12 号试件的塑性弯矩在正向荷载作用下分别增加了 0.2%、0.6%、1.0%和 1.6%。三维节点的变形主要由梁、柱、面板区变形组成。随着 n 的增大，节点域剪切变形逐渐减小，而组合梁的受弯变形逐渐增大。可以看出，组合梁弯矩有增大的趋势，但增大的幅度小于 2%，证明组合梁弯矩受轴压比 n 的作用不明显。

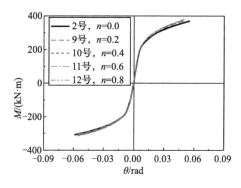

图 4.26　骨架曲线（轴压比）

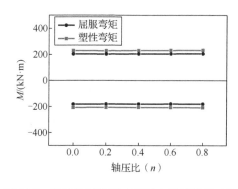

图 4.27　不同轴压比影响下组合梁端弯矩对比（轴压比）

4.5.3　楼板厚度

以楼板厚度（h_s 为 0mm、60mm、85mm、100mm 和 120mm）为控制参数建立有限元模型，研究了不同厚度的楼板对于梁端抗弯承载力的影响，其骨架曲线和组合梁端弯矩对比见图 4.28 和图 4.29，与 1 号试件（$h_s=0$mm）相比，正向荷载作用下 13 号试件（$h_s=60$mm）、2 号试件（$h_s=85$mm）、14 号试件（$h_s=100$mm）和 15 号试件（$h_s=120$mm）屈服弯矩分别增加了 14.6%、19.1%、32.5%和 44.2%；塑性弯矩分别提高了 7.4%、20.1%、27.3%和 37.5%。负向荷载作用下的有限元模型屈服弯矩分别增加了 17.4%、24.1%、25.6%和 27.8%；塑性弯矩分别提高了 5.3%、13.5%、16.2%和 16.5%。随着板厚的增加，组合梁的深度增大，组合梁的弯矩增大。结果表明，楼板的厚度是影响组合节点抗震性能的关键参数。

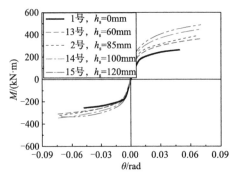

图 4.28 骨架曲线（楼板厚度）

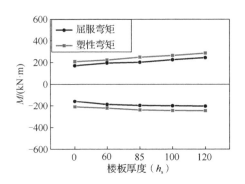

图 4.29 不同楼板厚度影响下组合
梁端弯矩对比

4.5.4 楼板强度

以楼板混凝土强度（f_c' 为 16MPa、24MPa、32MPa、50MPa 和 70MPa）为控制参数建立有限元模型，混凝土强度等级变化见表 4.12。同时还研究了不同混凝土强度的楼板对于梁端抗弯承载力的影响。

表 4.12 混凝土强度等级

类别	C20	C30	C40	C60	C80
$f_{cu,k}$/MPa	20	30	40	60	80
f_c'/MPa	16	24	32	50	70

根据《混凝土结构设计规范（2015 年版）》（GB 50010—2010）[152]中对应的应力-应变曲线，通过等式（4.15）获得楼板混凝土的单轴抗压的应变-应力曲线，如图 4.30 所示。

$$\sigma_c = \begin{cases} f_c\left[\alpha_a\left(\dfrac{\varepsilon_c}{\varepsilon_p}\right) + (3-2\alpha_a)\left(\dfrac{\varepsilon_c}{\varepsilon_p}\right)^2 + (\alpha_a-2)\left(\dfrac{\varepsilon_c}{\varepsilon_p}\right)^3\right], & \varepsilon_c \leqslant \varepsilon_p \\ f_c\left(\dfrac{\varepsilon_c}{\varepsilon_p}\right)\dfrac{1}{\alpha_d\left(\dfrac{\varepsilon_c}{\varepsilon_p}-1\right)^2 + \dfrac{\varepsilon_c}{\varepsilon_p}}, & \varepsilon_c > \varepsilon_p \end{cases} \quad (4.15)$$

式中：σ_c 为混凝土应力；ε_c 为混凝土应变；ε_p 为混凝土峰值应变；α_a 和 α_d 为系数。

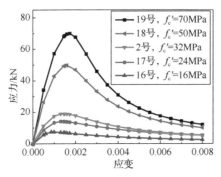

图 4.30　混凝土的单轴抗压的应变-应力曲线

不同楼板骨架曲线和组合梁弯矩对比见图 4.31 和图 4.32，与 16 号试件（ f_c' =16MPa）相比，17 号试件（ f_c' =24MPa）、2 号试件（ f_c' =32MPa）、18 号试件（ f_c' =50MPa）和 19 号试件（ f_c' =70MPa）在正向荷载作用下屈服弯矩分别提高了 1.9%、9.6%、17.7%和 21.0%，其中，17 号试件、2 号试件、18 号试件、19号构件的塑性弯矩在正向荷载作用下分别增加了 7.7%、23.0%、29.6%和 32.5%。混凝土板与柱翼缘的组合作用，极大地提高了组合梁在正向荷载作用下的性能。混凝土强度对组合梁的弯矩有显著影响。

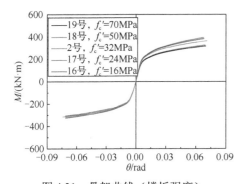

图 4.31　骨架曲线（楼板强度）

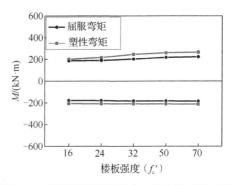

图4.32　不同楼板强度影响下组合梁弯矩对比

4.5.5　柱宽厚比

将柱宽厚比（ D/t 为 22、25、29、33、40 和 50）（表 4.13）作为参数进行分析。不同柱宽厚比影响下的骨架曲线和组合梁弯矩对比见图 4.33 和图 4.34。与2 号试件（ D/t =22）相比，正向荷载作用下的有限元模型，如 20 号试件（ D/t =25）、21 号试件（ D/t =29）、22 号试件（ D/t =33）、23 号试件（ D/t =40）和 24 号试件（ D/t =50）屈服弯矩分别下降了 1.5%、5.9%、13.3%、21.7%和28.6%；塑性弯矩分别降低 1.7%、7.8%、15.5%、24.1%和 33.1%。负向荷载加载下的有限元模型屈服弯矩分别下降 3.8%、8.2%、18.7%、25.3%和31.3%；塑性弯矩分别下降 1.5%、8.8%、19.0%、23.4%和 34.6%。组合梁的弯矩随柱的宽厚比增大而逐渐减小。

表 4.13　柱宽厚比

D/t	22	25	29	33	40	50
壁厚/mm	9	8	7	6	5	4

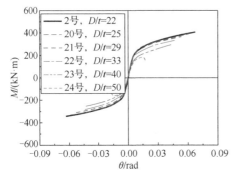 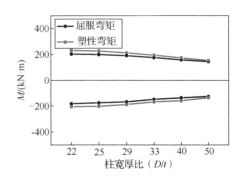

图 4.33　骨架曲线（柱宽厚比）　　图 4.34　不同柱宽厚比影响下组合梁弯矩对比

图 4.35 为不同宽厚比下各节点域应力分布云图。20 号试件～24 号试件柱-梁强度比小于 1，三维节点模型设计为"强梁弱柱"，主要变形为面板区剪切变形。随着 HSS 柱宽厚比的增大，相同条件下面板区更容易发生变形。组合梁的弯曲变形会随着面板区变形的增大而相应减小。当宽厚比达到 50 时，在梁转角 0.17rad 处，弯矩突然下降，节点缺乏转动能力进而导致节点发生了局部屈曲，致使构件提前破坏。

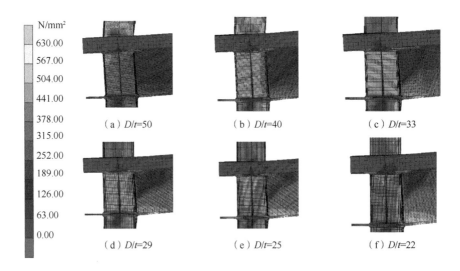

图 4.35　不同宽厚比下各节点域应力分布云图

4.6　基于 ABAQUS 的有限元分析

基于外环板式方形柱-组合梁连接节点循环荷载试验，本节主要采用 ABAQUS 6.14 有限元软件，进行有限元建模分析，全面了解外环板式方形柱-组合梁连接节点的工作机制，进一步补充完善试验研究在应变分布、力学机理等方面的不足。在此基础上，通过有限元参数详细分析了尺寸效应、节点域高宽比、楼板厚度、柱宽厚比和楼板强度 5 个参数对外环板式方形柱-组合梁连接节点的梁端抗弯性能的影响。结果表明，尺寸效应、对梁端抗弯承载力及刚度的作用小到可以忽略；节点域宽厚比、楼板厚度、楼板强度和柱宽厚比对梁端抗弯承载力有显著作用。结合屈服线理论和上界定理，提出了考虑楼板作用的外环板式方形柱-组合梁连接节点梁端抗弯承载力计算公式，通过对比公式计算结果与试验、有限元分析结果，可得该计算公式能较好地计算楼板作用的外环板式方形柱-组合梁连接节点梁端的抗弯承载力。

4.6.1　有限元模型建立

采用有限元分析软件 ABAQUS 6.14 建立三维方形柱-组合梁连接节点有限元模型，并对方形柱-组合梁连接节点进行循环加载模拟分析。其步骤包括几何建模、材料属性、边界条件、接触定义和网格划分等。网格划分后整体有限元模型见图 4.36，其中 u_x、u_y、u_z、θ_x、θ_y、θ_z 分别代表 x、y、z 方向上的平动和转动自由度。

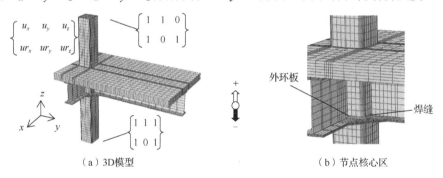

（a）3D模型　　　　　　　　　　　（b）节点核心区

图 4.36　有限元模型

4.6.2　元素类型

除楼板中的钢筋，其他部件均采用 8 节点实体单元。混凝土楼板中钢筋采用 Truss 单元。所有有限元模型都忽略了初始几何缺陷以及元素变形。

4.6.3　材料性能

钢材的强度准则采用的是 von Mises 屈服准则，选用了考虑包辛格效应的三折线本构模型（图 4.37）来模拟应力-应变曲线[153]，泊松比取值 0.3。

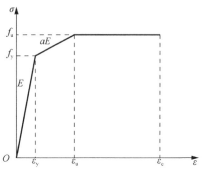

图 4.37　三折线本构模型

混凝土采用的是 ABAQUS 软件中提供的混凝土损伤模型[154]（图 4.38），泊松比取 0.2。

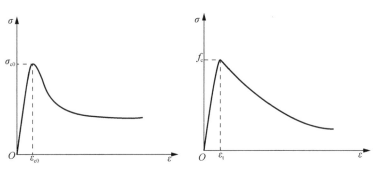

（a）方钢管柱内混凝土受压本构模型[155]　　　　　（b）楼板混凝土受压本构模型[153]

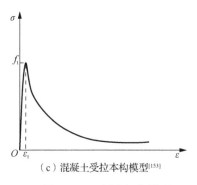

（c）混凝土受拉本构模型[153]

图 4.38　混凝土损伤模型

4.6.4　相互作用

本节提出的节点在试验中的方形钢管柱、外环板及 H 型钢梁采用焊缝进行连接，在 ABAQUS 中各部件之间的界面行为均采用"TIE"模拟接触。方形钢管与混凝土接触面采用"surface to surface"进行模拟，两者接触面在法向可进行相互分离，在切线相互摩擦，摩擦系数取值 0.2。将混凝土楼板作为主单元，钢筋和栓钉作为内置单元，通过嵌入（embeded）的方式模拟与混凝土楼板的相互作用。对于栓钉与 H 型钢梁之间的连接，两者之间没有发生明显的黏结滑移现象，可通过"TIE"模拟两者相互作用。

4.6.5　边界条件

为了精确模拟试验加载过程，在梁端截面外 50mm 设耦合点，施加与试验相同的荷载加载历程，柱顶限制 x、y 水平运动，柱底限制 x、y、z 三个方向水平运动。在耦合点上施加和试验相同的位移加载方式，定义梁端上移为正向加载，下移为负向加载。

4.6.6　模型验证

通过对上述建立的有限元模型进行模拟得到了循环加载下的滞回曲线，并将该曲线和试验所得到的滞回曲线进行对比分析，主要指标是滞回曲线、骨架曲线、破坏模式、屈服弯曲点（M_y, θ_y）、初始刚度（K）和塑性弯曲点（M_p, θ_p）。图 4.39 和图 4.40 为试件的有限元和试验所得的滞回曲线和骨架曲线的对比。总体而言，由有限元分析模型生成的滞回和骨架曲线与试验观察结果非常吻合。表 4.14 中将

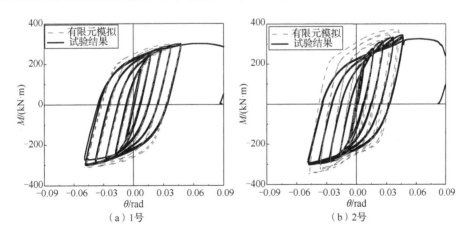

（a）1号　　　　　　　　　　　（b）2号

图 4.39　滞回曲线

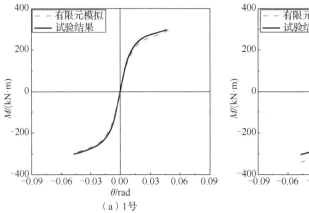

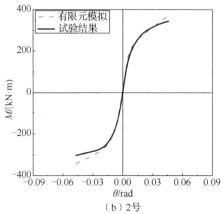

图 4.40　骨架曲线

关键指标（M_y^{EXP} 和 M_p^{EXP}）与数值模拟获得的指标（M_y^{FEM} 和 M_p^{FEM}）进行了比较。M_y 和 M_p 平均值分别为 1.51% 和 1.65%。M_y 和 M_p 的标准偏差分别为 1.83% 和 0.93%。由图中对比可发现，通过试验和有限元模拟得到的滞回曲线吻合度很高，证明有限元模型的准确度满足要求，可应用该模型进行更加深入的研究。

表 4.14　试验和有限元的初期刚度、屈服点和塑性点对比

试件编号	加载方向	初始刚度/(kN·m/rad)		屈服强度/(kN·m)			塑性强度/(kN·m)		
		K^{EXP}	K^{FEM}	M_y^{EXP}	M_y^{FEM}	偏差/%	M_p^{EXP}	M_p^{FEM}	偏差/%
1	正向	24 697	24 070	202	202	0.00	245	244	0.40
	负向	21 778	21 357	201	−204	1.50	244	247	1.23
2	正向	37 000	37 082	215	214	0.03	276	271	2.06
	负向	28 834	28 329	204	−201	4.50	251	258	2.89
MD						1.51			1.65
SD						1.83			0.93

4.7　基于 ABAQUS 的参数分析

基于第 3 章研究发现，本节提出的有限元模型可以很好地模拟带楼板的外环板式梁柱节点的抗弯承载力。为了进一步研究不同参数对组合节点的影响，本节重新设定 20 的参数。试件计算模型见表 4.15。考虑了 5 个参数对梁柱组合节点抗震性能的影响。每个参数的变化范围如下：

（1）尺寸效应［梁高（H）］：300mm、375mm、450mm 和 600mm。

（2）节点域高宽比（H/D）：1、1.5、1.75 和 2。

（3）楼板厚度（h_s）：0mm、60mm、85mm、100mm 和 120mm。

（4）混凝土抗压强度（f_c'）：16MPa、24MPa、32MPa、50MPa 和 70MPa。

（5）柱宽厚比（D/t）：22、25、29、33 和 50。

通过对梁高的变化研究了梁柱组合节点的尺寸效应。梁柱节点的抗震性能可以通过柱梁强度比 R_{CJB} 可根据 4.4.4 节相关公式进行计算。

表 4.15　试件计算模型

试件编号	方形钢管*	梁*	梁高 H/mm	节点域高宽比 H/D	楼板厚度 h_s	楼板强度 f_c'/MPa	柱宽厚比 D/t	R_{CJB}
1	200×200×9	300×120×6×12	300	1.5	0	0	22	2.96
2	200×200×9	300×120×6×12	300	1.5	85	32	22	1.67
3	250×250×11.25	375×150×7.5×15	375	1.5	0	0	22	2.96
4	250×250×11.25	375×150×7.5×15	375	1.5	85	32	22	1.89
5	300×300×13.5	450×180×9×18	450	1.5	0	0	22	2.96
6	300×300×13.5	450×180×9×18	450	1.5	85	32	22	2.06
7	400×400×18	300×120×6×12	600	1.5	0	0	22	2.96
8	400×400×18	600×240×12×24	600	1.5	85	32	22	2.24
9	200×200×9	200×120×6×12	300	1	85	32	22	2.48
10	200×200×9	350×120×6×12	300	1.75	85	32	22	1.41
11	200×200×9	400×120×6×12	300	2	85	32	22	1.21
12	200×200×9	300×120×6×12	300	1.5	60	32	22	1.90
13	200×200×9	300×120×6×12	300	1.5	100	32	22	1.56
14	200×200×9	300×120×6×12	300	1.5	120	32	22	1.43
15	200×200×9	300×120×6×12	300	1.5	85	16	22	1.91
16	200×200×9	300×120×6×12	300	1.5	85	24	22	1.75
17	200×200×9	300×120×6×12	300	1.5	85	50	22	1.59
18	200×200×9	300×120×6×12	300	1.5	85	70	22	1.56
19	200×200×8	300×120×6×12	300	1.5	85	32	25	1.58
20	200×200×7	300×120×6×12	300	1.5	85	32	29	1.49
21	200×200×6	300×120×6×12	300	1.5	85	32	33	1.40
22	200×200×4	300×120×6×12	300	1.5	85	32	50	1.20

*本列中数字单位均为 mm。

4.7.1　尺寸效应

选用 H 为 300mm、375mm、450mm 和 600mm 的试件进行尺寸效应研究，分析了不同尺寸对梁端抗弯承载力的影响。不同尺寸效应影响下骨架曲线见图 4.41；图 4.42 为不同尺寸效应影响下钢梁和组合梁弯矩对比。与钢梁 1 号试件、3 号试件、5 号试件和 7 号试件相比，其组合梁在正向荷载作用下的屈服弯矩为 2 号试件、4 号试件、6 号试件和 8 号试件的屈服弯矩分别增大了 5.9%、15.1%、12.5% 和 14.8%，并且正向加载下的塑性弯矩也有了明显的改善，分别为 11.1%、16.3%、16.8%和 11.9%。但在正向荷载作用下，组合梁的屈服弯矩和塑性弯矩比钢梁略有提高。不同尺寸试件在性能点的梁端抗弯承载力比值见表 4.16。

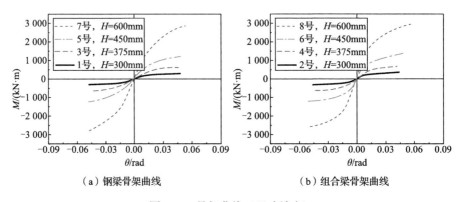

图 4.41 骨架曲线（尺寸效应）

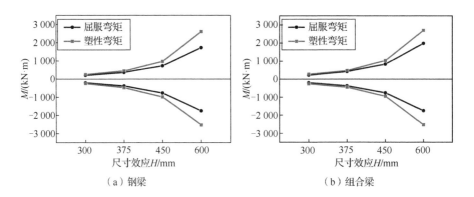

图 4.42 不同尺寸效应影响下钢梁和组合梁弯矩对比

为了便于比较，由式（4.13a～4.13c）计算得到单位截面抗弯系数的梁端抗弯承载力。不同尺寸试件在性能点的梁端抗弯承载力比值见表 4.17。组合梁的单位截面抗弯系数梁端抗弯承载力在 0.88～1.25。对于钢梁，单位截面抗弯系数梁端抗弯承载力为 0.92～1.38。平均单位截面抗弯系数梁端抗弯承载力系数为 1.09，接近于 1。结果表明，尺寸效应是影响组合梁或钢梁承载弯矩的主要参数之一。

表 4.16　不同尺寸试件在性能点的梁端抗弯承载力比值

试件编号	加载方向	$K^{FEM}/$ (kN/rad)	$M_y^{FEM}/$ (kN・m)	θ_y^{FEM}/rad	$M_p^{FEM}/$ (kN・m)	θ_p^{FEM}/rad
1	正向	24 070	202	0.014	244	0.022
	负向	21 357	204	0.014	247	0.021
2	正向	37 082	214	0.008	271	0.018
	负向	28 329	201	0.009	258	0.017
3	正向	38 079	364	0.015	457	0.024
	负向	37 982	378	0.016	471	0.022
4	正向	78 367	419	0.008	478	0.016
	负向	52 901	373	0.009	443	0.015
5	正向	69 815	735	0.016	979	0.026
	负向	69 109	769	0.018	979	0.027
6	正向	137 126	827	0.011	1 038	0.022
	负向	97 616	758	0.010	944	0.019
7	正向	135 644	1726	0.021	2 611	0.040
	负向	138 012	1749	0.020	2 518	0.038
8	正向	171 226	1982	0.017	2 704	0.039
	负向	138 888	1749	0.015	2 517	0.040

注：θ_y^{FEM}、θ_p^{FEM} 分别代表有限元模型对应的屈服转角和塑性转角。

表 4.17　不同尺寸下的单位截面抗弯系数梁端抗弯承载力的比值

单位截面抗弯系数梁端抗弯承载力比值	正向加载		负向加载		有无楼板
	屈服点	塑性点	屈服点	塑性点	
S_{13}	0.92	0.96	0.95	0.98	无
S_{15}	1.08	1.19	1.12	1.17	无
S_{17}	1.07	1.38	1.07	1.27	无
S_{24}	1.00	0.90	0.95	0.88	有
S_{26}	1.14	1.13	1.12	1.08	有
S_{28}	1.16	1.25	1.09	1.22	有

4.7.2　节点域高宽比

以 2 号试件为基准模型，选定节点域高度（H/D）为控制参数，H/D 的取值分别为 1、1.5、1.75 和 2。通过对上述参数模型模拟分析可得不同节点域高宽比影响下的骨架曲线和组合梁弯矩对比，见图 4.43 和图 4.44。与试件 9 号（$H/D=1$）相比，正向荷载作用下 2 号（$H/D=1.5$）、10 号（$H/D=1.75$）和 11 号（$H/D= 2$）屈服弯矩分别增加了 34.6%、54.7%和 69.8%；塑性弯矩分别提高了 37.6%、

60.9%和79.2%。负向荷载作用下的有限元模型屈服弯矩分别增加了41.5%、60.6%和65.5%；塑性弯矩分别提高了49.1%、69.9%和90.7%。随着节点域梁高比的增加，组合梁的深度和弯矩均增大。结果表明，节点域高宽比是影响组合节点抗震性能的关键参数。

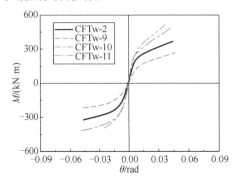

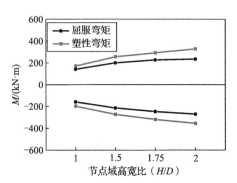

图 4.43　骨架曲线（节点域高宽比）　　　图 4.44　不同节点域高宽比影响下组合梁弯矩对比

4.7.3　楼板厚度

以楼板厚度（h_s=0mm、60mm、85mm、100mm 和 120mm）为控制参数建立有限元模型，研究了不同厚度的楼板对于梁端抗弯承载力的影响。不同楼板厚度影响下的骨架曲线和组合梁弯矩对比见图 4.45 和图 4.46，与 1 号试件（h_s=0mm）相比，正向荷载作用下 12 号试件（h_s=60mm）、2 号试件（h_s=85mm）、13 号试件（h_s=100mm）和 14 号试件（h_s=120mm）屈服弯矩分别增加了 4.0%、5.9%、15.8% 和 24.8%；塑性弯矩分别提高了 8.6%、11.1%、20.1%和 32.0%。随着板厚的增加，组合梁的深度增大，组合梁的弯矩增大。结果表明，楼板的厚度是影响组合节点抗震性能的关键参数。

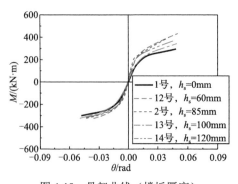

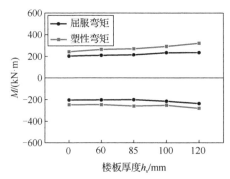

图 4.45　骨架曲线（楼板厚度）　　　图 4.46　不同楼板厚度影响下组合梁弯矩对比

4.7.4　楼板强度

为了研究楼板强度对梁端抗弯承载力和破坏模态的影响，选择不同的楼板强度（f_c'）进行有限元仿真建模。f_c' 的取值分别为 16MPa、24MPa、32MPa、50MPa和 70MPa，不同楼板强度影响下的骨架曲线和组合梁弯矩对比见图4.47 和图4.48。与 15 号试件（f_c'=16MPa）相比，16 号试件（f_c'=24MPa）、2 号试件（f_c'=32MPa）、17 号试件（f_c'=50MPa）和 18 号试件（f_c'=70MPa）在正向荷载作用下屈服弯矩分别提高了 5.1%、9.7%、12.3%和 14.9%。其中，16 号试件（f_c'=24MPa）、2 号试件（f_c'=32MPa）、17 号试件（f_c'=50MPa）和 18 号试件（f_c'=70MPa）的塑性弯矩在正向荷载作用下分别增加了 4.4%、7.5%、15.5%和 28.6%。混凝土板与柱翼缘的组合作用，极大地提高了组合梁在正向荷载作用下的性能。混凝土强度对组合梁的弯矩有显著影响。

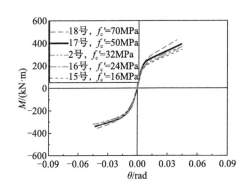

图 4.47　骨架曲线（楼板强度）

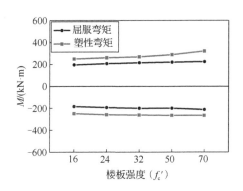

图 4.48　不同楼板强度影响下组合梁弯矩对比

4.7.5　柱宽厚比

将柱的宽厚比（D/t 为 22、25、29、33 和 50）作为参数进行分析。不同柱宽厚比影响下的骨架曲线和组合梁弯矩对比见图4.49 和图4.50。将 2 号（D/t=22）作为参照试件，正向荷载作用下的 19 号试件（D/t=25）、20 号试件（D/t=29）、21 号试件（D/t=33）和 22 号试件（D/t=50）屈服弯矩分别下降了 2.8%、10.9%、14.0%和 23.8%；塑性弯矩分别降低 7.5%、13.3%、19.9%和 26.2%。负向荷载加载下的有限元模型屈服弯矩分别下降 3.6%、11.0%、13.9%和25.9%；塑性弯矩分别下降15.2%、18.6%、23.3%和29.5%。组合梁的弯矩随柱的宽厚比增大而逐渐减小。

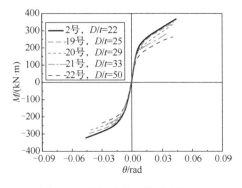

图 4.49　骨架曲线（柱宽厚比）

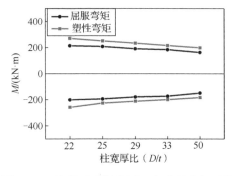

图 4.50　不同柱宽厚比影响下组合梁弯矩对比

4.8　考虑楼板作用的外环板式方形柱-组合梁连接节点承载力计算

4.8.1　模型分析

根据屈服线理论，提出了计算带楼板的外环板式梁柱节点的弯矩的计算公式。讨论了三种分析模型，计算简化模型见图 4.51。

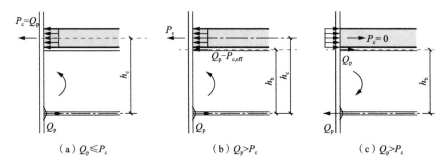

　（a）$Q_p \leqslant P_c$　　　　　　（b）$Q_p > P_c$　　　　　　（c）$Q_p > P_c$

图 4.51　计算简化模型

当 $Q_p \leqslant P_c$，即正向加载下中性轴位于混凝土楼板内，如图 4.51（a）所示，梁端抗弯承载力计算公式为

$$M_p = Q_p \cdot h_c \tag{4.16}$$

式中：Q_p 为中空柱-梁结合部位塑性屈服剪力；h_c 为楼板中线到梁下翼缘中线距离。

当 $Q_p > P_c$，即正向加载下中性轴位于外环板上翼缘内，见图 4.51（b），梁端抗弯承载力计算公式为

$$M_p = P_c \cdot h_c + \left(Q_p - P_c\right) \cdot h_b \tag{4.17}$$

式中：P_c 为楼板有效抗压承载力，$P_c=1.3 \cdot f_c' \cdot h_s \cdot D$；$h_b$ 为梁上下翼缘中线间距。

当负向加载时即混凝土楼板处于受拉状态，此时可以忽略楼板混凝土的贡献，梁端抗弯承载力计算公式为

$$M_p = Q_p \cdot h_b \tag{4.18}$$

4.8.2　外加强环承载力计算

图 4.52 说明了外加强环的屈服机理。将外环板分为三个三角形部分（区域 1、区域 2、区域 3），并假设外加强环屈服区域处于等应变条件下。单元位移面积由式（4.19）定义。

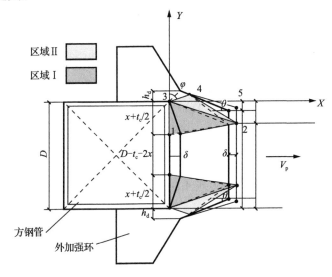

图 4.52　外加强环屈服机理

$$u_m = \alpha_{m1} + \alpha_{m2}X + \alpha_{m3}Y, \quad v_m = \alpha_{m4} + \alpha_{m5}X + \alpha_{m6}Y \tag{4.19}$$

式中：X、Y 为节点 3 原点的坐标轴；u 为沿 X 方向的位移；v 为沿 Y 方向的位移；由式（4.20）计算出的参数，确定 m 区域内的 u 和 v，m 表示三个三角形的面积。

$$\begin{Bmatrix} \alpha_{m1} \\ \alpha_{m2} \\ \alpha_{m3} \\ \alpha_{m4} \\ \alpha_{m5} \\ \alpha_{m6} \end{Bmatrix} = \frac{1}{2A_m} \begin{pmatrix} X_kY_l - X_lY_k & X_lY_j - X_jY_l & X_jY_k - X_kY_j & 0 & 0 & 0 \\ Y_k - Y_l & Y_l - Y_j & Y_j - Y_k & 0 & 0 & 0 \\ X_l - X_k & X_j - X_l & X_k - X_j & 0 & 0 & 0 \\ 0 & 0 & 0 & X_kY_l - X_lY_k & X_lY_j - X_jY_l & X_jY_k - X_kY_j \\ 0 & 0 & 0 & Y_k - Y_l & Y_l - Y_j & Y_j - Y_k \\ 0 & 0 & 0 & X_l - X_k & X_j - X_l & X_k - X_j \end{pmatrix} \begin{Bmatrix} u_j \\ u_k \\ u_l \\ v_j \\ v_k \\ v_l \end{Bmatrix}$$

$$\tag{4.20}$$

其中，

$$A_m = \begin{vmatrix} 1 & X_j & Y_j \\ 1 & X_k & Y_k \\ 1 & X_l & Y_l \end{vmatrix} \tag{4.21}$$

式中：A_m 表示 m 的面积；j、k、l 表示逆时针方向三角形部分的节点数。

通过式（4.22）计算区域 m 沿 X 和 Y 方向的法向应变（$\varepsilon_{m,X}$，$\varepsilon_{m,Y}$）和剪切应变（$\gamma_{m,XY}$）。

$$\begin{pmatrix} \varepsilon_{m,X} \\ \varepsilon_{m,Y} \\ \gamma_{m,XY} \end{pmatrix} = \begin{pmatrix} \partial u_m / \partial X \\ \partial v_m / \partial Y \\ \partial u_m / \partial Y + \partial v_m / \partial X \end{pmatrix} = \begin{pmatrix} \alpha_{m,2} \\ \alpha_{m,6} \\ \alpha_{m,3} + \alpha_{m,5} \end{pmatrix} \tag{4.22}$$

将式（4.19）代入式（4.22）后，法向应变和剪切应变由式（4.23）计算，有

$$\begin{pmatrix} \varepsilon_{m,X} \\ \varepsilon_{m,Y} \\ \gamma_{m,XY} \end{pmatrix} = \frac{1}{2A_m} \begin{pmatrix} (Y_k - Y)u_j + (Y_k - Y_j)u_k + (Y_j - Y_k)u_l \\ (X_l - X_k)v_j + (X_j - X_l)v_k + (X_k - X_j)v_l \\ (X_l - X_k)u_j + (X_j - X_l)u_k + (X_k - X_j)u_l + (Y_k - Y)v_j + (Y_k - Y_j)v_k + (Y_j - Y_k)v_l \end{pmatrix} \tag{4.23}$$

应变由 von Mises 屈服准则（式 4.24）和塑性流动规则给出，见式（4.25）。

$$\Phi = \sigma_{m,X}^2 - \sigma_{m,X} \cdot \sigma_{m,Y} + \sigma_{m,Y}^2 + 3\tau_{m,XY}^2 - \sigma_{dy} = 0 \tag{4.24}$$

$$\begin{pmatrix} \varepsilon_{m,X} \\ \varepsilon_{m,Y} \\ \gamma_{m,XY} \end{pmatrix} = \lambda \begin{pmatrix} 2\sigma_{m,X} - \sigma_{m,Y} \\ -\sigma_{m,X} + 2\sigma_{m,Y} \\ 6\lambda \cdot \tau_{m,XY} \end{pmatrix} \tag{4.25}$$

简化后，有

$$\begin{pmatrix} \sigma_X \\ \sigma_Y \\ \gamma_{XY} \end{pmatrix} = \frac{1}{\lambda} \cdot \begin{pmatrix} 2\varepsilon_X + \varepsilon_Y / 3 \\ \varepsilon_X + 2\varepsilon_Y / 3 \\ \tau_{XY} / 6 \end{pmatrix} \tag{4.26}$$

式中：σ_X 和 σ_Y 分别表示 X 方向和 Y 方向的法向应力；τ_{XY} 为剪切应力；λ 代表一个任意的正因子。

根据式（4.24）和式（4.25）可以得到

$$\left(\frac{2\varepsilon_X + \varepsilon_Y}{3\lambda}\right)^2 - \frac{(2\varepsilon_X + \varepsilon_Y)(\varepsilon_X + 2\varepsilon_Y)}{(3\lambda)^2} + \left(\frac{\varepsilon_X + 2\varepsilon_Y}{3\lambda}\right)^2 + 3\left(\frac{\tau_{XY}}{6\lambda}\right)^2 - \left(\sigma_{y,d}\right)^2 = 0 \tag{4.27}$$

$$\frac{1}{\lambda} = \frac{2\sqrt{3}\sigma_{y,d}}{\sqrt{4(\varepsilon_X^2 + \varepsilon_X \cdot \varepsilon_Y + \varepsilon_Y^2) + \gamma_{XY}^2}} \tag{4.28}$$

面积 m 的内部虚功可由式（4.29）求得，有

$$W_m = \int \left(\sigma_{m,X} \cdot \varepsilon_{m,X} + \sigma_{m,Y} \cdot \varepsilon_{m,Y} + \tau_{m,XY} \cdot \gamma_{m,XY} \right) dV$$

$$W_m = \frac{\sqrt{3}}{3} t_d \cdot \sigma_{y,d} \sqrt{4(A_m \cdot \varepsilon_X)^2 + A_m^2 \cdot \varepsilon_X \cdot \varepsilon_Y + (A_m \cdot \varepsilon_Y)^2 + (A_m \cdot \gamma_{XY})^2} \tag{4.29}$$

如图 4.52 所示，每个区域的节点数以 1～5 表示，节点（1～5）的坐标和位移由式（4.30）给出。

$$\left.\begin{array}{l}
X_1 = X_3 = 0, X_2 = X_5 = a, X_4 = l_d \sin\varphi \\
Y_1 = -(x+t/2), Y_2 = -b, Y_3 = 0, Y_4 = l_d \cos\varphi, Y_5 = -c \\
u_1 = u_2 = \delta, u_3 = u_4 = 0, u_5 = \xi_1 \cdot \delta, v_1 = v_2 = v_3 = v_4 = 0, v_5 = \xi_1 \cdot \xi_2 \cdot \delta
\end{array}\right\} \tag{4.30}$$

式中：a 为中空方形钢管柱翼缘到外加强环端长度；b 为中空方形钢管柱到梁翼缘末端的长度，$b=(D-b_f)/2$；$c=(D-b_d)/2$；b_f 为梁翼缘宽度；b_d 为外加强环端部宽度；$x+t/2$ 为节点 1 与节点 3 之间的距离，x 为柱翼缘的极限区域参数；l_d 表示节点 3 到节点 4 的距离；δ 代表钢管的虚拟位移（$\delta=\Delta\theta\times\Delta d_b$）；$\theta$ 为外加强环夹角；φ 为 3～4 段的角度；ξ_1 和 ξ_2 为影响因子（$0\leqslant\xi_1\leqslant1, 0\leqslant\xi_2\leqslant1$）。

$$l_d = (1 + \tan\theta) / \left[(\cos\theta + \tan\theta \cdot \sin\varphi) h_d \right] \tag{4.31}$$

外加强环（$W_{d,1}$, $W_{d,2}$）的内功可由式（4.32）和式（4.33）计算，有

$$W_{d,1} = \frac{\sqrt{3}}{3} t_d \cdot \sigma_{y,d} \sqrt{4(x - t/2 - b)^2 + a^2} \cdot \delta \tag{4.32}$$

$$W_{d,2} = \frac{2\sqrt{3}}{3} \sqrt{1 + \frac{\tan^2\varphi}{4}} \cdot \frac{1 + \tan\theta}{1 + \tan\varphi \cdot \tan\theta} \cdot h_d t_d \sigma_{y,d} \delta \tag{4.33}$$

式中：t_d 为外环形加劲肋厚度；$\sigma_{y,d}$ 为外加强环屈服强度。

4.8.3　钢管柱承载力计算

当中空方形钢管柱受到侧向荷载时，中空方形钢管柱翼缘发生面外变形，破坏机理见图 4.53。根据屈服线原理，由式（4.31）计算中空方形钢管柱（W_c）的内功。

$$W_c = \left[\frac{t_d + 2s}{x} + \frac{D - t}{\kappa x} - \frac{2}{\kappa} + \frac{4}{\pi}(\log_e\kappa)^2 + \pi \right] \cdot t^2 \sigma_y \delta \tag{4.34}$$

式中：s 为焊缝宽；κ 代表屈服区域的长宽比。

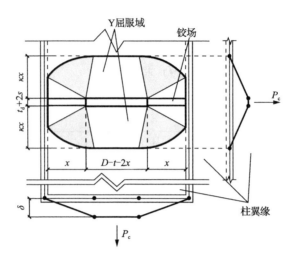

图 4.53　中空方形钢管柱破坏机理

根据虚功原理，内部虚功等于外部功：

$$Q_{\mathrm{p}} = \frac{W_{\mathrm{d},1} + W_{\mathrm{d},2} + W_{\mathrm{c}}}{\delta} \qquad (4.35)$$

因此，塑性剪切强度可表示为式（4.36）：

$$Q_{\mathrm{p}} = \frac{W_{\mathrm{d},1} + W_{\mathrm{d},2} + W_{\mathrm{c}}}{\delta} = \frac{2}{\sqrt{3}} \left[\sqrt{\left(x + \frac{t}{2} - b \right)^2 + \frac{a^2}{4}} + \frac{(1 + \tan\theta)h_{\mathrm{d}}}{\sqrt{1 + 4\tan^2\theta}} \right] \cdot t_{\mathrm{d}}\sigma_{\mathrm{y,d}}$$
$$+ \left[\frac{t_{\mathrm{d}} + 2s}{x} + \frac{D - t}{\kappa x} - \frac{2}{\kappa} + \frac{4}{\pi}(\log_{\mathrm{e}}\kappa)^2 + \pi \right] \cdot t^2 \sigma_{\mathrm{y}} \qquad (4.36)$$

式（4.34）是一个包含 x、κ、φ 的三元函数。根据上界定理，分别得到偏导数，并将其设为零，见式（4.37）和式（4.42）。

$$\frac{\partial Q_{\mathrm{p}}}{\partial x} = 0 \qquad (4.37)$$

$$\frac{\partial Q_{\mathrm{p}}}{\partial \kappa} = 0 \qquad (4.38)$$

$$\frac{\partial Q_{\mathrm{p}}}{\partial \varphi} = 0 \qquad (4.39)$$

$$\frac{t_{\mathrm{d}}\sigma_{\mathrm{y,d}}(x+t/2-b)}{\sqrt{12(x+t/2-b)^2+3a^2}} - \frac{t^2\sigma_{\mathrm{y}}\{t_{\mathrm{d}}+2s+(D-t)/\kappa\}}{4x^2} = 0 \qquad (4.40)$$

$$2(\pi+4\kappa\log_{\mathrm{e}}\kappa)x - (D-t)\pi = 0 \qquad (4.41)$$

$$\varphi = \arctan(4\tan\theta) \qquad (4.42)$$

4.8.4 钢管柱-钢梁节点承载力计算

对于考虑楼板作用的外环板式方形柱-组合梁连接节点，其外环板所提供的承载力与中空方形钢管柱节点相同。对于中空方形钢管柱，假定在钢管柱受压一侧形成一个反对称破坏机制，但内填混凝土方形钢管柱压缩侧混凝土的存在，在柱翼缘处并没有形成此种反对称破坏机制。因此，在计算内填混凝土方钢管所贡献的承载力主要分为两部分，即钢材提供的承载力（$Q_{\mathrm{pc,s}}$）和内填混凝土提供的承载力（$Q_{\mathrm{pc,c}}$）。

钢材提供的承载力（$Q_{\mathrm{pc,s}}$）可由下式所得：

$$Q_{\mathrm{pc,s}} = \frac{W_{\mathrm{d,1}}+W_{\mathrm{d,2}}+W_{\mathrm{cc}}}{\delta} = \frac{2}{\sqrt{3}}\left[\sqrt{\left(x+\frac{t}{2}-b\right)^2+\frac{a^2}{4}} + \frac{(1+\tan\theta)h_{\mathrm{d}}}{\sqrt{1+4\tan^2\theta}}\right]\cdot t_{\mathrm{d}}\sigma_{\mathrm{y,d}}$$
$$+\left[\frac{t_{\mathrm{d}}+2s}{x} + \frac{D-t}{\kappa x} - \frac{2}{\kappa} + \frac{4}{\pi}(\log_{\mathrm{e}}\kappa)^2 + \pi\right]\cdot t^2\sigma_{\mathrm{y}} \qquad (4.43)$$

内填混凝土提供的承载力（$Q_{\mathrm{pc,c}}$）可由式（4.44）所得为

$$Q_{\mathrm{pc,c}} = \left(\frac{D}{2}\tan\theta + 4\sqrt{\frac{M_{\mathrm{f}}}{D\cdot\sigma_{\mathrm{B}}}}\sin\theta\right)\cdot D\cdot\sigma_{\mathrm{B}} \qquad (4.44)$$

式中：M_{f} 为极限弯矩，$M_{\mathrm{f}}=D\cdot t^2\cdot\sigma_{\mathrm{y}}/4$；$\sigma_{\mathrm{B}}$ 为核心区混凝土抗压强度。

因此，塑性剪切强度可表示为式（4.45），有

$$Q_{\mathrm{pc}} = Q_{\mathrm{pc,s}} + Q_{\mathrm{pc,c}} \qquad (4.45)$$

4.8.5 结果对比分析

计算结果与数值结果的弯矩对比见图 4.54、图 4.55、表 4.18 和表 4.19。

由公式计算得到的方形钢管-钢梁组合梁节点的抗弯承载力为数值分析的 87%~115%。正向荷载作用下比值均值为 1.01，变异系数为 6.7%。负向荷载加载下的比值平均值为 0.99，变异系数为 4.4%。由公式计算得到的内填混凝土方形钢

管-钢梁组合梁节点的抗弯承载力为数值分析的 87%～115%。正向荷载作用下比值均值为 1.01，变异系数为 6.7%。负向荷载加载下的比值平均值为 0.99，变异系数为 4.4%。计算结果与数值分析结果吻合较好。该公式具有良好的精度，可用于钢结构体系的组合节点设计。

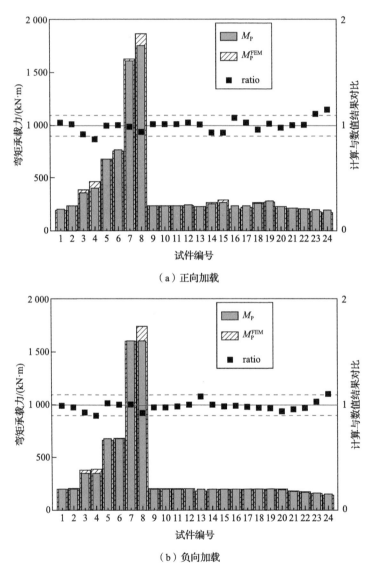

（a）正向加载

（b）负向加载

图 4.54　方形钢管-钢梁组合梁节点计算结果与数值结果的弯矩对比

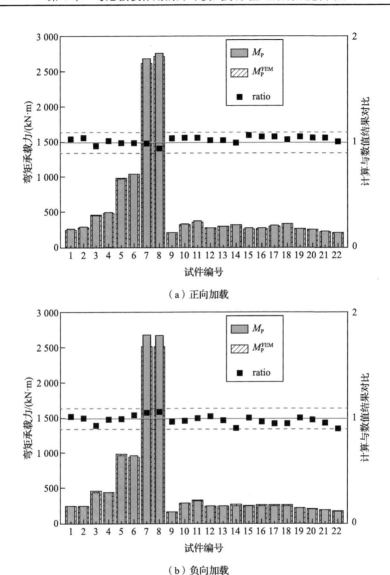

（a）正向加载

（b）负向加载

图 4.55　内填混凝土方形钢管-钢梁组合梁节点计算结果与数值结果的弯矩对比

表 4.18　方形钢管-钢梁组合梁节点计算结果与数值结果的弯矩对比

试件编号	正向加载			负向加载		
	$M_P/$ (kN·m)	$M_P^{FEM}/$ (kN·m)	M_P/M_P^{FEM}	$M_P/$ (kN·m)	$M_P^{FEM}/$ (kN·m)	M_P/M_P^{FEM}
ST-W/O(1)	201.1	195.0	1.03	201.1	202.0	1.00
ST-W(2)	235.4	232.0	1.01	201.1	205.0	0.98
3	352.8	383.0	0.92	352.8	381.0	0.93

试件编号	正向加载			负向加载		
	M_P / (kN·m)	M_P^{FEM}/ (kN·m)	M_P/M_P^{FEM}	M_P / (kN·m)	M_P^{FEM} / (kN·m)	M_P/M_P^{FEM}
4	401.8	464.0	0.87	352.8	393.0	0.90
5	677.0	675.0	1.00	677.0	666.0	1.02
6	757.7	754.0	1.00	677.0	675.0	1.00
7	1 602.7	1 622.0	0.99	1 602.7	1 595.0	1.00
8	1 754.4	1 859.0	0.94	1 602.7	1 732.0	0.93
9	235.6	232.6	1.01	201.3	205.3	0.98
10	236.2	233.4	1.01	201.9	205.6	0.98
11	237.6	234.3	1.01	203.3	206.1	0.99
12	241.2	234.7	1.03	206.9	206.8	1.00
13	225.7	224.5	1.01	200.7	186.6	1.07
14	247.2	266.0	0.93	200.7	199.8	1.01
15	266.5	287.0	0.93	200.7	203.2	0.99
16	234.4	204.1	1.07	200.7	203.5	0.99
17	234.4	220.0	1.03	200.7	204.6	0.98
18	254.2	264.5	0.96	200.7	206.7	0.97
19	275.6	270.4	1.02	200.7	208.4	0.96
20	223.7	228.0	0.98	189.4	202.0	0.94
21	213.3	214.0	1.00	179.0	187.0	0.96
22	204.2	204.0	1.00	170.0	173.1	0.98
23	196.4	176.1	1.11	162.1	157.5	1.03
24	190.0	164.7	1.15	155.7	141.5	1.10

表 4.19　内填混凝土方形钢管-钢梁组合梁节点计算结果与数值结果的弯矩对比

试件编号	正向加载			负向加载		
	M_P / (kN·m)	M_P^{FEM}/ (kN·m)	M_P/M_P^{FEM}	M_P / (kN·m)	M_P^{FEM} /(kN·m)	M_P/M_P^{FEM}
1	248.7	241.4	1.03	248.7	247.4	1.01
2	285.6	275.7	1.04	248.7	249.2	1.00
3	437.0	457.0	0.96	437.0	470.1	0.93
4	484.6	477.9	1.01	437.0	443.0	0.99
5	971.6	979.3	0.99	971.6	979.4	0.99
6	1 030.4	1 037.5	0.99	971.6	944.2	1.03
7	2 677.6	2 611.0	1.03	2 677.6	2 517.8	1.06
8	2 760.6	2 704.3	1.02	2 677.6	2 517.8	1.06

续表

试件编号	正向加载			负向加载		
	$M_{\mathrm{P}}/\,(\mathrm{kN \cdot m})$	$M_{\mathrm{P}}^{\mathrm{FEM}}/\,(\mathrm{kN \cdot m})$	$M_{\mathrm{P}}/M_{\mathrm{P}}^{\mathrm{FEM}}$	$M_{\mathrm{P}}/\,(\mathrm{kN \cdot m})$	$M_{\mathrm{P}}^{\mathrm{FEM}}/(\mathrm{kN \cdot m})$	$M_{\mathrm{P}}/M_{\mathrm{P}}^{\mathrm{FEM}}$
9	205.5	196.9	1.04	168.6	173.3	0.97
10	325.4	317.1	1.03	288.5	294.2	0.98
11	365.4	352.8	1.04	328.5	329.9	1.00
12	267.5	265.9	1.01	248.2	245.2	1.01
13	298.3	293.5	1.02	248.2	252.2	0.98
14	319.1	322.0	0.99	248.2	272.0	0.91
15	266.6	251.8	1.06	248.2	244.8	1.01
16	275.9	263.5	1.05	248.2	256.5	0.97
17	305.9	291.2	1.05	248.2	261.1	0.95
18	329.0	324.0	1.02	248.2	261.2	0.95
19	263.4	251.7	1.05	226.5	223.8	1.01
20	243.9	235.5	1.04	207.0	209.9	0.99
21	227.1	216.8	1.05	190.1	198.1	0.96
22	201.4	200.5	1.00	164.5	181.9	0.90

第5章　外环板式方形钢管角柱-H型钢梁连接节点

5.1　引　言

2016年4月，日本九州岛熊本地区发生了一次严重的地震（主震、前震）。大量钢结构在地震作用下由于地震动而发生破坏，震后调查发现，钢结构的破坏主要是由于梁柱连接的脆性破坏。当前研究的梁柱节点多为平面节点，在同一平面中考虑各种因素，但在现实中，地震的主作用方向是不可预计的，可能发生在任意方向。在遭遇地震时，梁柱节点会处于多轴应力状况，且对外环板式钢结构的角节点在双向受力状态下的抗震性能的研究鲜有报道。因此，研究三维空间节点在双方向荷载作用下的抗震性能是十分必要的。

5.2　试　验　研　究

本章首先介绍了外环板式方形钢管角柱-H型钢梁连接节点试验研究的抗震性能。在低周往复荷载作用下，对2个平面边柱节点和3个空间角柱节点进行试验研究，深入研究不同加载方式和方形钢管柱宽厚下节点抗震性能的差异。然后，通过有限元软件ABAQUS建立外环板式方形钢管角柱-H型钢梁连接节点及边柱节点的三维实体模型来进行有限元分析。对外环板式方形钢管角柱-H型钢梁连接节点进行参数分析，参数包括外环板沿梁外伸长度 e、方形钢管柱壁厚 t、梁翼缘宽度 B、梁翼缘厚度 t_f、梁截面高度 h、梁腹板厚度 t_w、轴压比 n 和双向加载比例 P_w/P_s。最终推导出外环板式方形钢管角柱承载力的计算方法。

5.2.1　试件概况

近年来，作者及其科研团队进行了5个外环板式方形钢管角柱-H型钢梁连接节点在低周往复荷载作用下的试验研究。

试验设计并制作了5个试件，包括3个空间角柱节点试件和2个平面边柱节点试件。试件基本信息和试件详图见表5.1和图5.1。方形钢管柱与H型钢梁通过外环板焊接连接。试件采用冷弯方形钢管柱，截面尺寸为200mm×200mm，所有方形钢管柱高度均为1 625mm；梁采用H型钢梁，腹板高度为300mm，翼缘宽度为 120mm；翼缘和腹板厚度分别为 12mm 和 6mm。外环板遵循日本钢结构连接设计建议，共设计有 A、B 两种类型，角柱节点采用 A 类型，边柱节点采用 B 类型。外环板的厚度为 12mm，与梁翼缘的厚度相同。外环板细部尺寸见图 5.2。试验的主要参数为钢管柱宽厚比和加载方式，不同加载方式见图 5.3。

表 5.1　试件基本信息

试件编号	柱尺寸	梁尺寸	外环板类型	加载方式
1	200mm×200mm×9mm（宽厚比 22）	300mm×120mm×6mm×12mm	类型 A	双向中心对称加载
2			类型 B	单向加载
3	200mm×200mm×6mm（宽厚比 33）	300mm×120mm×6mm×12mm	类型 A	双向中心对称加载
4			类型 A	双向轴对称加载
5			类型 B	单向加载

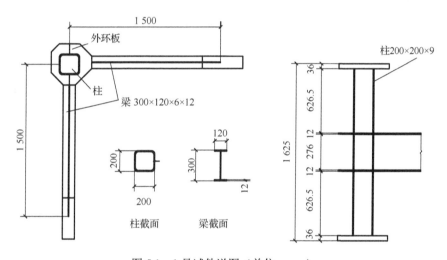

图 5.1　1 号试件详图（单位：mm）

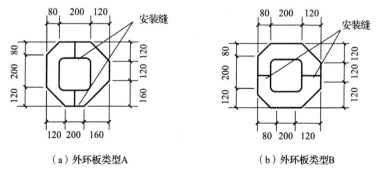

（a）外环板类型 A　　　　　　　　（b）外环板类型 B

图 5.2　外环板细部尺寸（单位：mm）

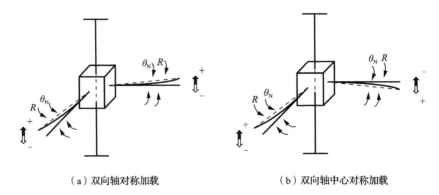

（a）双向轴对称加载　　　　　　　　　　（b）双向轴中心对称加载

图 5.3　不同加载方式

5.2.2　材料性能

通过对标准试件进行拉伸试验，测得钢材的材料性能（弹性模量、屈服极限、抗拉强度极限、屈强比和伸长率）见表 5.2。

表 5.2　钢材的材料性能

材料	厚度/ mm	弹性模量/ （N/mm^2）	屈服强度/ （N/mm^2）	抗拉强度/ （N/mm^2）	屈强比/ %	伸长率/ %	试件编号
外环板	12.3	196 000	294	433	68	27	1～5
翼缘	12.2	205 000	343	510	67	25	1～5
腹板	6.0	190 000	373	508	74	25	1～5
柱	9.0	189 000	371	432	86	41	1～2
	6.1	185 000	415	490	85	29	3～5

5.2.3　试验装置和加载方案

试验装置加载示意图见图 5.4，试验的加载方式梁端加载，通过两个 50t 的 MTS 液压伺服作动器与梁端连接，施加低周往复荷载，加载点距离柱中心的距离为 1 500mm。柱顶、柱底分别通过上、下支座与加载框架刚接，上、下支座约束方钢管角柱的水平移动及转动。梁侧设计有抗失稳装置来抑制梁的平面外变形，用于防止试件的意外侧向扭转屈曲。

加载历程见表 5.3。加载是通过施加振幅递增的准静态循环位移来控制的。层间位移角分别为 0.2%、0.5%、1%、2%、3% 和 4% 时，每级各重复 2 次；随后正向加载直到试验仪器位移最大值 8%rad 时，试验停止。

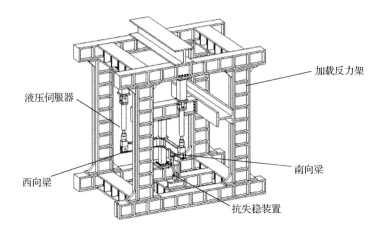

图 5.4　加载示意图

表 5.3　加载历程

加载级	层间位移角 θ/rad	位移幅值/mm	循环次数
1	0.002	3	2
2	0.005	7.5	2
3	0.01	15	2
4	0.02	30	2
5	0.03	45	2
6	0.04	60	2

　　试件 3 号的位移测量状况照片见图 5.5，所有试件的位移计安装位置和测量方法与试件 3 号相同。

（a）测量框架南侧

（b）测量框架北侧

图 5.5　位移测量状况照片（3 号）

　（c）局部变形　　　　　　　　　　　　　（d）接合部位垂直变形

（e）面板对角位移

图 5.5（续）

5.2.4　量测内容

　　梁端弯矩可通过作用于梁端的荷载与加载点到柱边缘的距离计算得到。位移传感器的测量方法和测量点的布置分别见图 5.6 和图 5.7。测量包括荷载点在垂直方向上的位移（V_1，V_2）、梁的垂直位移（V_w，V_s），以及上部立柱（U_{w2}，U_{s2}）和下部立柱（U_{w1}，U_{s1}）的水平位移。

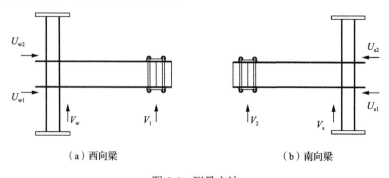

　　　（a）西向梁　　　　　　　　　　　　　　　（b）南向梁

图 5.6　测量方法

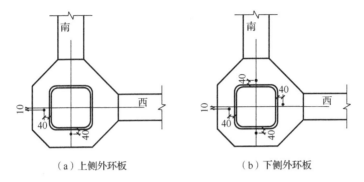

（a）上侧外环板　　　　　　　　　（b）下侧外环板

图 5.7　测量点的布置

西向梁与南向梁梁端转角分别按如下公式计算：

$$\theta_{\mathrm{w}} = \frac{V_1 - V_{\mathrm{w}}}{L - D / 2} - \frac{U_{\mathrm{w1}} - U_{\mathrm{w2}}}{d_{\mathrm{b}}} \tag{5.1}$$

$$\theta_{\mathrm{s}} = \frac{V_2 - V_{\mathrm{s}}}{L - D / 2} - \frac{U_{\mathrm{s1}} - U_{\mathrm{s2}}}{d_{\mathrm{b}}} \tag{5.2}$$

式中：U_{w2} 为西向梁上侧水平位移；U_{w1} 为西向梁下侧水平位移；V_{w} 为西向梁外环板竖向位移；V_1 为西向梁外环端竖向位移；U_{s2} 为南向梁上侧水平位移；U_{s1} 为南向梁下侧水平位移；V_{s} 为南向梁外环端竖向位移；V_2 为南向梁外环板竖向位移；D 为方钢管柱宽度；d_{b} 为梁高。

5.3　试 验 现 象

5.3.1　破坏模式

所有试件最终破坏形态见图 5.8。在试验过程中所有试件出现了相同的变形特征，当 R 小于 0.02rad 时，试件的矩角关系均呈线性关系。试件均具有延性，并表现出良好的耗能能力。

当加载至 R=0.02rad 时，1 号试件达到屈服点，柱角附近的外环板上表面开裂并部分脱落；当加载至 R=0.03rad 时，试件进入塑性阶段，当加载至 R=0.04rad 时，方钢管柱的上外环板之间的焊接部分产生裂缝，同时试件达到荷载峰值点，试件的峰值点在正向荷载和负向荷载作用下的弯矩值大致相等。结果表明，加载方向对试件最大弯矩的影响不大，1 号试件的最终破坏模式见图 5.8（a）、（b）。

2 号试件在弹性阶段与 1 号试件相似，当第一次加载至 R=0.03rad 时，外环板出现明显的平面外变形，同时，钢管柱壁发生明显的内凹变形。2 号试件的最大弯矩值出现在第二次的 $R=0.04\text{rad}$ 时，相较于 1 号试件的提高约 20%。结果表明，加载方式对试件的极限承载力有显著影响，2 号试件的最终破坏模式见图 5.8（c）、（d）。

试件 3 号的破坏模式类似于 1 号试件，3 号试件的最大弯矩值点出现在 $R=0.04\text{rad}$ 第二圈，不同于 1 号试件，3 号试件的下侧外环板与柱角的焊接部分观察到开裂，3 号试件的最终破坏模式见图 5.8（e）、（f）。

4 号试件破坏模式类似于 3 号试件，但 4 号试件的最大弯矩值高于 3 号试件。试验结果表明，不同的加载方式对双向荷载作用下试件的最大弯矩值有较为明显的影响。4 号试件的最终破坏模式见图 5.8（g）、（h）。

5 号试件破坏模式类似于 2 号试件，但最大弯矩值比 2 号试件低 16%。结果表明，柱的宽厚比对试件的最大弯矩值有较为明显的影响。5 号试件的最终破坏模式见图 5.8（i）、（j）。

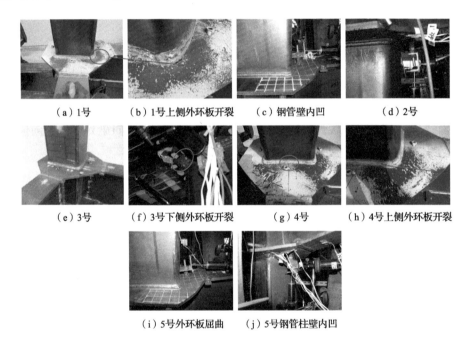

（a）1号　　　　（b）1号上侧外环板开裂　　　（c）钢管壁内凹　　　　　（d）2号

（e）3号　　　　（f）3号下侧外环板开裂　　　　（g）4号　　　　（h）4号上侧外环板开裂

（i）5号外环板屈曲　　　（j）5号钢管柱壁内凹

图 5.8　各试件最终破坏形态

所有试件在加载过程中，焊缝位置均未开裂，各试件的延性性能和耗能能力表现优异。1 号试件、3 号试件和 4 号试件的外环板均在方钢管柱柱角附近有裂缝产生，原因是外环板与柱角的焊接连接导致外环板环角区域产生应力集中，且在双向荷载作用下，双向施加的荷载通过梁翼缘传递到外环板，并在外环板环角区域产生应力叠加。2 号试件和 5 号试件的外环板均屈曲，且方管柱产生了面外变形，原因是外环板屈服强度偏低。与双向加载试件不同的是，单向加载试件的外环板并未开裂，说明加载方式对试件的最终破坏形式有较大影响。

5.3.2　滞回曲线

各试件的梁端弯矩-转角滞回曲线见图 5.9。当梁端转角小于 0.02rad 时，所有试件的弯矩与梁端转角均呈线性关系。所有试件的滞回曲线饱满，无明显的捏拢现象，说明试件有着优异的耗能能力。4 号试件的南向梁的正负向转角有着明显的差异，主要是由于南向梁在加载过程中出现扭转。1 号试件、3 号试件和 4 号试件在南和西两方向的滞回曲线存在区别，这是试验设备在南和西两方向的刚度不同造成的，因此需对试件骨架曲线做进一步分析。

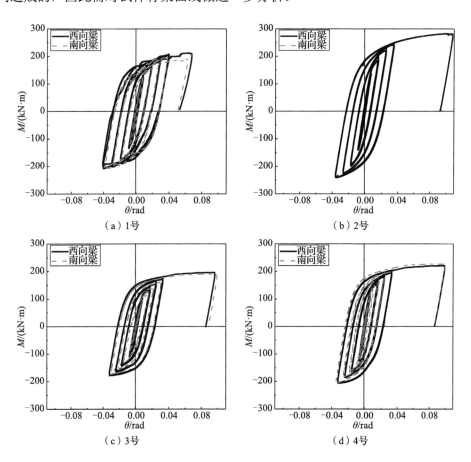

图 5.9　各试件梁端弯矩-转角滞回曲线

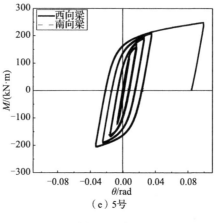

（e）5号

图 5.9（续）

5.3.3　骨架曲线及主要性能点

　　双向加载试件的骨架曲线见图 5.10，各试件的骨架曲线显示出相似的形状。通过观察 1 号试件、3 号试件和 4 号试件的骨架曲线，西向梁的骨架曲线与南向梁的骨架曲线相近，说明西向梁和南向梁在双向荷载作用下的刚度和承载力是基本相同的。

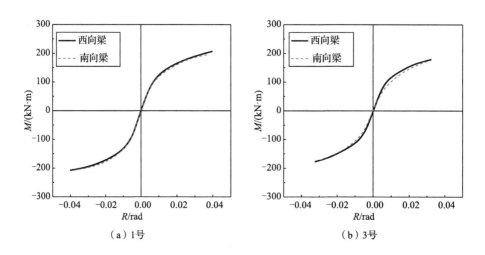

（a）1号　　　　　　　　　　　　　　　　（b）3号

图 5.10　双向加载试件的骨架曲线

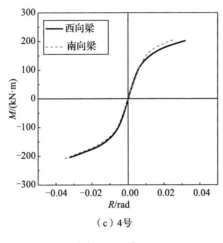

（c）4号

图 5.10（续）

加载方式对于试件弯矩的影响比较见图 5.11（a）、（b）。对比在双向中心对称加载和单向加载作用下的试件发现，试件 1 号的弯矩承载力要比 5 号试件低 10%左右，而对比在双向轴对称加载和单向加载作用下的试件发现，4 号试件与 5 号试件的刚度及承载力基本一致。结果表明，加载方式对于弯矩承载力影响较大。

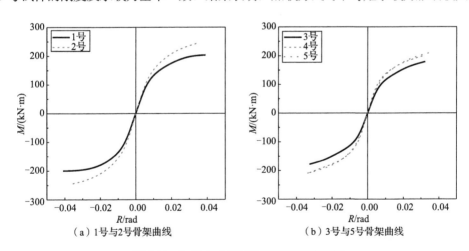

（a）1号与2号骨架曲线　　　　　　（b）3号与5号骨架曲线

图 5.11　加载方式对试件弯矩的影响比较

方钢管柱宽厚比对试件弯矩的影响比较见图 5.12（a）、（b），无论是单向加载还是双向加载，试件的弯矩值均随着宽厚比的增大而减小。方钢管柱宽厚比对试件抗弯承载力有着显著的影响。

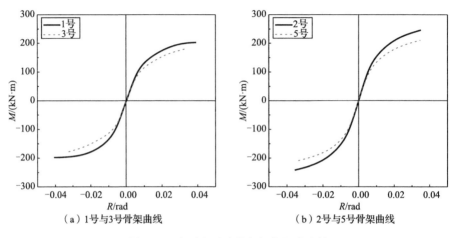

（a）1号与3号骨架曲线　　　　　　（b）2号与5号骨架曲线

图 5.12　宽厚比对试件弯矩的影响比较

　　各试件的剪切刚度、屈服点和塑性点确认方式与第 4 章一致。试件的剪切刚度取层间位移角 0.002rad 时的割线刚度，用 K_e 表示，屈服点取 $1/3K_e$ 的切点，塑性点取 $1/6K_e$ 切点。各试件的关键性能指标见表 5.4。通过对比各试件可知，试件的剪切刚度、屈服点及塑性点均随着宽厚比的增加而减小；试件在单向荷载作用下的最大弯矩值是要显著高于双向中心对称荷载作用下的，而与双向轴对称荷载作用下的则无太大差异。

表 5.4　各试件的关键性能指标

试件编号	加载方向	剪切刚度 K_e/(kN·m/rad)	屈服弯矩 M_y/(kN·m)	屈服转角 θ_{My}/rad	塑性弯矩 M_P/(kN·m)	塑性转角 θ_{MP}/rad	峰值弯矩 M_{max}/(kN·m)
1 号（西向梁）	正向	17 698	138	0.010 7	178	0.020 8	207
	负向	17 690	143	0.011 4	175	0.019 1	208
1 号（南向梁）	正向	17 958	131	0.010 8	174	0.020 4	197
	负向	18 627	135	0.010 3	177	0.019 9	207
2 号	正向	20 709	168	0.011 9	214	0.021 3	246
	负向	20 385	166	0.011 9	209	0.020 6	241
3 号（西向梁）	正向	17 030	113	0.009 3	156	0.020 6	180
	负向	16 500	108	0.009 1	157	0.022 3	178
3 号（南向梁）	正向	13 769	123	0.014 0	164	0.025 9	174
	负向	14 239	121	0.013 1	164	0.026 5	171
4 号（西向梁）	正向	20 838	129	0.008 5	166	0.016 2	202
	负向	21 298	128	0.008 5	163	0.015 6	206

续表

试件编号	加载方向	剪切刚度 K_e/ (kN·m/rad)	屈服弯矩 M_y/ (kN·m)	屈服转角 θ_{My}/ rad	塑性弯矩 M_P/ (kN·m)	塑性转角 θ_{MP}/ rad	峰值弯矩 M_{max}/ (kN·m)
4 号（南向梁）	正向	18 032	164	0.011 7	184	0.016 6	205
	负向	18 161	127	0.009 3	167	0.018 9	207
5 号	正向	18 356	139	0.010 7	181	0.020 4	211
	负向	19 001	140	0.010 6	177	0.018 9	208

5.3.4　外环板的应变分析

外环板的应变数据是通过粘贴在外环板上下表面的应变片获得的，应变片粘贴位置见图 5.13（a）。S1～S4 和 W5～W8 分别为外环板南向梁和西向梁上侧应变片，S5～S8 和 W1～W4 分别为外环板南向梁和西向梁下侧应变片。图 5.13（b）～（f）给出了外环板在西、南两个方向的应变。其中，空心圆表示外环板在弹性阶段的应变，实心三角形表示外环板在屈服点时的应变，而实心四边形表示外环板在塑性点时的应变。外环板在弹性阶段受加载方式和钢管壁厚的影响并不明显。但随着加载的持续进行，外环板在屈服点和塑性点时，应变分布受加载方式的影响显著增加。

将不同加载方式的试件进行比较发现，对于双向中心对称加载和单向加载的试件南向外环板柱角处（W6 和 S2）的应变有所降低，而西向外环板柱角处（W5 和 S1）的应变增长十分明显，这直接导致方钢管柱柱角附近外环板产生开裂。对于双向轴对称加载和单向加载的试件，外环板应力分布相同。外环板的应变在塑性点时达到 0.005～0.01，这表明外环板的变形对于整个试件的剪切变形有着不可忽略的影响。

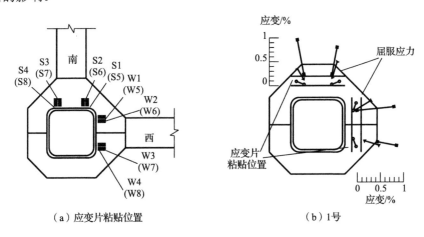

（a）应变片粘贴位置　　　　　　　　　（b）1号

图 5.13　外环板应变片粘贴位置及外环板应变分布图

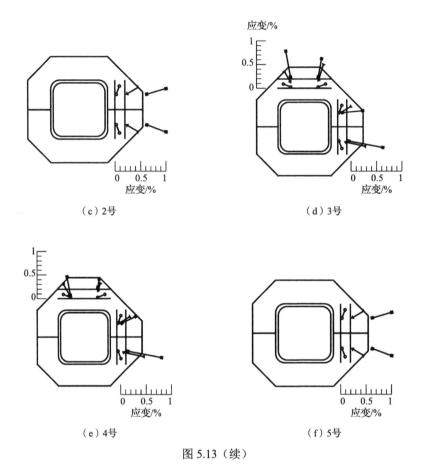

（c）2号 （d）3号

（e）4号 （f）5号

图 5.13（续）

5.3.5 节点域剪切变形

节点域的剪切变形见图 5.14（图中 b_p 为节点域的水平测量宽度），是衡量节点剪切变形能力的重要指标之一。节点域的剪切变形角由安置在节点域上的两个对角位移计测量后，按式（5.3）计算得到。

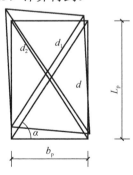

图 5.14　节点域的剪切变形

$$\gamma_p = \frac{(d_1 - d) - (d_2 - d)}{2L_p \cos\alpha} \tag{5.3}$$

式中：γ_p 为节点域的剪切变形角；L_p 为节点域的竖向测量高度；d 为变形前节点域对角线长度；α 为变形前节点域对角线与底边夹角；d_1、d_2 为变形后节点域对角线长度。

节点域的在每一加载级的剪切变形角见图 5.15。由于加载装置的南向刚度小于西向刚度，角柱的南向节点域剪切变形角均略高于西向节点域剪切变形角。所有试件的节点域剪切变形角随着层间位移角的增大而增加，且均在层间位移角达到 0.04rad 时超过总变形量的 25%。

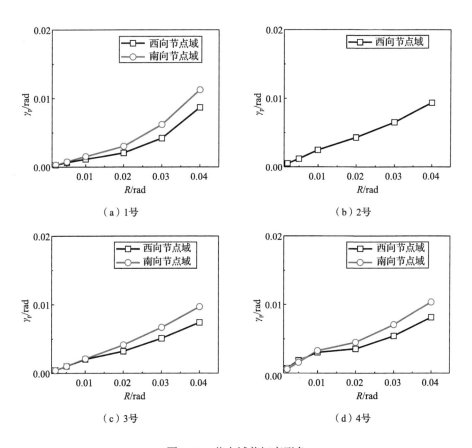

图 5.15　节点域剪切变形角

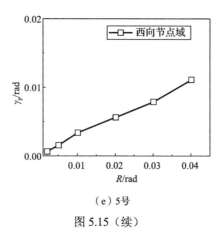

（e）5号

图 5.15（续）

5.3.6　刚度退化

试件各级加载的刚度退化按下式计算：

$$K_j = \sum_{i=1}^{2} M_{i,j} \Big/ \sum_{i=1}^{2} \theta_{i,j} \tag{5.4}$$

式中：K_j 为第 j 级加载的刚度；$M_{i,j}$ 为第 j 级加载第 i 次循环的梁端最大弯矩；$\theta_{i,j}$ 为 $M_{i,j}$ 对应的梁端转角。

各个试件剪切刚度曲线见图 5.16，在 R 为 0.02rad 之前，每个试件的刚度退化显著，试件在正、负加载条件下的剪切刚度存在一定差异。这可能是由于试件和加载装置之间的小间隙造成的，通过这一间隙的少量滑动可能会导致测量误差。在 R 为 0.02rad 之后，各试件的正负向刚度的退化趋势相对变缓，且趋于相同。根据试验数据计算了屈服点（K_y）、塑性点（K_p）和 R 为 0.04rad（$K_{0.04rad}$）时对应点的刚度。正负向加载下的 K_p/K_y 和 $K_{0.04rad}/K_y$ 的比值见表 5.5。各试样的 K_p/K_y 范围为 0.5～0.83，$K_{0.04rad}rad/K_y$ 范围为 0.36～0.68。

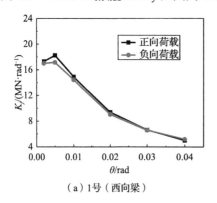

（a）1号（西向梁）

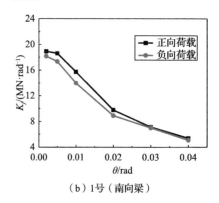

（b）1号（南向梁）

图 5.16　各试件的剪切刚度曲线

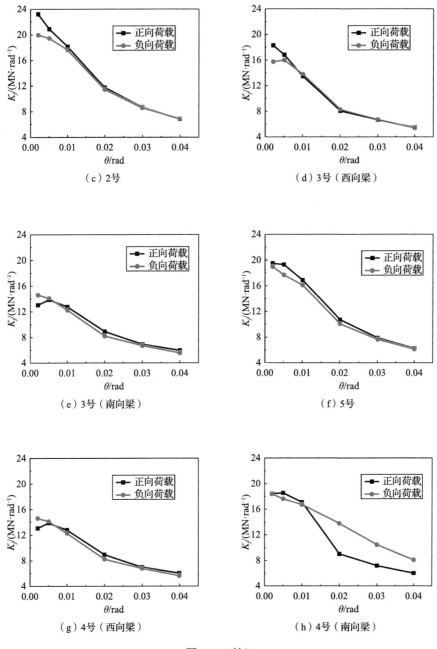

图 5.16（续）

表 5.5　K_p/K_y 和 $K_{0.04rad}/K_y$

试件编号	K_p/K_y		$K_{0.04rad}/K_y$	
	正向	负向	正向	负向
1 号（西向梁）	0.73	0.79	0.58	0.57
1 号（南向梁）	0.50	0.73	0.37	0.56
2 号	0.75	0.74	0.60	0.59
3 号（西向梁）	0.81	0.83	0.65	0.68
3 号（南向梁）	0.82	0.78	0.68	0.67
4 号（西向梁）	0.77	0.59	0.59	0.36
4 号（南向梁）	0.76	0.79	0.59	0.66
5 号	0.76	0.73	0.61	0.58

注：K_y、K_p、$K_{0.04rad}$ 分别为屈服点、塑性点和转角为 0.04rad 时的刚度。

5.3.7　耗能能力

试件的耗能能力一般由滞回曲线所围成的图形的面积来衡量。图 5.17 和图 5.18 分别显示了节点域的每个周期能耗（E_d）和累计能耗（E_a）。

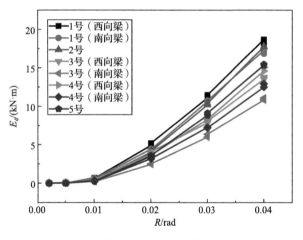

图 5.17　E_d-R 曲线

当未加载至 R 为 0.01rad 时，各试件均处于弹性阶段，尚未发生塑性变形，耗能基本为零；当加载至 R 为 0.01rad 之后，各试件的每个循环耗能及累计耗能随着转角的增大而缓慢增加；当加载至 R 为 0.03rad 之后，明显的差异开始出现在各试件之间。可以看出，随着宽厚比的增加，各试件的耗能呈现下降的趋势；宽厚比相同时，双向中心对称加载（1 号试件）试件耗能能力高于单向加载（2 号试件），双向轴对称加载（4 号试件）试件耗能能力与单向加载（5 号试件）基本相同。试件在整个加载过程中的总耗能主要与试件的变形能力有关。

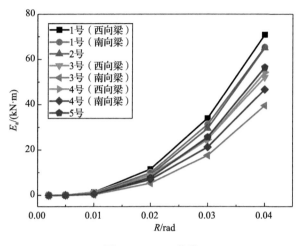

图 5.18　E_a-R 曲线

　　各试件的等效黏滞阻尼系数 h_e 随着加载过程的变化曲线见图 5.19。随着各试件转角的增加，等效黏滞阻尼系数也随之增大，但增加幅度逐步减小。各试件屈服点、塑性点及最大变形点处的等效黏滞阻尼系数在表 5.6 中详细列出。通过分析表中数据，双向加载的试件西向梁与南向梁在屈服点、塑性点及变形最大点处的等效黏滞阻尼系数 $h_{e,y}$、$h_{e,p}$、$h_{e,0.04rad}$ 趋于一致，各试件在屈服点、塑性点及 0.04rad 处的等效黏滞阻尼系数均较为相近，分别为 0.14～0.16、0.18～0.2 和 0.2～0.22。

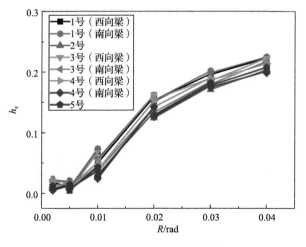

图 5.19　各试件 h_e-R 曲线

表 5.6　屈服点、塑性点及最大变形点处的黏滞阻尼系数

试件编号	$h_{e,y}$	$h_{e,p}$	$h_{e,0.04rad}$
1 号（西向梁）	0.16	0.20	0.22
1 号（南向梁）	0.16	0.20	0.22
2 号试件	0.13	0.18	0.20
3 号（西向梁）	0.16	0.19	0.22
3 号（南向梁）	0.14	0.18	0.22
4 号（西向梁）	0.15	0.19	0.21
4 号（南向梁）	0.14	0.18	0.20
5 号	0.14	0.18	0.21

注：$h_{e,y}$、$h_{e,p}$、$h_{e,0.04rad}$ 分别为屈服点、塑性点、转角为 0.04rad 时所对应的黏滞阻尼系数。

5.4　有限元建模及验证

ABAQUS 具有丰富的单元库、材料模型库和接触连接类型；在求解非线性问题具有明显优势。本节将通过 ABAQUS 建立与试验构件尺寸相同的三维实体模型，来进行有限元模拟与分析。

5.4.1　模型创建

有限元模型设计为试件的实际尺寸，所有构件均采用八节点线性三维实体单元简化积分（C3D8R）建模。在 ABAQUS 的 Part 功能模块，创建方钢管柱、H型钢梁、外环板、焊缝的三维实体部件，各部件与试验试件尺寸相同。在 Property 功能模块，建立各材料的本构数据，并赋予实体部件材料属性。各实体部件见图 5.20。

在 Interaction 模块中定义接触关系。实体模型各部件通过焊缝进行连接，钢材部件与焊缝之间均创建绑定约束，建立绑定约束时，主表面通常为刚度大、网格较粗的面。模型忽略了初始缺陷、焊接缺陷和焊接残余应力对试件性能的影响。在 load 模块中施加荷载，为了使模型与试验试件处在相同的受力状态下，在柱的顶部和底部设置边界条件，并在 u_x、u_y 和 u_z 方向约束位移来模拟试验支座。模型采用位移控制，设置耦合点于梁端中心线上，并在梁端耦合点施加与试验相同的位移荷载。在 mesh 模块中划分网格，为保证模型结果的收敛性，先将各部件手动分割成形状规则的几何体，再使用 Structured 进行网格划分。有限元模型的详细图示见图 5.21。

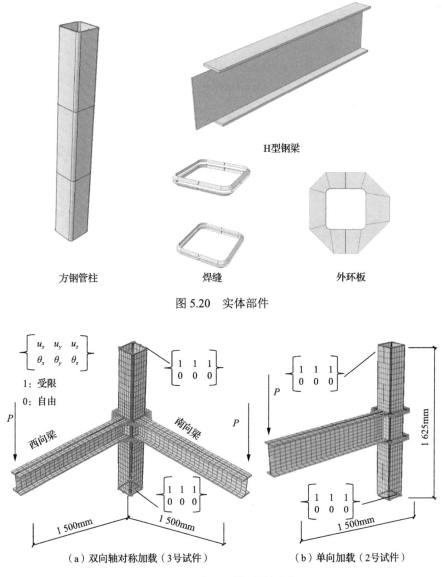

图 5.20　实体部件

（a）双向轴对称加载（3 号试件）　　　　　（b）单向加载（2 号试件）

图 5.21　有限元模型详细图

5.4.2　材料属性

　　本节中钢材采用各向同性的弹塑性材料进行模拟。通过材料试件的单轴拉伸试验测定了钢的弹性模量，钢的泊松比取 0.3。采用多折线模型作为钢件的本构模型。从拉伸试验中获得的标称应力和标称应变利用式（4.5）～式（4.7）转换成塑性阶段的真实应力-塑性应变曲线。模型选用 von Mises 屈服准则和准则与后续硬化准则，并考虑了弹塑性加载阶段的几何非线性和大变形。图 5.22 显示了从有限元模型中获得的外环板、钢梁翼缘、钢梁腹板和方钢管柱的真实应力-塑性应变曲线。

$$\sigma = \sigma_{\text{nom}}(1 + \varepsilon_{\text{nom}}) \tag{5.5}$$

$$\varepsilon = \ln(1 + \varepsilon_{\text{nom}}) \tag{5.6}$$

$$\varepsilon_{\text{p}} = \varepsilon - \frac{\sigma}{E} \tag{5.7}$$

式中：ε_{nom} 为名义应变；σ_{nom} 为名义应力；ε 为真实应变；σ 为对数应力；ε_{p} 为塑性应变。

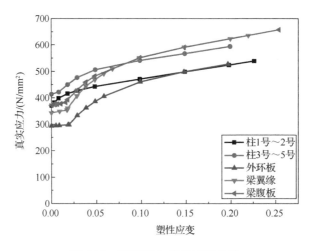

图 5.22　真实应力-塑性应变曲线

5.4.3　有限元计算结果与试验结果的比较分析

滞回曲线能够准确地反映试件的承载能力、耗能能力和刚度等力学性能。本节比较了从试验和有限元模拟中获得的弯矩和梁转角的滞回曲线对比见图 5.23。有限元分析结果光滑饱满，无明显的捏拢现象，与试验结果吻合良好。对比表明，有限元模型具有较高的准确度和可靠度。有限元模拟过程中未考虑试验过程中存在的焊接残余应力和试验过程中测量也会存在误差。因此，有限元模拟得到的曲线相较于试验更加平滑和完整，滞回环面积和极限承载更大，但抗弯承载力略低。在负向加载方向上，4 号试件的试验结果与有限元结果存在一定的偏差，这主要是因为 4 号试件的南向梁在试验过程中发生了扭转变形。

骨架曲线是滞回曲线的包络线，是各级循环荷载的最大值点的连线。有限元骨架曲线与试验骨架曲线的对比见图 5.24，不考虑存在试验误差的 4 号试件南向梁，有限元与试验的骨架曲线在各级荷载的最大值点大致相同，有着一致的上升趋势，表明模型可以很好模拟试验试件的力学性能。

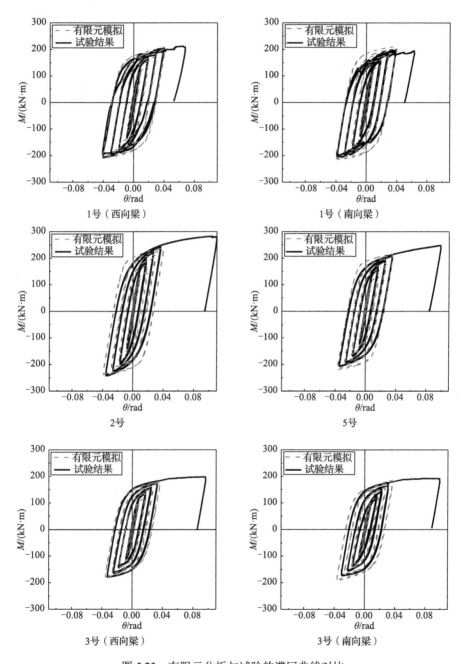

图 5.23　有限元分析与试验的滞回曲线对比

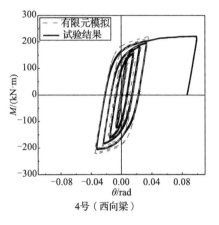

4号（西向梁）

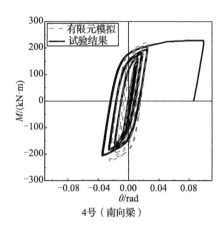

4号（南向梁）

图 5.23（续）

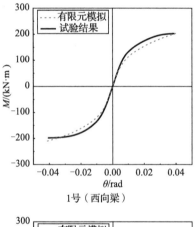

1号（西向梁）

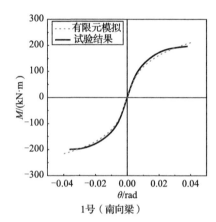

1号（南向梁）

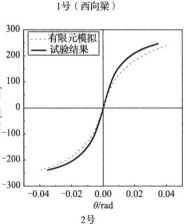

2号

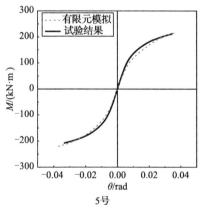

5号

图 5.23　有限元骨架曲线与试验骨架曲线的对比

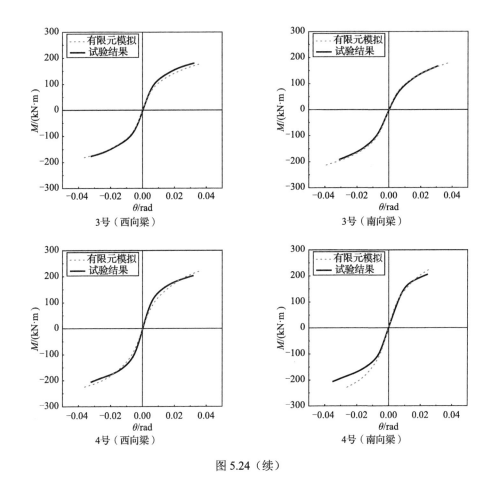

图 5.24（续）

　　为进一步验证模型的可靠性，将有限元模型与试验的骨架曲线中得到的各试件的初始刚度、屈服弯矩和塑性弯矩（表 5.7）进行对比分析后，可以看出，有限元模型所得的初始刚度是试验所得到的初始刚度的 90%～107%；而屈服点和塑性点弯矩分别为试验值的 92%～115% 和 95%～116%。$M_{\mathrm{y,FEM}}/M_{\mathrm{y}}$ 和 $M_{\mathrm{p,FEM}}/M_{\mathrm{p}}$ 的标准偏差分别为 0.062 和 0.051。同时，$M_{\mathrm{y,FEM}}/M_{\mathrm{y}}$ 和 $M_{\mathrm{p,FEM}}/M_{\mathrm{p}}$ 的变异系数分别为 0.064 和 0.051。4 号试件的有限元计算值与试验结果相差超过 10%，这主要是由于南向梁在试验加载过程中发生了扭转，而剩下的试件偏差均小于 8%，在误差允许范围之内。总的来说，有限元模型准确地模拟了试验试件的力学性能。

表 5.7 试验和有限元各试件的初始刚度、屈服弯矩和塑性弯矩

试件编号	加载方向	初始刚度/（kN·m/rad）			屈服弯矩/（kN·m）			塑性弯矩/（kN·m）		
		K_e	K_{FEM}	$\dfrac{K_{FEM}}{K_e}$	M_y	$M_{y,FEM}$	$\dfrac{M_{y,FEM}}{M_y}$	M_p	$M_{p,FEM}$	$\dfrac{M_{p,FEM}}{M_p}$
1 号（西向梁）	正向	17 698	16 724	0.94	138	128	0.93	178	169	0.95
	负向	17 690	16 709	0.94	143	131	0.92	175	168	0.96
1 号（南向梁）	正向	17 958	16 876	0.94	131	122	0.93	174	172	0.99
	负向	18 627	16 861	0.91	135	130	0.96	177	180	1.01
2 号	正向	20 709	18 553	0.90	168	156	0.93	214	209	0.98
	负向	20 385	18 508	0.91	166	153	0.92	209	209	1.00
3 号（西向梁）	正向	17 030	15 873	0.93	113	103	0.92	156	156	1.00
	负向	16 500	15 864	0.96	108	108	1.00	157	152	0.97
3 号（南向梁）	正向	13 769	14 755	1.07	123	117	0.95	164	156	0.95
	负向	14 239	14 712	1.03	121	119	0.98	164	164	1.00
4 号（西向梁）	正向	20 838	19 317	0.93	129	132	1.02	166	171	1.03
	负向	21 298	19 316	0.91	128	134	1.05	163	172	1.05
4 号（南向梁）	正向	18 032	19 220	1.07	164	151	0.92	184	189	1.03
	负向	18 161	19 221	1.06	127	145	1.15	167	193	1.16
5 号	正向	18 356	17 639	0.96	139	128	0.92	181	191	1.05
	负向	19 001	17 639	0.93	140	143	1.02	177	182	1.03

注：M_y 为试验所得屈服弯矩值；M_p 为试验所得塑性弯矩值；$M_{y,FEM}$ 为有限元分析所得屈服弯矩值；$M_{p,FEM}$ 为有限元分析所得塑性弯矩值。

5.4.4 外环板的 von Mises 应力分布

外环板上屈服点和塑性阶段的等效 von Mises 应力分布云图见图 5.25。外环板的屈服应力为 294N/mm²。当有限元模型的外环板达到屈服点时，高应力区域集中在外环板的边角处。此外，当有限元模型的外环板达到塑性阶段时，高应力区域扩展到外环板的中心轴向和边缘。通过对塑性阶段各试件等效 von Mises 应力的比较，4 号试件的高应力区域大于其他试件。图中可以看出，在双轴循环载荷作用下，试件应力均匀分布。在单轴循环载荷作用下，试件应力对称分布。

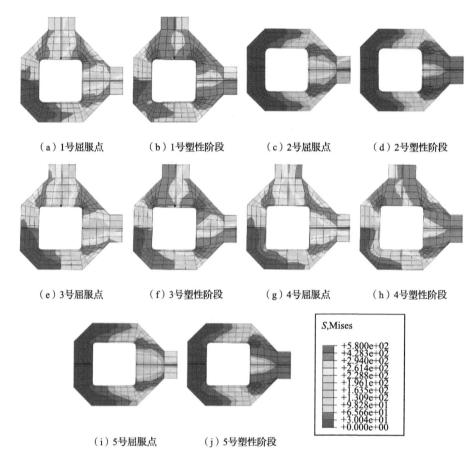

　(a) 1号屈服点　　　(b) 1号塑性阶段　　　(c) 2号屈服点　　　(d) 2号塑性阶段

　(e) 3号屈服点　　　(f) 3号塑性阶段　　　(g) 4号屈服点　　　(h) 4号塑性阶段

　　　(i) 5号屈服点　　　(j) 5号塑性阶段

图 5.25　外环板的 von Mises 应力分布云图

5.4.5　节点域的 von Mises 应力分布

　　节点域的屈服点和塑性阶段的 von Mises 应力分布云图见图 5.26。1 号试件和 2 号试件的屈服应力为 371N/mm²。3 号试件～5 号试件的屈服应力为 415N/mm²。柱节点域的高应力区域集中在外环板与柱角部连接处。3 号试件的高应力区域面积大于 4 号试件。其主要原因是，在双轴对称加载作用下试件受力较双轴中心加载均匀。试件在双轴中心加载作用下比在双轴中心加载作用下具有更强的空间耦合效应，从而导致试样受力不均匀。

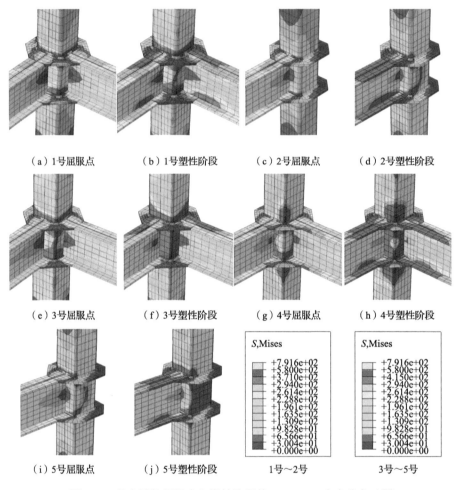

（a）1号屈服点　　（b）1号塑性阶段　　（c）2号屈服点　　（d）2号塑性阶段

（e）3号屈服点　　（f）3号塑性阶段　　（g）4号屈服点　　（h）4号塑性阶段

（i）5号屈服点　　（j）5号塑性阶段　　　1号～2号　　　　　3号～5号

图 5.26　节点域的屈服点和塑性阶段的 von Mises 应力分布云图

5.5　参　数　分　析

利用 5.4 节验证的外环板式方形钢管角柱-H 型钢梁连接节点的有限元模型，本节进行循环荷载作用下的参数分析，探讨不同参数如外环板沿梁外伸长度 e、方形钢管柱壁厚 t、梁翼缘宽度 B、梁翼缘厚度 t_f、梁截面高度 h、梁腹板厚度 t_w、轴压比 n 和双向加载比例 P_w/P_s 对试件承载力的影响。具体节点模型参数见表 5.8。

表 5.8　外环板节点模型参数

试件编号	D/e	D/t	D/B	D/t_f	D/h	D/t_w	n	P_s/P_w	加载方式
1	1.67	22	1.67	16.7	0.67	33	0.0	1/1	双向中心对称加载
2	1.67	22	1.67	16.7	0.67	33	0.0	1/1	单向加载
3	1.67	33	1.67	16.7	0.67	33	0.0	1/1	双向中心对称加载
4	1.67	33	1.67	16.7	0.67	33	0.0	1/1	双向轴对称加载
5	1.67	33	1.67	16.7	0.67	33	0.0	1/1	单向加载
6	2.00	22	1.67	16.7	0.67	33	0.0	1/1	双向中心对称加载
7	1.43	22	1.67	16.7	0.67	33	0.0	1/1	双向中心对称加载
8	1.25	22	1.67	16.7	0.67	33	0.0	1/1	双向中心对称加载
9	1.67	44	1.67	16.7	0.67	33	0.0	1/1	双向中心对称加载
10	1.67	27	1.67	16.7	0.67	33	0.0	1/1	双向中心对称加载
11	1.67	22	2	16.7	0.67	33	0.0	1/1	双向中心对称加载
12	1.67	22	1.82	16.7	0.67	33	0.0	1/1	双向中心对称加载
13	1.67	22	1.54	16.7	0.67	33	0.0	1/1	双向中心对称加载
14	1.67	22	1.43	16.7	0.67	33	0.0	1/1	双向中心对称加载
15	1.67	22	1.67	25	0.67	33	0.0	1/1	双向中心对称加载
16	1.67	22	1.67	20	0.67	33	0.0	1/1	双向中心对称加载
17	1.67	22	1.67	14.3	0.67	33	0.0	1/1	双向中心对称加载
18	1.67	22	1.67	12.5	0.67	33	0.0	1/1	双向中心对称加载
19	1.67	22	1.67	16.7	0.8	33	0.0	1/1	双向中心对称加载
20	1.67	22	1.67	16.7	0.73	33	0.0	1/1	双向中心对称加载
21	1.67	22	1.67	16.7	0.62	33	0.0	1/1	双向中心对称加载
22	1.67	22	1.67	16.7	0.57	33	0.0	1/1	双向中心对称加载
23	1.67	22	1.67	16.7	0.67	50	0.0	1/1	双向中心对称加载
24	1.67	22	1.67	16.7	0.67	25	0.0	1/1	双向中心对称加载
25	1.67	22	1.67	16.7	0.67	20	0.0	1/1	双向中心对称加载
26	1.67	22	1.67	16.7	0.67	17	0.0	1/1	双向中心对称加载
27	1.67	22	1.67	16.7	0.67	33	0.2	1/1	双向中心对称加载
28	1.67	22	1.67	16.7	0.67	33	0.4	1/1	双向中心对称加载
29	1.67	22	1.67	16.7	0.67	33	0.6	1/1	双向中心对称加载
30	1.67	22	1.67	16.7	0.67	33	0.0	1/4	双向中心对称加载
31	1.67	22	1.67	16.7	0.67	33	0.0	1/3	双向中心对称加载
32	1.67	22	1.67	16.7	0.67	33	0.0	1/2	双向中心对称加载
33	1.67	22	1.67	16.7	0.67	33	0.0	2/3	双向中心对称加载
34	1.67	22	1.67	16.7	0.67	33	0.0	3/4	双向中心对称加载
35	1.67	22	1.67	16.7	0.67	33	0.0	4/3	双向中心对称加载
36	1.67	22	1.67	16.7	0.67	33	0.0	3/2	双向中心对称加载

试件编号	D/e	D/t	D/B	D/t_f	D/h	D/t_w	n	P_s/P_w	加载方式
37	1.67	22	1.67	16.7	0.67	33	0	2/1	双向中心对称加载
38	1.67	22	1.67	16.7	0.67	33	0	3/1	双向中心对称加载
39	1.67	22	1.67	16.7	0.67	33	0	4/1	双向中心对称加载

5.5.1　方形钢管柱外环板沿梁外伸长度对承载力的影响

设定 1 号试件为基准模型,在其他参数不变的条件下,6 号试件、1 号试件、7 号试件和 8 号试件的外环板沿梁外伸长度 e 分别取值为 100mm、120mm、140mm 和 160mm,参数 D/e 分别为 2、1.67、1.43 和 1.25。以 D/e 作为变化参数,共建立 4 个节点试件,分析外环板沿梁外伸长度对节点承载力与最终破坏模式的影响。

1. 滞回曲线分析

可通过滞回曲线包围的面积来衡量节点的耗能能力。梁端弯矩-转角的滞回曲线见图 5.27,图中 4 组滞回曲线平滑饱满,表明试件有着优秀的耗能性能。在整个加载过程中,4 个节点试件承载能力并未降低,南向梁与西向梁的滞回曲线并无太大差别,因此,所有分析均选取西向梁作为对象。表 5.9 中计算了该组的 4 个试件节点的累计耗能。与 6 号试件相比,1 号试件、7 号试件和 8 号试件的外环板外伸长度由 100mm 增加到 120mm、140mm 和 160mm,节点累计耗能分别提高了 6.7%、8.3% 和 10.4%。随着参数 D/e 的减小,节点累计耗能也随之逐渐步提高,但每次提高幅度均不大于 5kN·m。结果表明,外环板沿梁外伸长度对节点试件的累计能耗影响不大。

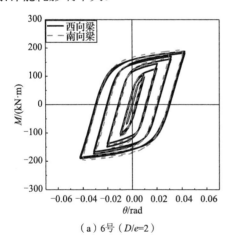

（a）6号（D/e=2）

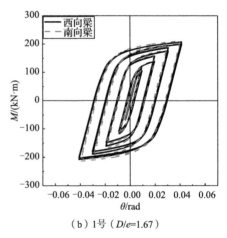

（b）1号（D/e=1.67）

图 5.27　外环板梁端弯矩-转角的滞回曲线

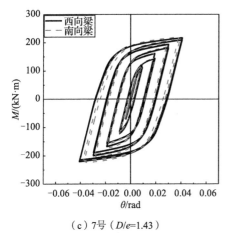 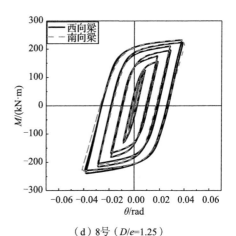

（c）7号（*D*/*e*=1.43）　　　　　　　　　（d）8号（*D*/*e*=1.25）

图 5.27（续）

表 5.9　节点模型累计耗能

试件编号	6	1	7	8
累计滞回耗能 /（kN·m）	75	80	81.2	82.8

2. 骨架曲线对比分析

外环板外伸长度下节点的骨架曲线对比见图 5.28，可以看出，随着梁端转角的增加，该组节点模型的梁端弯矩均呈增长趋势。在加载前期，骨架曲线的斜率随着参数 D/e 的减小而逐渐变大，表明外环板外伸长度是影响节点初始刚度的重要因素。随着加载过程的进行，试件的承载力增长速度放缓，参数 D/e 越大，试件的承载力增长速度越快。与 6 号试件相比，1 号试件、7 号试件和 8 号试件的外环板外伸长度由 100mm 增加到 120mm、140mm 和 160mm，节点极限承载力分别提高了 10.0%、14.9%和 22.2%。

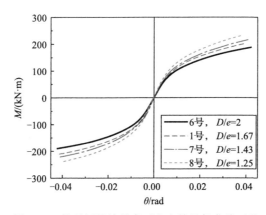

图 5.28　外环板外伸长度下节点的骨架曲线对比

表 5.10 列出了外环板外伸长度节点域的初始刚度、屈服点及塑性点的荷载，图 5.29 为外环板外伸长度对初始刚度的影响，图 5.30 为节点域屈服点及塑性点承载力比较。由此可以看出，随着参数 D/e 的减小，节点的正向初始刚度分别增大 11.9%、17.1% 和 30.0%，节点的负向初始刚度分别增大 11.5%、17.3% 和 29.5%；节点的正向屈服点荷载分别增大 18.1%、23.8% 和 28.6%，节点的负向屈服点荷载分别增大 12.6%、18.0% 和 26.1%；节点的正向塑性点荷载分别增大 8.3%、16.7% 和 27.6%，节点的负向塑性点荷载分别增大 7.6%、18.4% 和 28.5%。随着参数 D/e 的减小，节点的正负向的初始刚度、屈服点荷载和塑性点荷载均稳步增加，表明外环板外伸长度对节点承载力有一定影响。

表 5.10　外环板外伸长度节点域初始刚度、屈服点荷载及塑性点荷载

试件编号	变换参数 (D/e)	初始刚度 $K_{FEM}/$（kN/rad）		屈服点荷载 $M_{y,FEM}/$（kN·m）		塑性点荷载矩 $M_{y,FEM}/$（kN·m）	
		正向	负向	正向	负向	正向	负向
6	2	14 943	14 983	105	111	156	158
1	1.67	16 724	16 709	124	125	169	168
7	1.43	17 500	17 575	130	131	182	185
8	1.25	19 413	19 408	135	140	199	201

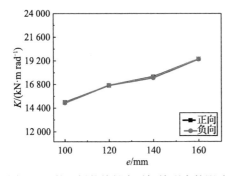

图 5.29　外环板外伸长度对初始刚度的影响

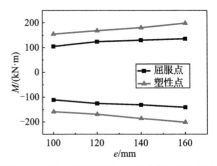

图 5.30　外环板外伸长度节点域屈服点及塑性点承载力比较

3. 节点应力云图对比分析

图 5.31 给出了不同外环板外伸长度节点域屈服点与塑性点的应力分布云图，外环板的应力沿 45° 对称分布。当有限元模型达到屈服点时，有梁连接的外环板内角处为高应力区域，且同时与西向梁和南向梁连接的内角处的应力值最大。当有限元模型达到塑形点时，高应力区域变大并向沿着梁的方向及外环板边缘处扩展，参数 D/e 越大，外环板的屈曲变形越明显。随着参数 D/e 的减小，外环板外伸长

度增加，屈服点及塑性点高应力区域逐渐变小，表明增加外环板的外伸长度，可以缓解外环板的应力集中现象。

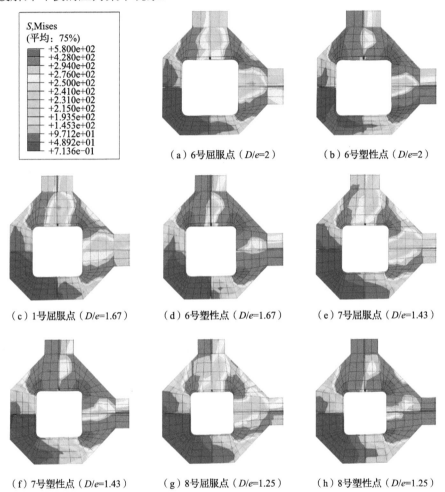

图 5.31　不同外环板外伸长度节点域屈服点与塑性点的应力分布云图

图 5.32 给出了该组 4 个模型不同外环板外伸长度节点域破坏形态。为更直观地看出节点的破坏模式，在不显示焊缝的同时，节点的变形以 2 倍的方式展现。观察应力云图可知，作用于梁端的荷载主要由翼缘传递到外环板，再由外环板传递到方钢管柱，节点的高应力区域主要集中在与梁连接的外环板的内角处和与外环板连接的方钢管柱柱壁处，4 个节点的最高应力均大于屈服应力，节点发生剪切破坏。随着参数 D/e 的减小，外环板外伸长度增加，外环板的应力集中现象和节点的剪切破坏程度逐渐减小，而方钢管柱上，与外环板的连接处的应力值逐渐增大。

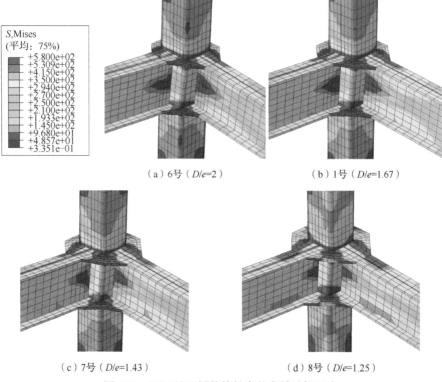

（a）6号（D/e=2）　　　　　　　　（b）1号（D/e=1.67）

（c）7号（D/e=1.43）　　　　　　　（d）8号（D/e=1.25）

图 5.32　不同外环板外伸长度节点域破坏形态

5.5.2　方形钢管柱壁厚对承载力的影响

设定 1 号试件为基准模型，在其他参数不变的条件下，9 号试件、3 号试件、10 号试件和 1 号试件的钢管柱壁厚 t 选择为 4.5mm、6mm、7mm 和 9mm，参数 D/t 分别为 44、33、27、22。以 D/t 作为变化参数，共建立 4 个节点试件，分析钢管柱壁厚对节点承载力与最终破坏模式的影响。

1.　滞回曲线分析

不同钢管柱壁厚节点域梁端弯矩-转角滞回曲线见图 5.33，图中可以看出 4 组滞回曲线平滑饱满，表明试件有着优秀的耗能性能。随着加载的进行，4 个节点试件的在进入塑性阶段后仍具有较强的承载力，表明该节点形式拥有优越的塑性变形能力。通过计算得到节点试件的累计耗能见表 5.11。与 9 号试件相比，3 号试件、10 号试件和 1 号试件的外环板外伸长度由 4.5mm 增加到 6mm、7mm 和 9mm，节点累计耗能分别提高了 26.7%、55.9% 和 71.3%。随着参数 D/t 减小，钢管柱壁厚逐渐增加的过程中，节点的累计耗能提升明显，表明方形管柱的壁厚的增加对节点耗能性能提高显著。

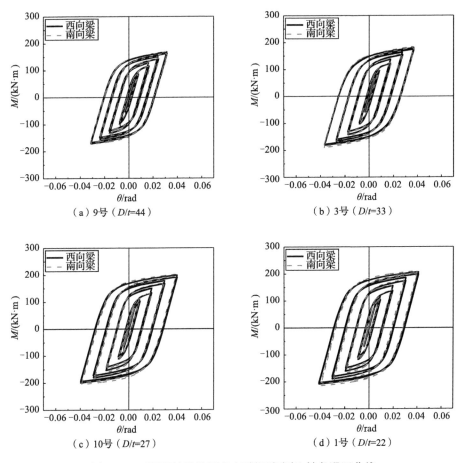

图 5.33　不同钢管柱壁厚节点域梁端弯矩-转角滞回曲线

表 5.11　不同钢管柱壁厚节点域试件累计耗能

试件编号	9	3	10	1
累计滞回耗能/（kN·m）	46.7	59.2	72.8	80

2. 骨架曲线对比分析

图 5.34 显示了不同钢管柱壁厚节点域的梁端弯矩-转角的骨架曲线对比,该组节点模型的梁端弯矩,随着梁端转角的增加持续增长。在加载初期,骨架曲线的梁端弯矩与转角呈线性比例,曲线增长较快;随着荷载的持续增加,试件进入屈服及塑性阶段,曲线增长速率逐渐降低。与 9 号试件相比,3 号试件、10 号试件和 1 号试件的钢管柱壁厚从 4.5mm 增加到 6mm、7mm 和 9mm,节点极限承载力

分别提高了 5.9%、17.2% 和 22.5%。随着参数 D/t 减小，在钢管柱壁厚逐渐增加的过程中，节点试件的承载能力大幅增大，表明方形管柱壁厚的增加可以提升节点模型的承载能力。

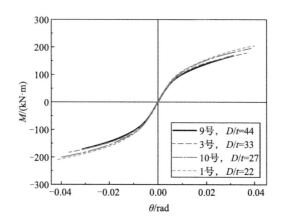

图 5.34　钢管柱壁厚节点域的梁端弯矩-转角骨架曲线对比

表 5.12 列出了不同钢管柱壁厚节点域初始刚度、屈服点荷载及塑性点荷载，钢管柱壁厚对刚度的影响见图 5.35，节点屈服点荷载及塑性点荷载比较见图 5.36。由此可以看出，随着参数 D/t 的减小，节点的正向初始刚度分别增大 2.5%、5.9% 和 8.0%，节点的负向初始刚度分别增大 2.4%、6.0% 和 7.8%；节点的正向屈服点荷载分别增大 5.1%、12.2% 和 26.5%，节点的负向屈服点荷载分别增大 0.9%、8.4% 和 16.8%；节点的正向塑性点荷载分别增大 0%、4.5% 和 8.3%，节点的负向塑性点荷载分别增大 0%、7.8% 和 9.8%。随着参数 D/t 值的减小，节点的初始刚度增大幅度较小，表明钢管柱壁厚对节点试件的初始刚度有一定的影响，但影响并不明显；试件的屈服点荷载值显著提高，而塑性点荷载值略微提高。表明增加方形钢管柱壁厚对屈服点荷载值的影响远大于塑性点。

表 5.12　不同钢管柱壁厚节点域初始刚度、屈服点荷载及塑性点荷载

试件编号	t/mm	D/t	初始刚度 K_{FEM} / (kN/rad)		屈服点荷载 $M_{y,FEM}$ / (kN·m)		塑性点荷载 $M_{y,FEM}$ / (kN·m)	
			正向	负向	正向	负向	正向	负向
9	4.5	44.44	15 479	15 493	98	107	148	153
3	6	33.33	15 873	15 864	103	108	156	153
10	7.5	26.67	16 397	16 423	110	116	163	165
1	9	22.22	16 724	16 709	124	125	169	168

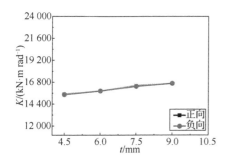

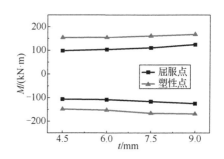

图 5.35　不同钢管柱壁厚对刚度的影响　　图 5.36　不同钢管柱壁厚节点屈服点荷载及
　　　　　　　　　　　　　　　　　　　　　　　　塑性点荷载比较

3. 节点应力云图对比分析

图 5.37 为不同钢管柱壁厚节点外环板屈服点与塑性点的应力分布云图，应力在外环板上以 45° 对角对称分布，应力大小规律为由柱角部分向中间部分逐渐降低。当有限元模型达到屈服点时，由梁连接的外环板内角处为高应力区域，且同时与西向梁和南向梁连接的内角处的应力值最大。有限元模型达到塑形点时，高应力区域变大并向沿着梁的方向及外环板边缘处扩展。随着参数 D/t 的减小，钢管柱壁厚增加，屈服点及塑性点时的外环板的高应力区域减小，表明增大方形钢管柱的壁厚可以降低外环板的塑性变形。

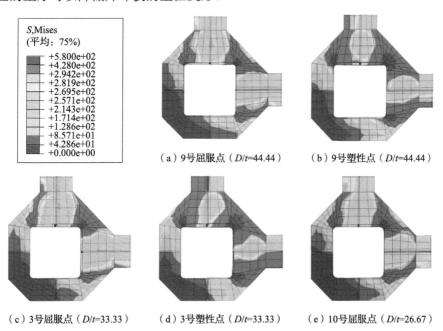

图 5.37　不同钢管柱壁厚节点外环板屈服点与塑性点的应力分布云图

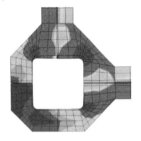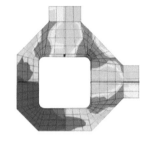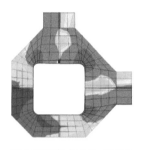

（f）10号塑性点（D/t=26.67）　　（g）1号屈服点（D/t=22.22）　　（h）1号塑性点（D/t=22.22）

图 5.37（续）

　　不同钢管柱壁厚节点域破坏形态见图 5.38。图 5.38 中的应力传播路径为，作用于梁端的往复荷载由梁翼缘传递到外环板上，再由外环板传递到方钢管柱，节点的高应力区域主要集中在与梁连接的外环板的内角处和外环板与方钢管柱的连接处。随着参数 D/t 值的减小，钢管柱壁厚增加，方钢管柱屈服面积逐渐减小，高应力区域由钢管中部逐渐减小到外环板与方钢管柱连接处。由图中可以看出，方钢管柱柱壁产生了明显的剪切变形，包括鼓曲和内凹，但随柱壁厚的增大而减小，这主要是由于柱壁厚的增大导致节点的刚度的增大。

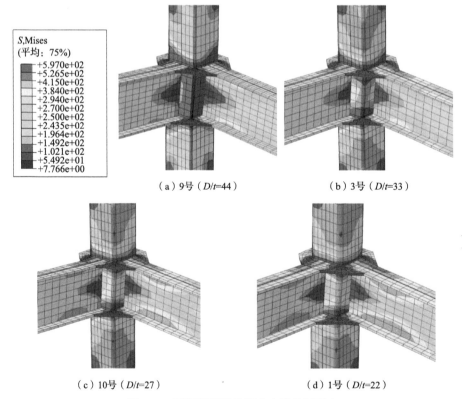

图 5.38　不同钢管柱壁厚节点域破坏形态

5.5.3 梁翼缘宽度对承载力的影响

设定 1 号试件为基准模型,在其他参数不变的条件下,11 号试件、12 号试件、1 号试件、13 号试件和 14 号试件的梁截面高度 B 按差值 10mm 标准取值为 100mm、110mm、120mm、130mm 和 140mm,参数 D/B 分别为 2、1.82、1.67、1.54 和 1.43。以 D/B 作为变化参数,共建立 5 个节点试件,分析梁翼缘宽度对节点承载力与最终破坏模式的影响。

1. 滞回曲线分析

不同梁翼缘宽度梁端弯矩-转角滞回曲线见图 5.39,图中可以看出 5 组滞回曲线平滑饱满,体现出优秀的耗能性能。在加载过程中,所有节点试件承载力并未降低。通过计算得到节点试件的累计耗能见表 5.13,与 11 号试件相比,12 号试件、1 号试件、13 号试件和 14 号试件的梁截面高度由 100mm 增加到 110mm、120mm、130mm 和 140mm,节点累计耗能分别提高了 4.7%、9.6%、12.6%和 15.9%。随着参数 D/B 的减小,节点累计耗能也随之逐渐增加,但每次增加幅度不大,结果表明,增大梁翼缘宽度不能有效增加节点累计耗能。

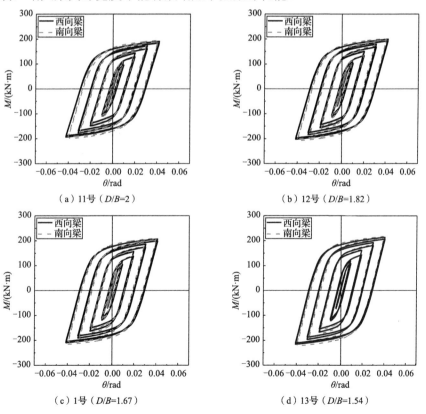

(a) 11号(D/B=2) (b) 12号(D/B=1.82)

(c) 1号(D/B=1.67) (d) 13号(D/B=1.54)

图 5.39 不同梁翼缘宽度梁端弯矩-转角滞回曲线

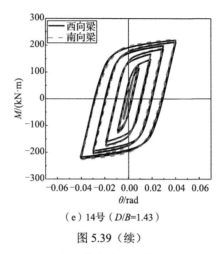

（e）14号（D/B=1.43）

图 5.39（续）

表 5.13　梁翼缘宽度节点试件累计耗能

试件编号	11	12	1	13	14
累计滞回耗能 /(kN·m)	73	76.4	80	82.2	84.6

2. 骨架曲线对比分析

图 5.40 为梁翼缘宽度节点域的梁端弯矩-转角骨架曲线对比,该组节点模型的梁端弯矩随着梁端转角的增加均呈持续增长趋势。在试件加载初期,骨架曲线的梁端弯矩与转角呈线性比例,曲线增长较快,随着荷载的持续增加,试件进入屈服及塑性阶段,曲线增长速率逐渐降低。与 11 号试件相比,12 号试件、1 号试件、13 号试件和 14 号试件的梁截面高度由 100mm 增加到 110mm、120mm、130mm 和 140mm,节点极限承载力分别提高了 4.2%、8.3%、11.5%和 14.7%。随着参数 D/B 的减小,梁翼缘宽度增加,骨架曲线的斜率和梁端弯矩的最大值均有所提高,表明梁翼缘宽度的增加可以提高节点的承载能力。

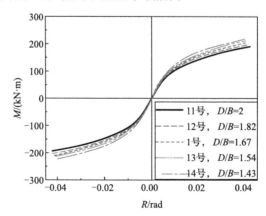

图 5.40　梁翼缘宽度节点域的梁端弯矩-转角骨架曲线对比

不同梁翼缘宽度节点域初始刚度、屈服点荷载及塑性点荷载见表 5.14，图 5.41
为梁翼缘宽度对初始刚度的影响，图 5.42 为节点屈服点及塑性点承载力比较。从
图中可以看出，随着参数 D/B 的减小，节点的正向初始刚度分别增大 6.9%、13.1%、
19.7% 和 26.0%，节点的负向初始刚度分别增大 7.0%、13.0%、20.0% 和 26.6%；
节点的正向屈服点荷载分别增大 9.3%、15.9%、21.5% 和 25.2%，节点的负向屈服
点荷载分别增大 4.4%、10.6%、13.3% 和 15.9%；节点的正向塑性点荷载分别增大
2.5%、4.9%、7.5% 和 11.2%，节点的负向塑性点荷载分别增大 1.2%、3.1%、8.0%
和 11.7%。随着参数 D/B 的减小，节点初始刚度显著增加，表明节点初始刚度受
梁翼缘宽度影响显著；而节点的屈服点及塑性点荷载增加较小，表明节点屈服点
和塑性点荷载值受梁翼缘宽度影响相对较弱。

表 5.14　不同梁翼缘宽度节点域初始刚度、屈服点荷载及塑性点荷载

试件编号	变换参数 (D/B)	初始刚度 K_{FEM} / (kN·m /rad)		屈服点荷载 $M_{y,FEM}$ / (kN·m)		塑性点荷载 $M_{y,FEM}$ / (kN·m)	
		正向	负向	正向	负向	正向	负向
11	2.00	14 784	14 791	107	113	161	163
12	1.82	15 811	15 822	117	118	165	165
1	1.67	16 724	16 709	124	125	169	168
13	1.54	17 693	17 756	130	128	173	176
14	1.43	18 630	18 728	134	131	179	182

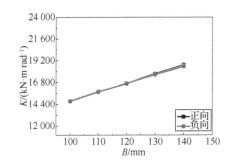

图 5.41　不同梁翼缘宽度对初始刚度的影响

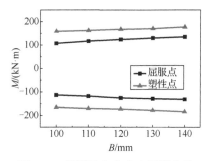

图 5.42　梁翼缘宽度节点屈服点及
塑性点承载力比较

3. 节点应力云图对比分析

图 5.43 给出了不同梁翼缘宽度节点外环板在屈服点、塑性点应力分布云图，
应力在外环板上以 45° 对角对称分布，当有限元模型达到屈服点时，高应力区域
主要集中于由梁连接的外环板内角处，有限元模型达到塑形点时，高应力区域变
大并向沿着梁的方向及外环板边缘处扩展。随着参数 D/B 的减小，梁翼缘宽度增
大，外环板上屈服点及塑性点的高应力区面积减小。

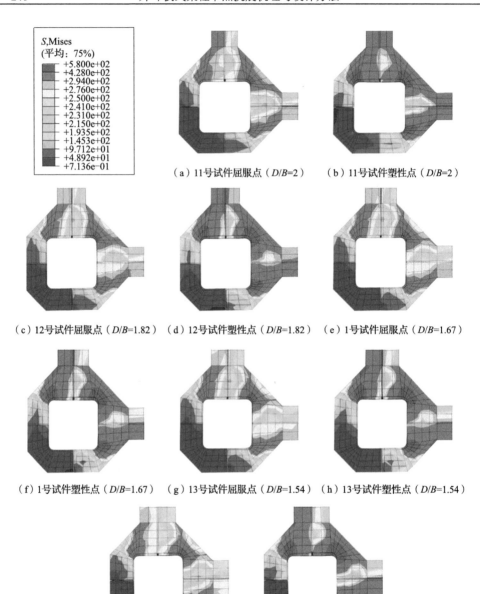

（a）11号试件屈服点（D/B=2）　（b）11号试件塑性点（D/B=2）

（c）12号试件屈服点（D/B=1.82）　（d）12号试件塑性点（D/B=1.82）　（e）1号试件屈服点（D/B=1.67）

（f）1号试件塑性点（D/B=1.67）　（g）13号试件屈服点（D/B=1.54）　（h）13号试件塑性点（D/B=1.54）

（i）14号试件屈服点（D/B=1.43）　（j）14号试件塑性点（D/B=1.43）

图 5.43　不同梁翼缘宽度外环板屈服点与塑性点应力分布云图

　　不同梁翼缘宽度节点区破坏形态见图 5.44。图中的应力传播路径为作用于梁端的往复荷载由梁翼缘传递到外环板上，再由外环板传递到方钢管柱，节点的高应力区域主要集中在与梁连接的外环板的内角处和外环板与方钢管柱的连接处。5 个节点模型的外环板与梁连接侧内角发生屈曲变形，方钢管柱柱壁在传递过来的剪力的作用下发生明显的变形。随着参数 D/B 的减小，梁翼缘宽度增加，节点剪切变形程度明显增加，其主要原因为梁的刚度随着梁翼缘宽度增加而增加，而方钢管柱和外环板刚度不变，虽然节点整体承载能力提高，但节点各部件之间的相对刚度改变，则在连接处易发生塑性变形。结果表明，梁翼缘宽度对节点的破坏模式有一定影响。

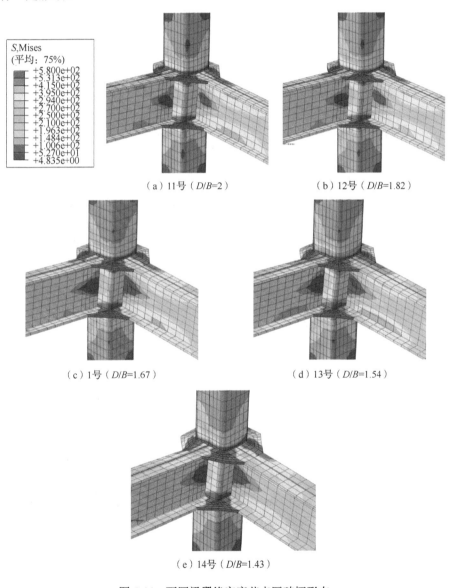

（a）11号（D/B=2）　　　　　（b）12号（D/B=1.82）

（c）1号（D/B=1.67）　　　　　（d）13号（D/B=1.54）

（e）14号（D/B=1.43）

图 5.44　不同梁翼缘宽度节点区破坏形态

5.5.4　梁翼缘厚度对承载力的影响

设定 1 号试件为基准模型，在其他参数不变的条件下，由于外环板与梁的连接为焊接，环板与梁翼缘的厚度相同，即 $t_d = t_f$，15 号试件、16 号试件、1 号试件、17 号试件和 18 号试件的梁翼缘厚度 t_f 按差值 2mm 取值为 8mm、10mm、12mm、14mm 和 16mm，参数 D/t_f 分别为 25、20、16.7、14.3 和 12.5。以 D/t_f 作为变化参数，共建立 5 个节点试件，分析梁翼缘厚度对节点承载力与最终破坏形态的影响。

1. 滞回曲线分析

不同梁翼缘厚度梁端弯矩-转角滞回曲线见图 5.45，从图中可以看出 5 组滞回曲线平滑饱满，体现出优秀的耗能性能。在加载过程中，所有节点模型承载力并

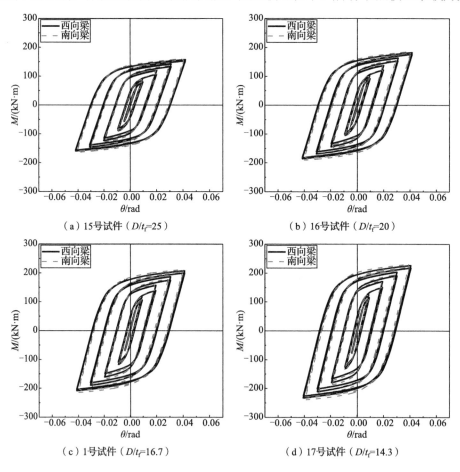

图 5.45　不同梁翼缘厚度梁端弯矩-转角滞回曲线

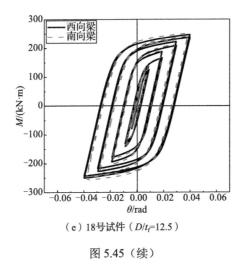

（e）18号试件（$D/t_f=12.5$）

图 5.45（续）

未降低。通过计算得到节点试件的累计耗能见表 5.15，与 15 号试件相比，16 号试件、1 号试件、17 号试件和 18 号试件的梁翼缘厚度由 8mm 增加到 10mm、12mm、14mm 和 16mm，节点累计耗能分别提高了 14.0%、27.4%、36.8%和 43.5%。随着参数 D/t_f 的减小，节点累计耗能逐渐增加，结果表明，增加梁翼缘的厚度可以大幅提高节点的耗能能力。

表 5.15　不同梁翼缘厚度节点域试件累计耗能

试件编号	15	16	1	17	18
累计滞回耗能 /(kN·m)	62.8	71.6	80	85.9	90.1

2．骨架曲线对比分析

不同梁翼缘厚度节点域梁端弯矩-转角骨架曲线对比见图 5.46，可以看出，该组节点模型的梁端弯矩随着梁端转角的增加均呈持续增长趋势。在模型加载初期，曲线就表现出较大差异，随着参数 D/t_f 的减小，梁翼缘厚度越大，梁端弯矩增长越快，说明梁翼缘厚度对节点初始刚度有一定影响。随着加载的持续进行，试件进入屈服及塑性阶段，曲线增长速率逐渐降低。与 15 号试件相比，16 号试件、1 号试件、17 号试件和 18 号试件的梁翼缘厚度由 8mm 增加到 10mm、12mm、14mm 和 16mm，节点的极限弯矩承载力分别提高了 16.5%、31.0%、44.3%和 56.3%，表明梁翼缘厚度对节点模型的极限承载力有显著影响。

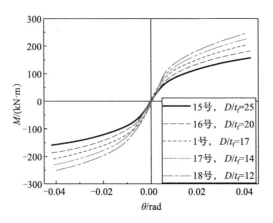

图 5.46　不同梁翼缘厚度节点域梁端弯矩-转角骨架曲线对比

不同梁翼缘厚度节点域初始刚度、屈服点荷载及塑性点荷载见表 5.16，图 5.47 为不同梁翼缘厚度梁腹板高度对初始刚度的影响，图 5.48 为不同梁翼缘厚度节点域屈服点及塑性点承载力比较。可以看出，随着参数 D/t_f 的减小，节点的正向初始刚度分别增大 15.9%、31.0%、44.6% 和 57.2%，节点的负向初始刚度分别增大 15.7%、29.8%、43.5% 和 55.9%；节点的正向屈服点荷载分别增大 19.0%、47.6%、52.4% 和 67.9%，节点的负向屈服点荷载分别增大 18.9%、38.9%、51.1% 和 66.7%；节点的正向塑性点荷载分别增大 14.6%、30.0%、43.1% 和 56.2%，节点的负向塑性点荷载分别增大 12.9%、27.3%、44.67% 和 58.3%。随着参数 D/t_f 的减小，节点初始刚度、屈服点及塑性点荷载显著提高，表明梁翼缘厚度对节点初始刚度、屈服点和塑性点均有着显著影响。

表 5.16　不同梁翼缘厚度节点域初始刚度、屈服点荷载及塑性点荷载

试件编号	变换参数 (D/t_f)	初始刚度 K_{FEM} / (kN/rad)		屈服点荷载 $M_{y,FEM}$ / (kN·m)		塑性点荷载 $M_{y,FEM}$ / (kN·m)	
		正向	负向	正向	负向	正向	负向
15	25	12 767	12 875	84	90	130	132
16	20	14 791	14 890	100	107	149	153
1	16.7	16 724	16 709	124	125	169	168
17	14.3	18 456	18 475	128	136	186	191
18	12.5	20 066	20 076	141	150	203	209

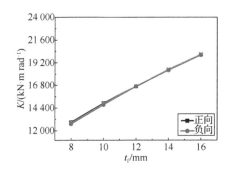

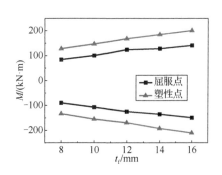

图 5.47　梁腹板高度对初始刚度的影响　　图 5.48　不同梁翼缘厚度节点域屈服点
　　　　　　　　　　　　　　　　　　　　　　　　　　及塑性点承载力比较

3. 节点应力云图对比分析

不同梁翼缘厚度外环板屈服点与塑性点的应力分布云图见图 5.49，外环板的应力沿 45° 对称分布。当有限元模型达到屈服点时，高应力区域主要集中在有梁连接的外环板内角处，有限元模型达到塑形点时高应力区域变大并向沿着梁的方向及外环板边缘处扩展。随着参数 D/t_f 的减小，外环板厚度增加，导致节点刚度变大，外环板上屈服点及塑性点的高应力区面积减小。

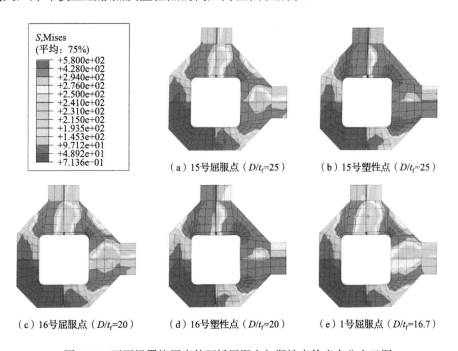

图 5.49　不同梁翼缘厚度外环板屈服点与塑性点的应力分布云图

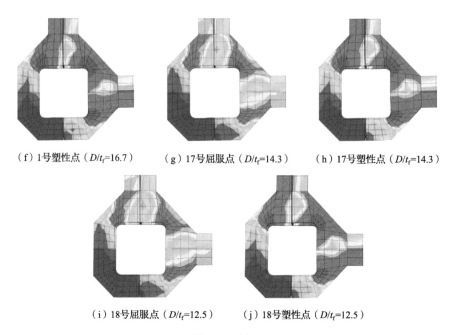

（f）1号塑性点（D/t_f=16.7）　　　（g）17号屈服点（D/t_f=14.3）　　　（h）17号塑性点（D/t_f=14.3）

（i）18号屈服点（D/t_f=12.5）　　　（j）18号塑性点（D/t_f=12.5）

图 5.49（续）

不同梁翼缘厚度节点域破坏形态见图 5.50。图中的应力传播路径为作用于梁端的往复荷载由梁翼缘传递到外环板上，再由外环板传递到方形钢管柱，节点的高应力区域主要集中在与梁连接的外环板的内角处和外环板与方形钢管柱的连接处。梁翼缘厚度增加导致梁刚度增加，外环板与梁翼缘厚度相同，外环板刚度也随之增加，这意味着方钢管柱的刚度不变即相对下降。随着参数 D/t_f 的减小，在钢管柱上高应力区面积逐渐增大，节点剪切变形及外环板局部屈曲随着梁翼缘厚度增加而越为明显。结果表明，梁翼缘厚度对节点的破坏模式影响较大。

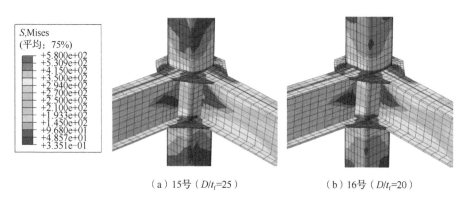

（a）15号（D/t_f=25）　　　　　　　　（b）16号（D/t_f=20）

图 5.50　不同梁翼缘厚度节点域破坏形态

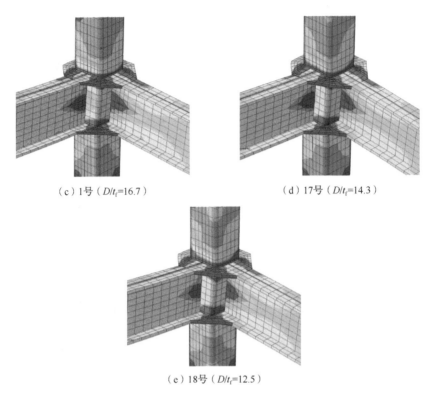

（c）1号（D/t_f=16.7）　　　　　　　　　　　（d）17号（D/t_f=14.3）

（e）18号（D/t_f=12.5）

图 5.50（续）

5.5.5　梁截面高度对承载力的影响

设定 1 号试件为基准模型，在其他参数不变的条件下，19 号试件、20 号试件、1 号试件、21 号试件和 22 号试件的梁截面高度 h 按差值 25mm 的标准取值为 250mm、275mm、300mm、325mm 和 350mm，参数 D/h 分别为 0.8、0.73、0.67、0.62 和 0.57，共建立 5 个节点试件，分析梁截面高度对节点承载力与最终破坏形态的影响。

1. 滞回曲线分析

不同梁截面高度梁端弯矩-转角滞回曲线见图 5.51，从图中可以看出 5 组滞回曲线平滑饱满，体现出优秀的耗能性能。在加载过程中，所有节点模型承载力并未降低，塑性变形能力较强。表 5.17 计算了各节点模型的累计耗能，随着参数 D/h 减小，与 19 号试件相比，20 号试件、1 号试件、21 号试件和 22 号试件的梁截面高度从 250mm 增加到 275mm、300mm、325mm 和 350mm，20 号试件、1 号试件、21 号试件和 22 号试件的累计耗能分别提高了 17.6%、36.5%、53.2% 和 72.2%，表明梁截面高度可以显著影响节点的累计耗能能力。

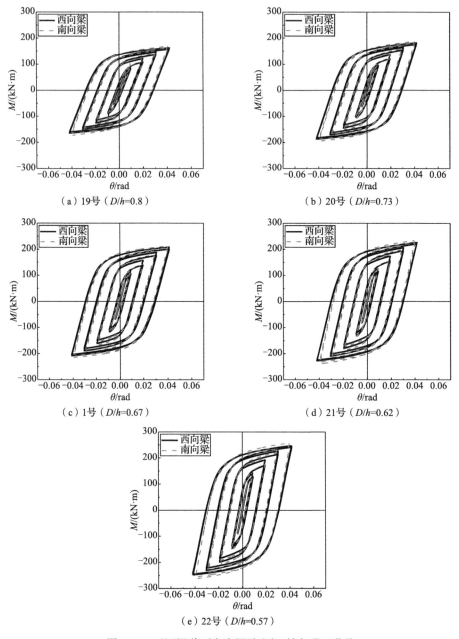

（a）19号（D/h=0.8）

（b）20号（D/h=0.73）

（c）1号（D/h=0.67）

（d）21号（D/h=0.62）

（e）22号（D/h=0.57）

图 5.51　不同梁截面高度梁端弯矩-转角滞回曲线

表 5.17　不同梁截面高度节点域试件累计耗能

试件编号	19	20	1	21	22
累计滞回耗能/（kN·m）	58.6	68.9	80	89.8	100.9

2. 骨架曲线对比分析

不同梁截面高度节点的梁端弯矩-转角骨架曲线对比见图 5.52，可以看出该组节点模型的梁端弯矩随着梁端转角的增加均呈持续增长趋势。在模型加载初期，曲线就表现出较大差异，随着参数 D/h 的减小，梁截面高度越大，梁端弯矩增长越快，说明梁截面高度对节点初始刚度有一定影响。随着加载的持续进行，试件进入屈服及塑性阶段，弯矩增长速率逐渐降低。但参数 D/h 越小，梁截面高度越大，曲线增长的速率就越快，节点承载力的增长就越快。与 19 号试件相比，20 号试件、1 号试件、21 号试件和 22 号试件的梁截面高度从 250mm 增加到 275mm、300mm、325mm 和 350mm，节点极限承载力分别提高了 13.0%、27.8%、40.1% 和 52.3%。随着梁截面高度的增加，节点的极限弯矩承载力显著增加，这主要是由于梁截面增加即增加腹板高度，进而提高梁截面惯性矩。结果表明，梁截面高度是影响节点的极限弯矩承载力的主要因素之一。

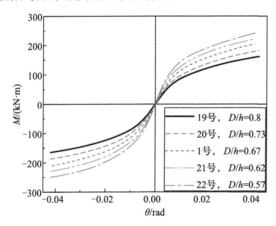

图 5.52 不同梁截面高度节点的梁端弯矩-转角骨架曲线对比

不同梁截面高度节点域初始刚度、屈服点荷载及塑性点荷载见表 5.18，图 5.53 为不同梁截面高度对初始刚度的影响，图 5.54 为不同梁截面高度节点域屈服点及塑性点承载力比较。可以看出，随着参数 D/h 的减小，节点的正向初始刚度分别增大 20.3%、42.4%、65.6% 和 90.4%，节点的负向初始刚度分别增大 20.3%、42.3%、67.8% 和 92.2%；节点的正向屈服点荷载分别增大 10.6%、31.9%、39.4% 和 46.8%，节点的负向屈服点荷载分别增大 9.9%、23.8%、30.7% 和 39.6%；节点的正向塑性点荷载分别增大 9.2%、19.9%、29.1% 和 37.6%，节点的负向塑性点荷载分别增大 9.1%、17.5%、29.4% 和 38.5%。随着参数 D/h 的减小，梁截面高度增加，节点初始刚度显著增长，表明梁截面高度对节点模型的初始刚度有很大影响；节点模型屈服点和塑性点荷载增加相对较小，表明梁截面高度对屈服点和塑性点荷载值的影响相对较弱。

表 5.18　不同梁截面高度节点初始刚度、屈服点荷载及塑性点荷载

试件编号	h/mm	D/h	初始刚度 K_{FEM} / (kN/rad)		屈服点荷载 $M_{y,FEM}$ / (kN·m)		塑性点荷载 $M_{y,FEM}$ / (kN·m)	
			正向	负向	正向	负向	正向	负向
19	250	0.8	11 744	11 745	94	101	141	143
20	275	0.73	14 125	14 134	104	111	154	156
21	300	0.67	16 724	16 709	124	125	169	168
22	325	0.62	19 445	19 591	131	132	182	185
23	350	0.57	22 365	22 579	138	141	194	198

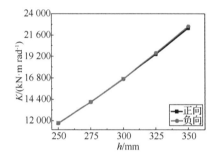

图 5.53　不同梁截面高度对初始刚度的影响　　图 5.54　不同梁截面高度节点域屈服点
　　　　　　　　　　　　　　　　　　　　　　　　　及塑性点承载力比较

3. 节点应力云图对比分析

图 5.55 给出了不同梁截面高度节点域外环板屈服点与塑性点应力分布云图，应力在外环板上以 45° 对角对称分布，应力大小规律为由柱角部分向中间部分逐渐降低。当有限元模型达到屈服点时，有梁连接的外环板内角处为高应力区域，且同时与西向梁和南向梁连接的内角处的应力值最大。有限元模型达到塑性点时，高应力区域变大并向沿着梁的方向及外环板边缘处扩展。与两梁相交的外环板内角处发生塑性变形，且随着参数 D/h 的减小，塑性变形逐渐增加。

不同梁截面高度节点域破坏形态见图 5.56。图中的应力传播路径为作用于梁端的往复荷载由梁翼缘传递到外环板上，再由外环板传递到方钢管柱，节点的高应力区域主要集中在与梁连接的外环板的内角处和外环板与方钢管柱的连接处。增加梁截面高度，相应增加了方钢管柱的受力高度，从而导致节点区方钢管柱中部均未达到屈服应力，高应力区位于外环板的内角处。5 个节点模型均发生剪切破坏，方钢管柱柱壁部分鼓曲或内凹，外环板局部屈曲。随着参数 D/h 的减小，节点区剪切变形和外环板局部屈曲明显变大，主要是由于增加梁截面高度，

增加了节点刚度，进而提高节点的承载能力。参数 D/h 对节点的破坏形态影响
较大。

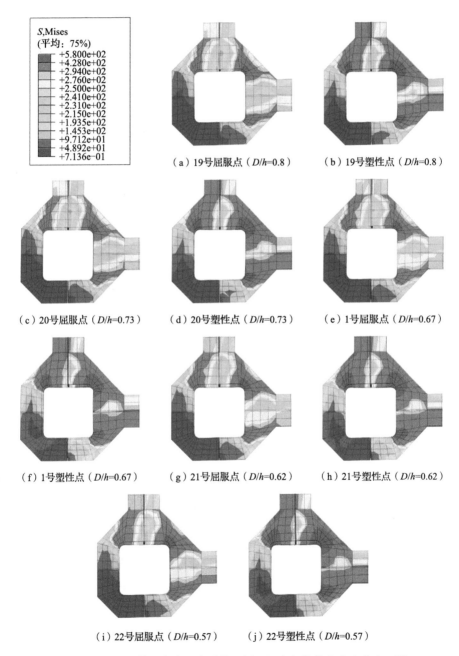

（a）19号屈服点（D/h=0.8）　　　（b）19号塑性点（D/h=0.8）

（c）20号屈服点（D/h=0.73）　　（d）20号塑性点（D/h=0.73）　　（e）1号屈服点（D/h=0.67）

（f）1号塑性点（D/h=0.67）　　（g）21号屈服点（D/h=0.62）　　（h）21号塑性点（D/h=0.62）

（i）22号屈服点（D/h=0.57）　　（j）22号塑性点（D/h=0.57）

图 5.55　不同梁截面高度节点域外环板屈服点与塑性点应力分布云图

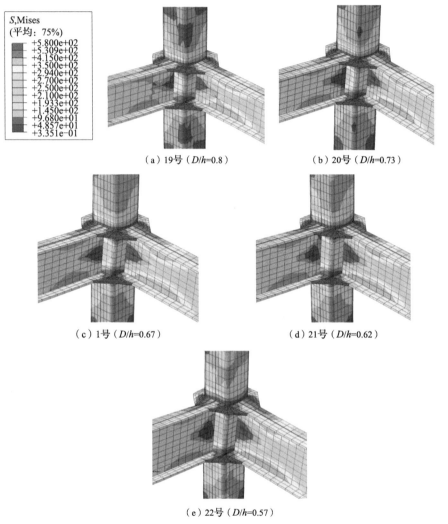

(a) 19号（D/h=0.8）　　　　　　　　　（b) 20号（D/h=0.73）

(c) 1号（D/h=0.67）　　　　　　　　　（d) 21号（D/h=0.62）

(e) 22号（D/h=0.57）

图 5.56　不同梁截面高度节点域破坏形态

5.5.6　梁腹板厚度

设定 1 号试件为基准模型，在其他参数不变的条件下，23 号试件、1 号试件、24 号试件、25 号试件和 26 号试件的梁腹板厚度 t_w 取值为 2mm、4mm、6mm、8mm、10mm 和 12mm，参数 D/t_w 分别为 50、33、25、20 和 17，共建立 5 个节点模型，分析梁腹板厚度对节点承载力与最终破坏形态的影响。

1. 滞回曲线分析

不同梁腹板厚度下梁端弯矩-转角滞回曲线见图 5.57，从图中可以看出 5 组滞回曲线平滑饱满，体现出优秀的耗能性能。在加载过程中，所有节点模型承载力并未降低，塑性变形能力较强。表 5.19 计算了不同梁腹板厚度节点域试件的累计耗能，随着参数 D/h 减小，与 23 号试件相比，1 号试件、24 号试件～26 号试件的梁腹板厚度由 4mm 增加 6mm、8mm、10mm 和 12mm，节点累计耗能分别提高了 6.8%、7.5%、8.8% 和 10.5%。随着参数 D/t_w 的减小，5 个节点的累计耗能没有表现出明显的差异，表明梁腹板厚度对节点耗能影响很小，基本可以忽略。

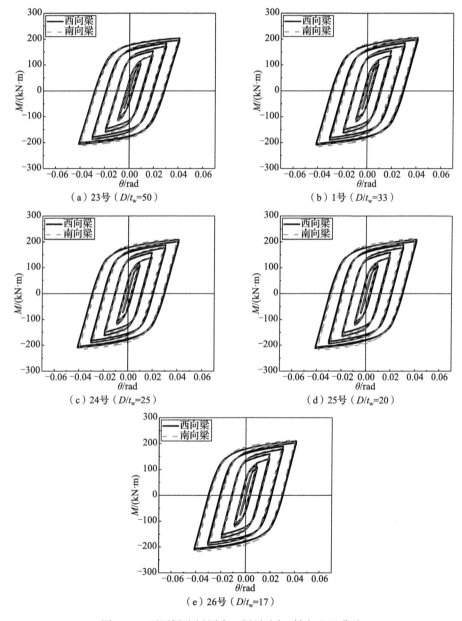

（a）23号（D/t_w=50）　　（b）1号（D/t_w=33）

（c）24号（D/t_w=25）　　（d）25号（D/t_w=20）

（e）26号（D/t_w=17）

图 5.57　不同梁腹板厚度下梁端弯矩-转角滞回曲线

表 5.19　不同梁腹板厚度节点域试件累计耗能

试件编号	23	1	24	25	26
累计滞回耗能 /（kN·m）	76.3	81.5	82	83	84.3

2. 骨架曲线对比分析

不同梁腹板厚度节点域梁端弯矩-转角骨架曲线对比见图 5.58，5 条曲线中梁端弯矩都是随着梁端转角的增加而呈现增长趋势。与 23 号试件相比，1 号试件、24 号试件、25 号试件和 26 号试件的节点极限承载力分别提高了 1.6%、2.0%、2.5%和 3.0%。5 条曲线几乎重合在一起，且各节点试件极限弯矩承载力的差异在 5kN·m 以内，表明参数 D/t_w 不是节点试件极限承载力的影响因素。

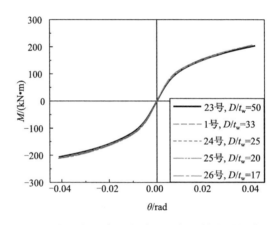

图 5.58　不同梁腹板厚度节点域梁端弯矩-转角骨架曲线对比

不同梁腹板厚度节点域初始刚度、屈服点荷载及塑性点荷载见表 5.20，图 5.59 为梁腹板厚度对初始刚度的影响，图 5.60 为节点屈服点及塑性点承载力比较。随着参数 D/t_w 的减小，节点的正向初始刚度分别增大 5.3%、8.7%、11.5%和 13.9%，节点的负向初始刚度分别增大 5.1%、9.3%、12.4%和 15.0%；节点的正向屈服点荷载分别增大 6.9%、–0.9%、–0.9%和–3.4%，节点的负向屈服点荷载分别增大 2.5%、–1.6%、–2.5%和–2.5%；节点的正向塑性点荷载分别增大–1.7%、–2.3%、–2.9%和–4.1%，节点的负向塑性点荷载分别增大–2.9%、–1.1%、–1.7%和 0.6%。可以看出，随着参数 D/t_w 的减小，梁腹板厚度增加，节点的初始刚度稍有增加，节点屈服点及塑性点荷载基本相同，表明梁腹板厚度对节点模型的初始刚度、屈服点及塑性点荷载同样影响较小。

表 5.20　不同梁腹板厚度节点域初始刚度、屈服点荷载及塑性点荷载

试件编号	变换参数 (D/t_w)	初始刚度 K_{FEM} / (kN/rad)		屈服点荷载 $M_{y,FEM}$ / (kN·m)		塑性点荷载 $M_{y,FEM}$ / (kN·m)	
		正向	负向	正向	负向	正向	负向
23	50.0	15 880	15 892	116	122	172	173
1	33.3	16 724	16 709	124	125	169	168
24	25.0	17 266	17 364	115	120	168	171
25	20.0	17 710	17 860	115	119	167	170
26	16.7	18 094	18 272	112	119	165	172

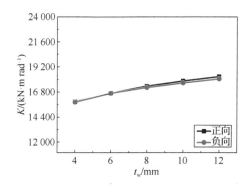

图 5.59　不同梁腹板厚度对初始刚度的影响

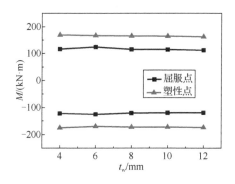

图 5.60　不同梁腹板厚度节点域屈服点及塑性点承载力比较

3. 节点应力云图对比分析

不同梁腹板厚度下外环板屈服点与塑性点应力分布云图见图 5.61，外环板的应力沿 45° 对称分布，各节点外环板在屈服点时的应力云图基本一致，在塑性点时发生屈曲破坏，但应力云图也基本一致，表明梁腹板厚度对外环板的影响基本可以忽略不计。

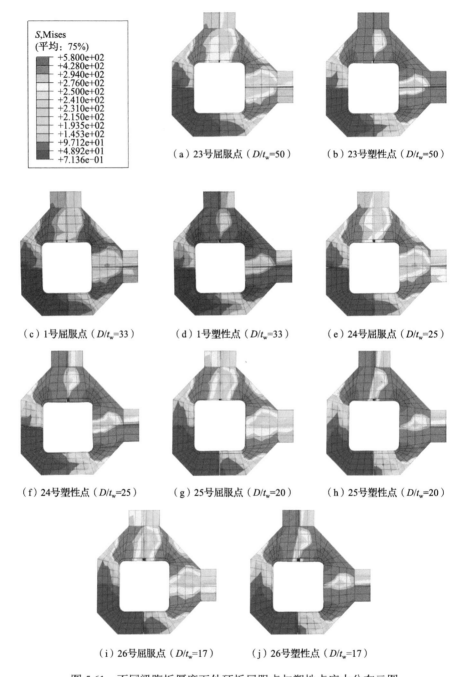

图 5.61　不同梁腹板厚度下外环板屈服点与塑性点应力分布云图

不同梁腹板厚度节点域破坏形态见图 5.62。所有节点模型均发生了剪切破坏，且变形主要发生在梁柱连接的柱壁和外环板处，随着参数 D/t_w 的变化，5 个节点模型的剪切变形及应力云图没有明显区别，表明梁腹板厚度对节点模型的破坏形态基本没有影响。

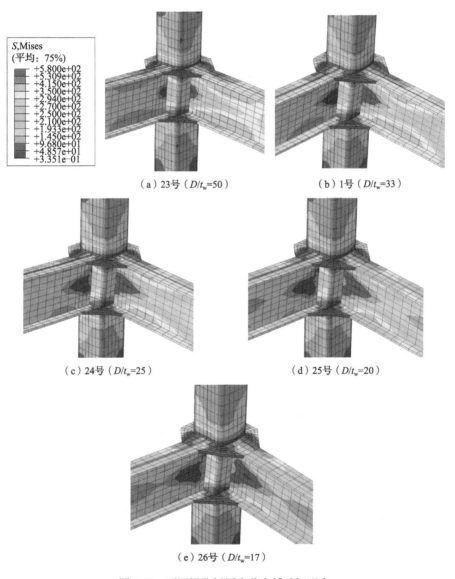

图 5.62　不同梁腹板厚度节点域破坏形态

5.5.7 轴压比对承载力的影响

设定 1 号试件为基准模型，在其他参数不变的条件下，1 号试件、27 号试件～29 号试件的轴压比 n 选择为 0、0.2、0.4 和 0.6。以 n 作为变化参数，共建立 4 个节点模型，分析轴压比对节点承载力与最终破坏形态的影响。

不同轴压比对骨架曲线的影响见图 5.63，轴压比的变化对各试件骨架曲线的影响主要体现在梁端转角，随着轴压比的增加，各试件梁端正向转角逐步变小，而梁端负向转角则逐步变大，主要是由于在高轴压比作用下，外环板测点处发生了较大的塑性变形。与 1 号试件相比，27 号试件～29 号试件的轴压比由 0 增加到 0.2、0.4 和 0.6，节点极限承载力分别提高了 5.5%、8.1% 和 10.2%。随着参数 n 增大，节点模型的极限承载能力小幅增大，表明轴压比的增加可以提升节点模型的承载能力。

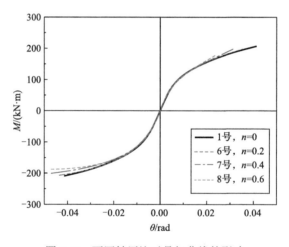

图 5.63　不同轴压比对骨架曲线的影响

表 5.21 列出了本组的 4 个轴压比节点模型对应的初始刚度、屈服点荷载及塑性点荷载，图 5.64 为轴压比对骨架曲线的影响，图 5.65 为试件的屈服点和塑性点承载力比较。由图和表可以看出，随着参数 n 的增大，节点的正向初始刚度分别增大 2.5%、5.9% 和 8.0%，节点的负向初始刚度分别增大 2.4%、6.0% 和 7.8%；节点的正向屈服点荷载分别减小 3.1%、5.3% 和 7.3%，节点的负向屈服点荷载分别减小 3.9%、5.4% 和 7.3%；节点的正向塑性点荷载分别减小 2.9%、5.0% 和 10.0%，节点的负向塑性点荷载分别减小 2.9%、4.6% 和 9.4%。随着轴压比的增加，节点

的初始刚度基本不变，屈服点及塑性点荷载小幅下降，表明轴压比并不是节点的初始刚度、屈服点及塑性点荷载的主要影响因素。

表 5.21　不同轴压比节点初始刚度、屈服点荷载及塑性点荷载

试件编号	n/mm	初始刚度 K_{FEM} /（kN/rad）		屈服点荷载 $M_{y,FEM}$ /（kN·m）		塑性点荷载 $M_{y,FEM}$ /（kN·m）	
		正向	负向	正向	负向	正向	负向
1	0	17 234	17 234	120	125	169	168
27	0.2	17 339	17 131	116	121	164	163
28	0.4	17 335	17 142	113	119	161	160
29	0.6	17 434	17 042	111	116	152	152

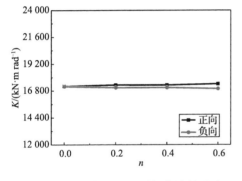

图 5.64　不同轴压比对骨架曲线的影响

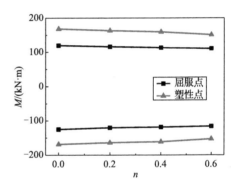

图 5.65　不同轴压比试件的屈服点和塑性点承载力比较

5.5.8　双向加载比例对承载力的影响

设定 1 号试件为基准模型，以双向加载比例（P_s/P_w）为变化参数，P_s/P_w 从 1/4 向 4 变化。F_w、F_s 分别为西向梁和南向梁在弹性、屈服点和塑性点时的承载力、F_{2D} 为平面节点梁端承载力。矩形边框表示双向荷载互不影响，1/4 圆弧表示双向承载力的合力。由图 5.66 可以看出，有限元分析双向承载力的点介于 1/4 圆弧和矩形边框之间，说明角柱两梁的承载力并不是分量的合成，而是具有一定的耦合效应。对于一个方向加载比例的增加，另一个方向的梁端承载力则逐渐减小，当加载比例为 1∶1 时，耦合效应最为显著。

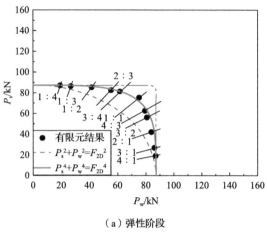

（a）弹性阶段

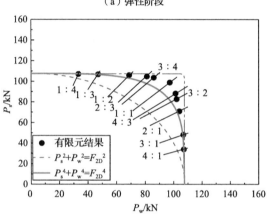

（b）屈服点

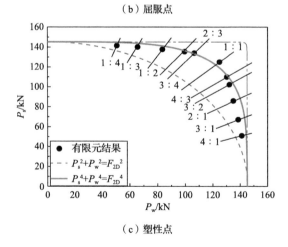

（c）塑性点

图 5.66　双向承载力的相关性

5.6　计　算　方　法

本章基于屈服线理论和虚功原理，给出了外环板式方形钢管角柱-H 型钢梁连接节点弯矩的计算过程。根据加载路径将分析模型简化为两种模型。

节点弯矩计算公式为

$$M = P \cdot H \tag{5.8}$$

式中：P 为加载点的拉力；H 为梁翼缘中心线间距。

5.6.1　单方向加载达到屈服点时外环板所受拉力计算

当节点域进入屈服点时，外环板受到的拉力 P_y 通过式（5.9）计算为

$$P_{y} = \left[\frac{4(x + t/2)}{\sqrt{3\{1 + a^2/4(x + t/2 - b)^2\}}} + \frac{4(1 + \tan\theta)h_{d}}{\sqrt{3(1 + 4\tan^2\theta)}} \right] t_{d}\sigma_{dy} \tag{5.9}$$

式中：x 为柱面横向塑性铰区域计算长度；t 为钢管壁厚；a 为柱面与梁截面之间的距离；b 为从钢管柱的拐角到梁边缘的距离；θ 为外环板斜面与垂直于柱面方向的夹角；t_d 为梁翼缘厚度；σ_{dy} 为外环板屈服强度；P_y 为屈服点时外环板所受拉力。

式（5.9）中所出现的变量 x 通过联立方程式（5.10）和式（5.11）求得。

$$\frac{t_{d}\sigma_{dy}(x + t/2 - b)}{\sqrt{12(x + t/2 - b)^2 + 3a^2}} - \frac{t^2\sigma_{dy}\{t_{d} + 2s + (D - t)/\kappa\}}{4x^2} = 0 \tag{5.10}$$

$$2(\pi + 4\kappa\log_{e}\kappa)x - (D - t)\pi = 0 \tag{5.11}$$

式中：κ 为柱面塑性铰区域竖向计算长度与横向计算长度之比；h_d 为柱面到外环板斜面的距离；s 为角焊缝长度；D 为钢管柱宽度。节点区的细部尺寸见图 5.67。

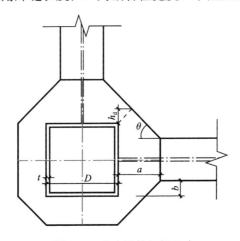

图 5.67　节点区的细部尺寸

5.6.2 单方向加载达到塑性点时外环板所受拉力计算

当节点域进入屈服点时，外环板受到的拉力 P_p 为

$$P_p = \left({}_I W_d + {}_{II} W_d + W_c \right) / \delta \qquad (5.12)$$

式中：外环板区域 I 的内功 ${}_I W_d$ 和区域 II 的内功 ${}_{II} W_d$ 由式（5.13）和式（5.14）求得；钢管柱所做内功 W_c 通过式（5.15）计算得到；δ 为虚位移。单方向加载下外环板破坏模式见图 5.68，钢管柱的破坏模式见图 5.69。

$$_I W_d = 2\sqrt{\frac{1}{3}\left\{ \left(x + t/2 - b \right)^2 + a^2/4 \right\}} \cdot t_d \sigma_{dy} \delta \qquad (5.13)$$

$$_{II} W_d = \frac{2\left(1 + \tan\theta \right)}{\sqrt{3\left(1 + 4\tan^2\theta \right)}} h_d t_d \sigma_{dy} \delta \qquad (5.14)$$

$$W_c = \left[\frac{t_d + 2s}{x} + \frac{D-t}{kx} - \frac{2}{k} + \frac{4}{\pi}\left(\log_e k \right)^2 + \pi \right] t^2 \sigma_{cy} \delta \qquad (5.15)$$

式中：σ_{cy} 为钢管柱屈服强度。

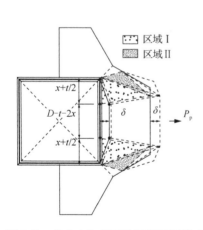

图 5.68 单方向加载下外环板破坏模式

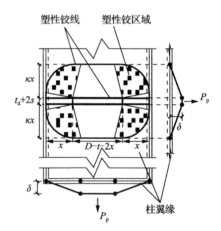

图 5.69 单方向加载下钢管柱破坏模式

联立式（5.16）和式（5.17）求解 x、κ 并代入式（5.12）求得 P_p。

$$\partial P_p / \partial x = 0 \qquad (5.16)$$

$$\partial P_p / \partial k = 0 \qquad (5.17)$$

5.6.3   双方向加载达到屈服点时外环板所受拉力计算

当节点域进入屈服点时，外环板所受拉力 P_y 的计算方法与上述相同，即通过联立方程（5.18）和式（5.19）求得变量 x。

$$\frac{t_d \sigma_{dy}(x + t/2 - b)}{\sqrt{12(x + t/2 - b)^2 + 3a^2}} - \frac{t^2 \sigma_{cy}\{3(t_d + 2s) + (D-t)/\kappa\}}{16x^2} = 0 \qquad (5.18)$$

$$2(\pi - k + 8\kappa \log_e \kappa)x - (D-t)\pi = 0 \qquad (5.19)$$

5.6.4   双方向加载达到塑性点时外环板所受拉力计算

双方向加载下，外环板区域 I 的内功 $_IW_d$ 和区域 II 的内功 $_{II}W_d$ 的计算方法与式（5.13）和式（5.14）相同，外环板的破坏模式见图 5.70，不同于单方向加载的情况，由式（5.20）计算钢管柱所做的内功 W_c，联立求解式（5.16）和式（5.17）得到 P_p。

$$W_c = \left\{ \frac{3(t_d + 2s)}{4x} + \frac{D-t}{kx} - \frac{2}{k} + \frac{4}{\pi}(\log_e k)2 - \frac{1}{\pi}\log_e k + \pi \right\} t^2 \sigma_{cy} \delta \qquad (5.20)$$

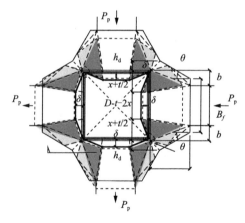

图 5.70   双方向加载下外环板破坏模式

表 5.22 与图 5.71 将计算的弯矩结果与有限元结果进行对比，采用该公式计算的带外环板式方形钢管角柱-H 型钢梁连接节点弯矩值为有限元结果的 78%～117%。对于屈服弯矩，比较结果的平均值比为 0.90，变异系数为 7.6%。对于塑性弯矩，比较结果的平均值比为 0.95，变异系数为 11.0%。30～39 号试件（P_w/P_s 为 1/4～4）的塑性弯矩计算值略高于有限元分析结果。主要原因是计算中未考虑耦合效应。该公式计算的弯矩与数值模拟的结果吻合较好，所提出的计算公式能够较准确地估计双向荷载作用下的外环板式方形钢管角柱-H 型钢梁连接节点。

表 5.22　计算的弯矩结果与有限元结果比较

试件编号	M_y / (kN·m)	M_{yFEM}/(kN·m)	M_y/M_{yFEM}	M_p / (kN·m)	M_{pFEM} / (kN·m)	M_p/M_{pFEM}
1	106	128	0.83	157	169	0.93
2	129	156	0.83	208	209	1.00
3	94	103	0.87	133	150	0.89
4	94	117	0.80	133	165	0.81
5	105	128	0.82	185	191	0.97
6	106	105	1.01	147	156	0.94
7	105	130	0.81	168	182	0.92
8	105	135	0.78	180	199	0.90
9	90	98	0.92	124	148	0.84
10	100	110	0.91	144	163	0.88
11	103	107	0.96	154	161	0.96
12	105	117	0.90	156	165	0.95
13		130			173	
14	108	134	0.81	162	179	0.91
15	75	84	0.89	118	130	0.91
16	91	100	0.91	138	149	0.93
17	121	128	0.95	178	186	0.96
18	136	141	0.96	197	203	0.97
19	88	94	0.94	130	141	0.92
20	97	104	0.93	143	154	0.93
21	116	131	0.89	170	182	0.93
22	125	138	0.91	184	194	0.95
23	106	116	0.91	157	172	0.91
24	106	115	0.92	157	168	0.93
25	106	115	0.92	157	167	0.94
26	106	112	0.95	157	165	0.95
27	88	94	0.93	130	141	0.92
28	90	98	0.92	124	148	0.84
29	100	110	0.91	144	163	0.88
30	106	107	0.99	157	141	1.11
31	106	107	0.99	157	140	1.12
32	106	106	1.00	157	138	1.14
33	106	105	1.01	157	135	1.16
34	106	104	1.02	157	134	1.17

试件编号	M_y / (kN·m)	M_{yFEM}/(kN·m)	M_y/M_{yFEM}	$M_p/$(kN·m)	M_{pFEM} / (kN·m)	M_p/M_{pFEM}
35	106	104	1.02	157	134	1.17
36	106	105	1.01	157	135	1.16
37	106	106	1.00	157	138	1.14
38	106	107	0.99	157	140	1.12
39	106	107	0.99	157	141	1.11

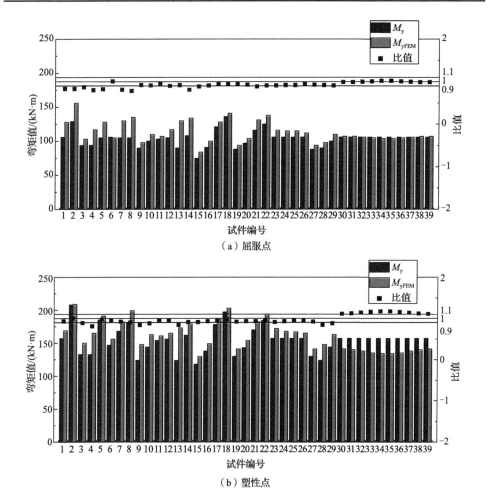

（a）屈服点

（b）塑性点

图 5.71　计算结果与有限元结果比较

第6章 总结与展望

6.1 总　　结

本书以刚度大、承载力高、塑性好、传力路径清晰，且构造简单、施工方便的外环板式方形柱-H型钢梁连接节点为研究对象，聚焦于对该类梁与方形柱连接节点在各种条件作用下的力学性能进行深入研究，通过严谨的试验研究、理论分析和数值模拟，以验证相应节点的抗震性能和可靠性，从而完善相关规范标准。书中研究成果表明外环板式方形柱-H型钢梁连接节点在拥有良好抗震性能的同时，可为工程项目节省大量施工成本，部分成果已应用于重要工程实践中，且在国内外发表了多篇高水平学术论文，具有较高的学术价值。本书可为结构工程领域设计、施工等从业人员提供科学参考，为土建行业带来较大的经济效益和社会效益，同时加快我国绿色建筑和建筑工业化的建设与发展。

书中通过4个章节分别介绍了外环板式方形钢管柱-不等高H型钢梁连接节点、外环板式方形钢管混凝土柱-不等高H型钢梁组合节点、考虑楼板作用的外环板式方形柱-组合梁柱节点以及外环板式方形钢管角柱-H型钢梁连接节点，研究了外环板式方形柱-H型钢梁连接节点在材料组成、考虑楼板作用以及荷载类型等不同条件下的试验性能，同时完成了相应的数值模拟和理论分析。下面介绍本书得出的主要结论及研究成果。

6.1.1 外环板式方形钢管柱-不等高H型钢梁连接节点

（1）采用试验研究了梁截面高度比、柱宽厚比、外环板宽度等因素对不等高梁柱节点力学性能的影响，其中梁截面高度比、柱宽厚比对是影响试件节点域承载力和剪切变形的主要因素，外加强环尺寸对二者影响较小。不等高梁柱节点的破坏模式分为局部节点域屈服破坏与整体节点域屈服破坏。随着梁截面高度比的增加，耗能能力逐步增强。各试件极限状态时的等效黏滞阻尼系数为0.30~0.58。

（2）建立了带有外环板的不等高梁-钢管混凝土柱节点在循环荷载作用下的有限元模型。屈服剪切强度和塑性剪切强度分别为试验值的97%~109%和95%~108%。利用有限元模型可以准确地模拟试验结果。梁截面高度比对节点域整体抗剪强度起主要作用。柱宽厚比、翼缘宽厚比对节点域的抗剪强度和抗剪刚度影响较大。节点域高宽比、梁翼缘宽、柱宽比、梁腹板高厚比对板区屈服强度和塑性强度影响不大。

（3）提出了带有外环板的不等高梁-钢管混凝土柱节点屈服抗剪强度与塑性抗剪强度计算公式，计算得到的屈服抗剪强度为有限元分析得到的 90%~115%。平均比率为 98.9%，变异系数为 7.4%。塑性计算分为节点域整体剪切破坏与部分节点域剪切破坏两种计算方法，总体计算得到的塑性抗剪强度为有限元分析得到的 78%~119%，平均比率为 97%，变异系数为 15%。计算结果较为准确，可以为不等高梁柱节点设计计算提供依据。

6.1.2　外环板式方形钢管混凝土柱-不等高 H 型钢梁组合节点

外环板式方形钢管混凝土柱-不等高 H 型钢梁组合节点是基于现有的钢管混凝土梁柱节点所提出的一种新型节点方式，该组合节点将传统不等跨钢管混凝土组合框架结构里采用截面高度相同的钢梁柱节点换为不等高梁柱节点，进而达到了节省钢材料、减轻自重及避免强梁弱柱的目的。通过采用试验和数值模拟相结合的方式，对外环板式方形钢管混凝土柱-不等高 H 型钢梁组合节点进行了抗震性能研究。得到如下结论：

（1）试验中 4 个试件的破坏类型分为部分节点域的剪切破坏和整个节点域的剪切破坏。试验 4 个试件节点域的剪切承载力和剪切变形角滞回曲线均呈饱满的纺锤形状，表明各试件的耗能能力良好。随着节点域两侧梁截面高度比的增大（两侧梁高度差增大），节点域的剪切承载力和剪切变形及耗能能力也随之增大。

（2）试验中不等高梁构件（试件 UCCE-1 和试件 UCCE-2）节点域的变形主要集中在节点域 1，相应的外加强环及与外加强环相连接的钢管壁处都发生明显的平面外拉伸变形，表明不等高梁构件外加强环及钢管壁的面外变形对整个节点域剪切承载力的影响不可忽略。

（3）在对有限元模型进行合理可靠性的验证后，对外加强环式不等高 H 型钢梁-方形钢管混凝土柱组合节点进行了尺寸效应、钢管柱宽厚比、节点域高宽比、轴压比、梁柱宽度比、梁翼缘宽厚比及梁腹板高宽比参数化分析。根据模拟结果可知，尺寸效应、钢管柱宽厚比及节点域高宽比对整个节点域的剪切承载力有着显著的影响作用。轴压比、梁柱宽度比、梁翼缘宽厚比及梁腹板高宽比对整体性能的影响较小，说明在一定程度上增大尺寸、钢管柱宽厚比及节点域高宽比，能够使模型所得滞回曲线更加饱满，能够一定程度地提高节点域的剪切承载力和耗能性能。

6.1.3　考虑楼板作用的外环板式方形柱-组合梁柱节点

对考虑楼板作用的外环板式方形柱-组合梁柱节点的抗弯性能进行了试验和

数值分析。建立了组合梁受弯承载力的三维有限元分析模型，阐明了组合梁节点的变形破坏机理。基于屈服线机理理论，提出了一种组合梁的计算方法。得出以下结论：

（1）对于考虑楼板影响的试件，在正向作用下，混凝土楼板的组合作用对梁端弯矩的影响十分显著；采用外环板式的梁柱节点连接方式，能够有效地将塑性铰外移，有效避免在焊缝附近发生断裂破坏。但如果有楼板影响，该种节点形式也存在在连接处附近发生断裂的隐患；所有试件的滞回曲线均稳定，在塑性阶段，无楼板作用的试件的等效黏滞阻尼系数比有混凝土楼板试件略大。

（2）有限元分析结果与试验结果吻合较好，有限元分析得到的初始刚度、屈服和塑性弯矩与试验结果比较接近，具有较高的精度。尺寸效应是影响组合梁抗弯承载力的主要参数之一。节点域高宽比、楼板厚度、混凝土楼板强度、钢管柱宽厚比对组合梁的抗弯能力有较大影响。

（3）基于屈服线机理理论，提出了一种组合梁的计算方法。计算结果与有限元分析结果吻合较好。所提出的计算公式具有较好的精度，可用于钢或钢混结构体系中组合节点的设计。

6.1.4　外环板式方形钢管角柱-H型钢梁连接节点

本书作者对外环板式方形钢管角柱-H型钢梁连接节点的承载力性能进行了试验和数值分析；建立了外环板式方形钢管角柱-H型钢梁连接节点的三维有限元分析模型，并对其进行参数分析；阐明了角柱节点的变形破坏机理，基于屈服线机理理论，提出了一种角柱节点的计算方法。综上所述得出以下结论：

（1）5个试验试件的滞回曲线均为饱满的纺锤体状，耗能性能优越，各试件的承载力并未出现明显的退化现象。西向梁和南向梁在双向荷载作用下的刚度和承载力基本相同。在相同加载方式下，试件承载力随着宽厚比增大而降低。相同的钢管柱宽厚比，单向加载试件比双向中心对称加载试件的承载力高约20%，而与双向轴对称加载试件的承载力基本一致。

（2）采用ABAQUS所建立三维有限元实体模型能够较精确地模拟试验试件在低周往复荷载下的滞回性能，且模拟结果与试验结果具有较高的吻合度，表明有限元模型是较为准确和可靠的。通过比较应力路径上的应力值可知，由于双向梁的共同作用，在外加强环的内角处的应力较高，中轴处的应力较小，加强环板上的应力分布呈现"双驼峰"状。

（3）方形钢管柱宽厚比、梁翼缘厚度和梁截面高度对试件承载力的影响较为明显，外环板沿梁外伸长度、梁翼缘宽度、梁腹板厚度和轴压比则对试件承载力的影响相对较小；在整个受力过程中，角柱节点两梁的承载力具有一定的耦合效应，当加载比例为 1∶1 时耦合效应最为显著。所提出的公式计算的弯矩与数值模拟的结果吻合较好，能够较准确地估计双向荷载作用下的梁柱节点。

6.2　展　　望

绿色建筑是建筑业未来的发展方向，传统现浇钢筋混凝土结构因其资源消耗量大、对环境不友好、人工成本高、施工周期长、施工质量不易控制、施工易受外界环境影响等缺点，应用范围正逐步缩小，而钢结构和钢管混凝土组合结构作为绿色装配式建筑，在环境保护、绿色节能、项目成本、施工周期等方面表现良好，具有广阔的市场前景和应用空间。

随着钢结构和钢管混凝土组合结构在工程中的应用逐渐增多，梁柱节点作为结构体系的核心部位，其种类和构造样式也得到不断发展和完善。外环板式方形柱-H 型钢梁连接节点相较于其他梁柱节点抗震性能更好，且构造简单、施工方便，在保证钢管柱连续贯通的同时节点还拥有较高的承载能力，是一种比较合理的梁柱节点形式，因此本书对于该类节点的各种力学性能做了详尽的试验研究、数值模拟和理论分析，论证了外环板式方形柱-H 型钢梁连接节点的可靠性。

尽管本书已从构件到结构系统阐述了外环板式方形柱-H 型钢梁连接节点在不同条件下的受力性能，为后续相关更为复杂的节点受力研究打下了良好的基础，但对于整个结构体系而言，外环板式方形柱-H 型钢梁连接节点处的连接性能依然是最为关键的研究对象。

本书中所介绍的外环板式方形柱-H 型钢梁连接节点，连接处均主要采用焊接连接，焊接时采用全熔焊透，焊缝一般要求与母材等强。此连接方式可极大地增强节点的密闭性与整体稳定性，且节点结构构造简单、施工时所需材料较少、施工成本低，可在建筑工程领域中广泛使用。但其焊缝质量不稳定，焊后节点质量难以保证，易因焊接裂纹等缺陷发生脆性破坏，且对于高强度结构钢来说焊接难度较大，适用范围受限制。法兰盘螺栓连接外环板式梁柱节点的强度和承载力较高，节点在地震作用时具有良好的延性和变形能力，且施工工艺简单、施工效率高、拆装方便，但此类节点连接形式所需成本较高，对建筑物的使用空间和外观也有一定的影响。因此，这两种节点连接方式均不符合绿色装配式建筑的发展趋势，需要研究出更为装配化的外环板式梁柱节点，并进一步分析其在各种状态下的受力性能。

本书作者针对工程中存在的焊接问题，提出了一种免焊型钢管约束钢筋混凝土组合节点连接形式（包括梁柱节点、柱-柱节点和柱-基础节点），见图 6.1。这种节点连接形式创新采用内部配筋和内填充混凝土黏结咬合的方式连接上、下钢管柱，且钢管内壁设有两道环形刚性加劲肋，可增强钢管与填充混凝土之间的黏结性能，具有节点质量较好、操作简单、施工效率高、工程成本较低且外形美观、实用等优点。

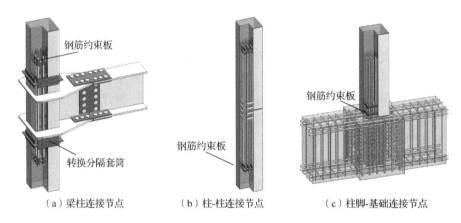

（a）梁柱连接节点   （b）柱-柱连接节点   （c）柱脚-基础连接节点

图 6.1 免焊型钢管约束钢筋混凝土组合节点连接形式

针对不等跨结构梁柱连接中出现的"强梁弱柱"和结构体系的装配化及可恢复性问题，本书作者提出了一种带 H 型钢阻尼器的可恢复型外环板式方形柱-H 型钢梁连接节点，见图 6.2。该可恢复型外环板式方形柱-H 型钢梁连接节点具有损伤控制与易修复兼顾、安全设计与性能控制结合等特点，使 H 型钢阻尼器在主体结构受损伤前屈服，确保主体结构安全，从而提高不等跨钢框架体系的抗震能力和可恢复性。

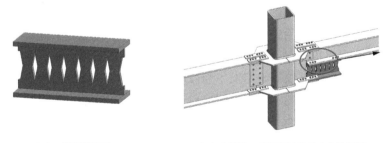

（a）H型钢阻尼器   （b）方形柱-H型钢梁连接节点构造详图

图 6.2 可恢复型外环板式方形柱-H 型钢梁连接节点

未来，有关外环板式方形柱-H 型钢梁连接节点连接技术的优化可主要集中于钢管柱配筋连接和设置 H 型钢阻尼器两个研究领域，围绕节点的连接形式及其抗震性能等方面进一步开展研究，具体研究工作可包括以下几个方面。

（1）创新外环板式方形柱-H 型钢梁连接节点的连接构造方式，采用机械连接、配筋连接、榫卯连接等更为多样的连接方式，在保证节点受力合理性的前提下，提高外环板式方形柱-H 型钢梁连接节点的装配化程度。

（2）围绕提出的免焊型钢管约束钢筋混凝土组合节点抗震机理进行系统性研究，明确其传力机制、揭示其破坏机理、探明其抗震性能规律，并在此基础上建立相应的设计方法，为制订和完善免焊型钢管约束钢筋混凝土组合节点的设计规范提供科学依据，建立起一整套完备、绿色、高效的装配式钢结构及钢管混凝土组合结构节点研发体系，为土木工程领域的设计和施工从业人员提供更加多样的选择。

（3）对可恢复型外环板式方形柱-H 型钢梁连接节点的抗震性能、损伤控制等科学问题进行深入的研究，通过试验研究、有限元分析和理论计算等方法，探讨 H 型钢阻尼器和可恢复型外环板式方形柱-H 型钢梁连接节点的破坏模式及耗能机制，分析 H 型钢阻尼器对节点抗震性能、耗能能力及可恢复性的影响，并提出相适应的损伤控制理论和设计方法。

参 考 文 献

[1] NAKAO M, OSANO H. Research on the behavior of steel beam-to column connection between beams of different depths[C] // Annual Meeting Architectural Institute of Japan. Structures II. Tokyo: Architectural Institute of Japan, 1985: 917-918.

[2] IMAI K, HIRANO M, YOSHIDA Y, et al. A study on elasto-plastic behaviors of beam-to-column connection formed at intersection of one column and two offset beams fixed in parallel with each other (Part 1 Test specimen with uniform cross section beam, Part 2 Test specimen with haunched beam, Part 3 A method for the prediction of the yielding load for the panels)[C] // Annual Meeting Architectural Institute of Japan. Structures II. Tokyo: Architectural Institute of Japan, 1989: 1203-1204.

[3] KUWAHARA S, KUMANO T, INOUE K. The elasto-plastic behaviour of joint panels at the connection of rectangular steel column and two H-shaped beams with different depth[J]. Journal of Structural Construction. Engineering, AIJ, 2000, 533(7): 175-181.

[4] JORDÃO S, DA SILVA L S, SIMÕES R. Behaviour of welded beam-to-column joints with beams of unequal depth[J]. Journal of Constructional Steel Research, 2013, 91: 42-59.

[5] JAZANY R A, HASHEMI B H. Effects of detailing on panel zone seismic behaviour in special moment resisting frames with unequal beam depths[J]. Canadian Journal of Civil Engineering, 2012, 39(4): 388-401.

[6] HASHEMI B H, JAZANY R A. Study of connection detailing on SMRF seismic behavior for unequal beam depths[J]. Journal of Constructional Steel Research, 2012, 68(1): 150-164.

[7] JAZANY R A, ESMAEILY A, HOSSEINI H B, et al. Analytical investigation on performance of special moment‐resisting connections with unequal beam depths[J]. The Structural Design of Tall and Special Buildings, 2016, 25(8): 375-393.

[8] JAZANY R A, GHOBADI M S. Design methodology for inclined continuity plate of panel zone[J]. Thin-Walled Structures, 2017, 113: 69-82.

[9] GHOBADI M S, JAZANY R A. Seismic demand assessment of code-designed continuity plate in panel zone[J]. Bulletin of Earthquake Engineering, 2019, 17(2): 891-926.

[10] BAYO E, LOUREIRO A, LOPEZ M. Shear behaviour of trapezoidal column panels. I: Experiments and finite element modelling[J]. Journal of Constructional Steel Research, 2015, 108: 60-69.

[11] LOPEZ M, LOUREIRO A, BAYO E. Shear behaviour of trapezoidal column panels. II: Parametric study and cruciform element[J]. Journal of Constructional Steel Research, 2015, 108: 70-81.

[12] LOUREIRO A, LOPEZ M, BAYO E. Shear behaviour of stiffened double rectangular column panels: Characterization and cruciform element[J]. Journal of Constructional Steel Research, 2016, 117: 126-138.

[13] BAYO E, LOUREIRO A, LOPEZ M, et al. General component based cruciform finite elements to model 2D steel joints with beams of equal and different depths[J]. Engineering Structures, 2017, 152: 698-708.

[14] LOUREIRO A, LOPEZ M, REINOSA J M, et al. Metamodelling of stiffness matrices for 2D welded asymmetric steel joints[J]. Journal of Constructional Steel Research, 2019, 162: 105703.

[15] NORWOOD J, PRINZ G S. Effect of continuity-plate alignment on the capacity of welded beam-to-column moment connections[J]. Engineering Structures, 2019, 198: 109550.

[16] 薛建阳, 胡宗波, 彭修宁, 等. 钢结构箱形柱与梁异型节点破坏机理的试验研究[J]. 建筑结构学报, 2010(S1): 50-54.

[17] 薛建阳, 刘祖强, 彭修宁, 等. 大型火电主厂房钢结构异型节点抗震性能试验研究[J]. 建筑结构学报, 2011(7): 137-144.

[18] 薛建阳, 胡宗波, 刘祖强, 等. 钢结构箱形柱与梁异形节点力学性能分析[J]. 建筑结构, 2011, 41(6): 42-47.

[19] 彭修宁, 薛建阳, 易孝强, 等. 含不等高箱梁异型节点大型火电主厂房钢框排架结构拟动力试验研究[J]. 建筑结构学报, 2014, 35(7): 11-17.

[20] HU Z, XUE J. Analysis on the shear capacity of irregular joints between steel box columns and beams[J]. International Journal of Steel Structures, 2016, 16(2): 517-530.

[21] 薛建阳, 刘祖强, 彭修宁, 等. 钢结构异型节点受力性能及非线性有限元分析[J]. 西安建筑科技大学学报(自然科学版), 2010, 42(5): 609-613.

[22] 薛建阳, 胡宗波, 彭修宁, 等. 钢结构箱形柱与梁异型节点抗剪承载力分析[J]. 土木工程学报, 2011(8): 17-23.

[23] 薛建阳, 刘祖强, 胡宗波, 等. 钢框架异型节点核心区的受剪机理及承载力计算[J]. 地震工程与工程振动, 2010, 30(5): 37-41.

[24] 胡宗波. 钢结构箱形柱与梁异型节点设计方法研究[J]. 工程力学, 2012, 29(11): 191-196, 235.

[25] 隋伟宁, 时庆泽, 孙希, 等. 左右梁高不同的箱型截面柱-H 型钢梁外加强环式异型节点抗震性能试验研究[J]. 地震工程与工程振动, 2014(S1): 539-544.

[26] 隋伟宁, 李晓敏, 王占飞, 等. 左右梁高不同外加强环式钢框架节点力学性能[J]. 沈阳工业大学学报, 2019, 41(3): 344-349.

[27] 隋伟宁, 孙希, 王占飞, 等. 左右梁高不同异形节点设计方法及力学性能研究[J]. 工程力学, 2013, 30(S1): 83-88.

[28] 隋伟宁, 王占飞, 白雪, 等. 外加强环式箱型截面钢柱-H 型钢梁异型节点抗震性能研究[J]. 世界地震工程, 2016, 32(4): 17-24.

[29] 隋伟宁, 白雪, 李帼昌. 节点域构造不同的外加强环式梁柱异型钢框架节点有限元分析[J]. 沈阳建筑大学学报(自然科学版), 2013(4): 105-111.

[30] SUI W, WANG Z, LI X. Experimental performance of irregular PZs in CHS column H-shape beam steel frame[J]. Journal of Constructional Steel Research, 2019, 158: 547-559.

[31] 王万祯, 王伟焘, 童科挺. 圆弧扩大头隔板贯通式箱形柱-H 型钢梁异型节点抗震性能试验研究[J]. 土木工程学报, 2014, 47(10): 9-21.

[32] 王万祯, 童科挺, 泮威风. 折线隔板加强的箱形柱-翼缘削弱箱形梁与 H 形梁节点抗震性能试验研究[J]. 建筑结构学报, 2014, 35(6): 64-74.

[33] 孙文文, 童科挺, 王万祯, 等. 隔板贯通箱形柱-箱形梁+H 形钢梁异型节点强震灾变机理分析[J]. 空间结构, 2017, 23(4): 84-90.

[34] 徐忠根, 杨瑞, 张圳堡, 等. 带不等高梁的外传力式钢管柱框架节点性能与参数分析[J]. 钢结构, 2015, 30(9): 6-11.

[35] 徐忠根, 杨瑞, 张圳堡, 等. 带不等高梁的外传力式钢管柱框架节点性能分析[J]. 建筑钢结构进展, 2016, 18(4): 8-15, 68.

[36] 徐忠根, 郭俊宇, 邓长根. 带不等高梁的外传力式矩形钢管柱框架节点抗震性能有限元分析[J]. 建筑钢结构进展, 2018, 20(3): 33-41, 57.

[37] 卢林枫, 黄鹏刚, 张顺. 梁端加腋型异型节点弱轴连接的抗震性能有限元分析[J]. 钢结构, 2016, 31(12): 7-12.

[38] 卢林枫, 郑辉晓, 刘杰. 节点域箱形加强式工字形柱盖板加强连接异形节点非线性有限元分析[J]. 建筑钢结构进展, 2017, 19(2): 22-28.

[39] CHEN W F, CHEN C H. Analysis of concrete-filled steel tubular beam-columns[J]. Publications IABSE, 1973, 37: 1-15.

[40] LU Y Q, KENNEDY D J L. The flexural behavior of concrete-filled hollow structural sections[J]. Canadian Journal of Civil Engineering, 1994, 21(1): 111-130.

[41] RIDES J M, LU L W, SOOI T K, et al. Seismic performance of CFT column-to-WF beam moment connections[M]//Connections in Steel Structures III. Pergamon, 1996: 99-114.

[42] RICLES J M, LU L W, SOOI T K. Behavior of CFT column-WF beam moment connections under seismic loading[J]. American Concrete Institute, 1998: 1-36.

[43] RICLES J M, PENG S W, LU L W. Seismic behavior of composite concrete filled steel tube column wide flange beam moment connection[J]. 2004, 130(2): 223-232.

[44] FUJIMOTO T, ENAR E, TOKINOYA H, et al. Behavior of Beam to Column Connection of CFT Column System under Seismic Force, Proceeding of 6th ASCCS International Conference on Steel-Concrete Composite Structures[C]. Los Angeles, California, 2000.

[45] KANG C H, SHIN K J, OH Y S, et al. Hysteresis behavior of CFT column to H-beam connections with external T-stiffeners and penetrated elements[J]. Engineering Structures, 2001, 23(9).

[46] NISHIYAMA I, FUJIMOTO T, FUKUMOTO T, et al. Inelastic force-deformation response of joint shear panels in beam-column moment connections to concrete-filled tubes[J]. Journal of Structural Engineering, 2004, 130(2): 244-252.

[47] PARK J W, KANG S M, YANG S C. Experimental studies of wide flange beam to square concrete-filled tube column joints with stiffening plates around the column[J]. Journal of Structural Engineering, 2005, 131(12): 1866-18761.

[48] KUBOTA JUN, TAKI MASAYA, TSUKAMOTO KIYOSHI. Elastic-Plastic Behavior of Connection between Concrete-Filled Square Steel Tubular Column and Steel Beam Using Split External Diaphragm[R]. Annual Report, Kajima Technical Research Institute, Kajima Corporation, 2007: 65-70.

[49] 周天华. 方钢管混凝土柱-钢梁框架节点抗震性能及承载力研究[D]. 西安: 西安建筑科技大学, 2004.

[50] 周天华, 何保康, 陈国津, 等. 方钢管混凝土柱与钢梁框架节点的抗震性能试验研究[J]. 建筑结构学报, 2004(1): 9-16.

[51] 苏恒强, 蔡健. 钢管混凝土加强环式节点的试验研究[J]. 华南理工大学学报, 2004, 32(1): 80-84.

[52] 秦凯, 聂建国. 方钢管混凝土柱外加强环式节点的试验研究[J]. 哈尔滨工业大学学报, 2005, 37: 351-365.

[53] 聂建国, 秦凯, 肖岩. 方钢管混凝土柱节点的试验研究及非线性有限元分析[J]. 工程力学, 2006(11): 99-109, 115.

[54] 聂建国, 秦凯. 方钢管混凝土柱节点抗剪受力性能的研究[J]. 建筑结构学报, 2007(4): 8-17.

[55] 徐桂根, 聂建国. 方钢管混凝土柱内隔板贯通式节点核心区抗震性能的试验研究[J]. 土木工程学报, 2011(8): 25-32.

[56] 王文达, 韩林海, 游经团. 方钢管混凝土柱-钢梁外加强环节点滞回性能的实验研究[J]. 土木工程学报, 2006(9): 17-25, 61.

[57] 周学军, 曲慧. 方钢管混凝土框架梁柱节点在低周往复荷载作用下的抗震性能研究[J]. 土木工程学报, 2006(1): 38-42, 49.

[58] 徐礼华, 凡红, 刘胜兵, 等. 方钢管混凝土柱-钢梁节点抗震性能试验研究与有限元分析[J]. 工程力学, 2008(2): 122-131.

[59] 丁永君, 尚奎杰, 万方贵, 等. 矩形钢管混凝土柱-H 型钢梁节点抗震性能试验研究及有限元分析[J]. 建筑结构学报, 2012(2): 93-99.

[60] 徐嫚, 高山, 王玉银, 等. 钢管混凝土柱-钢梁刚接节点拉弯受力性能研究及有限元分析[J]. 建筑结构学报, 2013(S1): 89-95.

[61] 王万祯, 孙韶江, 郭戈, 等. 折线隔板贯通方钢管轻骨料混凝土柱-H 形钢梁异型节点抗震性能试验研究[J]. 建筑结构学报, 2015, 36(12): 52-61.

[62] 贾真, 刘五峰, 王万祯, 等. 折线隔板贯通方钢管轻骨料混凝土柱-H 形钢梁异型节点破坏机理分析[J]. 空间结构, 2017, 23(4): 77-83.

[63] 王万祯, 李华, 郭鸣鸣, 等. 隔板贯通方钢管轻骨料混凝土柱-H 形梁与箱形梁异形节点抗震性能试验[J]. 建筑科学与工程学报, 2018, 35(1): 40-50.

[64] 许成祥, 邱英伟, 简齐安, 等. 方钢管混凝土柱-H 型不等高钢梁框架节点抗震性能试验研究[J]. 建筑结构, 2019, 49(14): 48-55.

[65] 许成祥, 高洁, 邱英伟, 等. 基于 OpenSees 的方钢管混凝土柱-不等高钢梁框架节点抗震性能分析[J]. 科学技术与工程, 2019, 19(28): 276-283.

[66] 许成祥, 简齐安, 邱英伟, 等. 方钢管混凝土柱-H 型钢梁框架变梁异型节点受力性能试验研究[J]. 科学技术与工程, 2019, 19(5): 234-241.

[67] 许成祥, 鲁尤锋, 简齐安, 等. 方钢管混凝土柱——不等高钢梁加腋框架节点受力性能试验研究[J]. 广西大学学报(自然科学版), 2019, 44(2): 455-469.

[68] MCHARG P J, COOK W D, MITCHELL D, et al. Improved transmission of high-strength concrete column loads through normal strength concrete slabs[J]. ACI Structural Journal, 2000, 97(1): 157-165.

[69] GREEN T P, LEON R T, RASSATI G A. Bidirectional tests on partially restrained, composite beam-to-column connections[J]. Journal of Structural Engineering, 2004, 130(2): 320-327.

[70] WALEED A T, JAAFAR M S, RAZALI M A, et al. Repair and structural performance of initially cracked reinforced concrete slabs[J]. Construction and Building Materials, 2005, 19(8): 595-603.

[71] FLEISCHMAN R B, RESTREPO J, GHOSH S K, et al. Seismic Design Methodology for Precast Concrete Diaphragms Part 1: Design Framework[J]. Pci Journal, 2005, 50(5): 68-83.

[72] FLEISCHMAN R B, NAITO C J, RESTREPO J, et al. Seismic design methodology for precast concrete diaphragms part 2: research program[J]. PCI Journal, 2005, 50(6): 14-31.

[73] FU F, LAM D. Experimental study on semi-rigid composite joints with steel beams and precast hollow core slabs[J]. Journal of Constructional Steel Research, 2006, 62: 771-782.

[74] GARLOCK M E M, LI J, BLAISDELL M L. Floor diaphragm interaction with self-centering steel moment frames[C]//Proceedings of the 8th US National Conference on Earthquake Engineering, 2006.

[75] GARLOCK M M, RICLES J M, SAUSE R. Influence of design parameters on seismic response of post-tensioned steel MRF systems[J]. Engineering Structures, 2008, 30(4): 1037-1047.

[76] GARLOCK M E M, LI J. Steel self-centering moment frames with collector beam floor diaphragms[J]. Journal of Constructional Steel Research, 2008, 64(5): 526-538.

[77] KING A. Design of collector elements for steel self-centering moment resisting frames[D]. MS Thesis, School of Civil Engineering, Purdue University, West Lafayette, IN, 2007.

[78] MELLO A V A, SILVA J G S D, VELLASCO P C G D S, et al. Dynamic analysis of composite systems made of Concrete Slabs and steel Beams[J]. Journal of Constructional Steel Research, 2008, 64(10): 1142-1151.

[79] VASDRAVELLIS G, VALENTE M, CASTIGLIONI C A. Behavior of exterior partial-strength composite beam-to-column connections: experimental study and numerical simulations[J]. Journal of Constructional Steel Research, 2009, 65(1): 23-35.

[80] KIM H J, CHRISTOPOULOS C. Seismic design procedure and seismic response of post-tensioned self-centering steel frames[J]. Earthquake Engineering & Structural Dynamics, 2009, 38(3): 355-376.

[81] CHOU C C, CHEN J H. Development of floor slab for steel post-tensioned self-centering moment frames[J]. Journal of Constructional Steel Research, 2011, 67(10): 1621-1635.

[82] CHOU C C, CHEN J H. Seismic design and shake table tests of a steel post-tensioned self-centering moment frame with a slab accommodating frame expansion[J]. Earthquake Engineering & Structural Dynamics, 2011, 40(11): 1241-1261.

[83] CHOU C C, CHEN J H. Seismic tests of post-tensioned self-centering building frames with column and slab restraints[J]. Frontiers of Architecture and Civil Engineering in China, 2011.

[84] LI W, HAN L H. Seismic performance of CFST column to steel beam joint with RC slab: analysis[J]. Journal of Constructional Steel Research, 2011, 67(1): 127-139.

[85] HAN L H, LI W. Seismic performance of CFST column to steel beam joint with RC slab: experiments[J]. Journal of Constructional Steel Research, 2010, 66(11): 1374-1386.

[86] LI W, HAN L H. Seismic performance of CFST column to steel beam joint with RC slab: Joint model[J]. Journal of Constructional Steel Research, 2012, 73(6): 66-79.

[87] CHEN S C, YAN W M, TIAN X M, et al. Experimental and numerical investigation on the seismic behavior of large-scale beam to column exterior joints with composite slab[J]. Advanced Materials Research, 2011, 243-249: 486-493.

[88] CHEN S, VAN W, GAO J. Experimental investigation on the seismic performance of large-scale interior beam-column joints with composite slab[J]. Advances in Structural Engineering, 2012, 15(7): 1227-1237.

[89] BECKMANN, BIRGIT, HUMMELTENBERG, et al. Strain behaviour of concrete slabs under impact load[J]. Structural Engineering International, 2012, 22: 562-568.

[90] KATAOKA M N, DEBS A L H C E. Parametric study of composite beam-column connections using 3D finite element modelling[J]. Journal of Constructional Steel Research, 2014, 102: 136-149.

[91] KATAOKA M N, FERREIRA M A, Homce de cresce El Debs, Ana Lucia. nonlinear FE analysis of slab-beam-column connection in precast concrete structures[J]. Engineering Structures, 2017, 143: 306-315.

[92] 亓萌, 王冬花. 考虑楼板作用的半刚性组合节点的有限元分析[J]. 辽宁科技学院学报, 2015, 17(3): 27-29.

[93] 刘坚, 潘澎, 李东伦, 等. 考虑楼板影响的钢结构半刚性连接节点弯矩-转角分析模型[J]. 钢结构, 2015, 30(9): 23-26, 55.

[94] 高杰, 田春雨, 郝玮, 等. 装配式梁-柱-叠合楼板中节点抗震性能试验研究[J]. 建筑结构学报, 2015, 36(S2): 196-202.

[95] 别雪梦, 李召, 管文强, 等. 带楼板的外加强环式方钢管混凝土柱节点非线性数值模拟[J]. 工业建筑, 2016, 46(10): 143-148, 157.

[96] 钱炜武, 李威, 韩林海, 等. 带楼板钢管混凝土叠合柱-钢梁节点抗震性能数值分析[J]. 工程力学, 2016, 33(S1): 95-100.

[97] BUI T T, NANA W S A, ABOURIS. Influence of uniaxial tension and compression on shear strength of concrete slabs without shear reinforcement under concentrated loads[J]. Construction and Building Materials, 2017, 146: 86-101.

[98] MA C, WANG D, WANG Z. Seismic retrofitting of full-scale RC interior beam-column-slab subassemblies with CFRP wraps[J]. Composite Structures, 2017, 159.

[99] PENG Z, DAI S B, PI Y L, et al. Seismic behaviour of innovative ring-bar reinforced connections composed of T-shaped CFST columns and RC beams with slabs[J]. Thin Walled Structures, 2018, 127: 1-16.

[100] 潘从建, 黄小坤, 徐福泉, 等. 全装配楼板对多层框架结构水平力作用下抗侧性能的影响[J]. 建筑结构学报, 2018, 39(S2): 72-78.

[101] 张艳霞, 黄威振, 郑明召, 等. 考虑楼板效应的装配式自复位钢框架节点弯矩-转角理论研究[J]. 钢结构, 2019, 34(3): 1-8.

[102] 孙耀龙, 闫维明, 侯立群, 等. 带楼板空间夹心节点抗震性能[J]. 科学技术与工程, 2019, 19(14): 286-293.

[103] GAO Q, LI J H, QIU Z J, et al. Cyclic loading test for interior precast SRC beam-column joints with and without slab[J]. Engineering Structures, 2019, 182: 1-12.

[104] MA C L, JING H B, WANG Z Y. Experimental investigation of precast RC interior beam-column-slab joints with grouted spiral-confined lap connection[J]. Engineering Structures, 2019, 109317.

[105] WANG J, WANG W, LEHMAN D, et al. Effects of different steel-concrete composite slabs on rigid steel beam-column connection under a column removal scenario[J]. Journal of Constructional Steel Research, 2019, 153: 55-70.

[106] FANG C, WANG W, FENG W. Experimental and numerical studies on self-centring beam-to-column connections free from frame expansion[J]. Engineering Structures, 2019, 198: 109526.

[107] 何军, 蔡健, 吴建营, 等. 不规则布置梁加强环式梁柱节点承载力及刚度[J]. 华南理工大学学报(自然科学版), 2007(3): 100-105.

[108] 杨春, 蔡健, 左志亮, 等. 不规则布置梁加强环式梁柱节点的试验研究[J]. 华中科技大学学报(城市科学版), 2008(4): 158-161.

[109] 吴建营, 蔡健, 何军, 等. 双层不规则布置梁加强环式梁柱节点承载力及刚度[J]. 吉林大学学报(工学版), 2008(4): 829-834.

[110] 隋伟宁, 王占飞, 董丽娟, 等. 三维空间外加强环式部分钢框架节点非线性有限元分析[J]. 工业建筑, 2012, 42(S1): 217-223.

[111] 程定荣, 徐忠根, 邓长根. 刚性柱外传力式梁柱节点数值分析[J]. 工程抗震与加固改造, 2012, 34(4): 35-41.

[112] 徐忠根, 程定荣, 邓长根. 钢框架柱外传力式节点试验与有限元分析[J]. 建筑结构, 2013, 43(9): 62-65.

[113] 徐忠根, 梁广贤, 邓长根. 定位轴线存在偏差的外传力钢框架节点传力板参数分析[J]. 建筑科学与工程学报, 2015, 32(2): 42-51.

[114] 梁广贤, 徐忠根, 甘仲伟. 考虑矢高偏差的钢梁盖板加强型节点力学性能分析[J]. 钢结构, 2017, 32(2): 41-44。

[115] 郭俊宇, 徐忠根, 周苗倩. 外传力式矩形钢管柱节点的空间框架抗震性能分析[J]. 建筑科学与工程学报, 2019, 36(5): 97-105.

[116] 蔡勇, 杨文超. 加槽钢作连接构件的空间半刚性梁柱节点有限元分析[J]. 铁道科学与工程学报, 2015, 12(2): 355-360.

[117] 蔡勇, 吕晓勇, 杨文超, 等. 加槽钢做连接构件的空间半刚性梁柱节点滞回性能分析[J]. 东北大学学报(自然科学版), 2017, 38(3): 430-435.

[118] 潘伶俐, 陈以一, 焦伟丰, 等. 空间 H 形梁柱节点的节点域滞回性能试验研究[J]. 建筑结构学报, 2015, 36(10): 11-19.

[119] 布欣, 王新武, 谷倩. T 型钢连接框架边柱空间节点抗震试验研究[J]. 华中科技大学学报(自然科学版), 2016, 44(9): 117-123.

[120] 贺欢欢, 王新武. 空间中框架半刚性梁柱连接节点抗震试验研究[J]. 钢结构, 2016, 31(9): 12-15.

[121] 陈易飞, 王新武, 杨小林, 等. 空间中框架加强型 T 型钢半刚性连接节点抗震性能试验研究[J]. 钢结构, 2017, 32(12): 33-37.

[122] 布欣, 谷倩, 王新武. 剖分 T 型钢梁柱连接框架中柱空间节点抗震试验研究[J]. 工程力学, 2017, 34(8): 105-116.

[123] 韩冬, 布欣, 王新武, 等. 空间剖分 T 型钢梁柱连接角柱节点抗震试验[J]. 浙江大学学报(工学版), 2017, 51(2): 287-296.

[124] 贺欢欢, 王新武, 陈易飞. 半刚性梁柱连接框架中柱节点有限元分析[J]. 钢结构, 2017, 32(11): 32-36.

[125] 梁乘玮, 王新武, 布欣. 钢框架梁柱 T 型钢连接空间节点抗震性能研究[J]. 工业建筑, 2018, 48(5): 162-168.

[126] 贺欢欢, 王新武. 加强型 T 型钢连接空间中柱节点抗震性能研究[J]. 工程抗震与加固改造, 2018, 40(3): 9-15.

[127] 李凤霞, 王新武. 空间角柱半刚性连接节点抗震性能研究[J]. 钢结构, 2018, 33(12): 98-102.

[128] 王湛, 周超. 空间外伸端板连接节点初始转动刚度研究[J]. 建筑结构学报, 2016, 37(S1): 373-379.

[129] 周超, 王湛. 空间裸钢端板连接节点性能有限元分析[J]. 建筑结构, 2017, 47(4): 91-95.

[130] 李振宝, 高全雷, 刘丽菲, 等. 斜向地震作用下钢结构框架破坏机制研究[J]. 世界地震工程, 2016, 32(3): 65-71.

[131] 孙飞飞, 戴晓欣, 朱奇, 等. 波纹腹板 H 形钢空间节点静力性能研究[J]. 建筑钢结构进展, 2017, 19(1): 71-77.

[132] 石冠洲, 刘铭劼. 圆钢管柱-H 型钢梁铸钢环板连接节点双向抗弯承载力研究[J]. 建筑科学, 2020, 36(3): 17-24.

[133] CABRERO J M, BAYO E. The semi-rigid behaviour of three-dimensional steel beam-to-column joints subjected to proportional loading. Part I. Experimental evaluation[J]. Journal of Constructional Steel Research, 2007, 63: 1241-1253.

[134] CABRERO J M, BAYO E. The semi-rigid behaviour of three-dimensional steel beam-to-column steel joints subjected to proportional loading. Part II: Theoretical model and validation[J]. Journal of Constructional Steel Research, 2007, 63: 1254-1267.

[135] DA SILVA L S. Towards a consistent design approach for steel joints under generalized loading[J]. Journal of Constructional Steel Research, 2008, 64: 1059-1075.

[136] DABAON M A, EI-BOGHDADI M H, KHAROOB O F. Experimental and numerical model for space steel and composite semi-rigid joints[J]. Journal of Constructional Steel Research, 2009, 65: 1864-1875.

[137] LOUREIRO A, MORENO A, GUTIÉRREZ R, et al. Experimental and numerical analysis of three-dimensional semi-rigid steel joints under non-proportional loading[J]. Engineering Structures, 2012, 38: 68-77.

[138] BEATRIZ G, RUFINO G, EDUUARBO B. Experimental and numerical validation of a new design for three-dimensional semi-rigid composite joints[J]. Engineering Structures, 2013, 48: 55-69.

[139] WANG Y D, ARAKIDA R, CHAN I H, et al. Cyclic behavior of panel zone in beam-column subassemblies subjected to bidirectional loading[J]. Journal of Constructional Steel Research, 2018, 143: 32-45.

[140] WANG Y, KOETAKA Y J, IATHONG CHAN I T H, et al. Elasto-plastic behavior of weak-panel beam-column joints with RC slabs under bidirectional loading[J]. Journal of Constructional Steel Research, 2019: 105880.

[141] SHI Q A, YAN S L, KONG L L, et al. Seismic behavior of semi-rigid steel joints-Major axis T-stub and minor axis end-plate[J]. Journal of Constructional Steel Research, 2019, 159: 476-492.

[142] RICARDO C, JOSÉ V, SARA O, et al. Experimental behaviour of 3D end-plate beam-to-column bolted steel joints[J]. Engineering Structures, 2019, 188: 277-289.

[143] MATSUO S, TANAKA T, INOUE K. Theoretical and experimental study on strength of RHS-column to beam connections with exterior diaphragm[J]. Journal of Structural and Construction Engineering, 2006 (606): 225-232.

[144] DUANE K M. Lessons learned from the Northridge earthquake[J]. Engineering Structures, 1998, 20(4/5/6): 249-260.

[145] NAKASHIMA M, LNOUE K ABD TADA M. Classification of damage to steel buildings observed in the 1995 Hyogoken Nanbu earthquake[J]. Engineering Structures, 1998, 20(4/5/6): 271-281.

[146] YOUSSEF N F G, BONOWITZ D, GROSS J L. A survey of steel moment-resisting frame buildings affected by the 1994 Northridge earthquake[R]. Rep. no NISTIR 5625 Gaithersburg (Md): National Institute of Standards and Technology, 1995.

[147] JApanese Industrial Standards. Metallic materials-Tensile testing-Method of test at room temperature: JIS Z2241[S]. Tokyo: Japanese Industrial Standards Committee, 2011.

[148] Japanese Industrial Standards. Method of test for compressive strength of concrete: JIS A1108[S]. Tokyo: Japanese Industrial Standards Committee, 2006.

[149] MANDER J B, PRIESTLEY M J N, PARK R. Theoretical stress-strain model for confined concrete[J]. Journal of Structural Engineering, ASCE, 1988, 114(8): 1804-1826.

[150] RAZVI S, SAATCIOGLU M. Confinement model for high-strength concrete[J]. Journal of Structural Engineering, ASCE, 1999, 125(3): 281-289.

[151] 江见鲸, 陆新征, 叶列平. 混凝土结构有限元分析[M]. 北京: 清华大学出版社, 2005.

[152] 中华人民共和国住房和城乡建设部. 混凝土结构设计规范(2015年版): GB 50010—2010[S]. 北京: 中国建筑工业出版社, 2015.

[153] 石永久, 熊俊, 王元清. 钢框架梁柱节点焊缝损伤性能研究 Ⅱ: 理论分析和有限元模拟[J]. 建筑结构学报, 2012, 33(3): 56-61.

[154] CASTRO J M, ELGHAZOULI A Y, IZZUDDIN B A. Assessment of effective slab widths in composite beams[J]. Journal of Constructional Steel Research, 2007, 63(10): 1317-1327.

[155] 韩林海, 陶忠, 王文达. 现代组合结构和混合结构: 试验、理论和方法[M]. 2版. 北京: 科学出版社, 2019.

编 后 记

　　"博士后文库"是汇集自然科学领域博士后研究人员优秀学术成果的系列丛书。"博士后文库"致力于打造专属于博士后学术创新的旗舰品牌，营造博士后百花齐放的学术氛围，提升博士后优秀成果的学术影响力和社会影响力。

　　"博士后文库"出版资助工作开展以来，得到了全国博士后管委会办公室、中国博士后科学基金会、中国科学院、科学出版社等有关单位领导的大力支持，众多热心博士后事业的专家学者给予积极的建议，工作人员做了大量艰苦细致的工作。在此，我们一并表示感谢！

"博士后文库"编委会